现代食品深加工技术丛书

"十三五"国家重点出版物出版规划项目

鱿鱼内源性甲醛产生机理
及其控制技术

励建荣 等 著

科学出版社

北　京

内 容 简 介

　　本书首先对海产品内源性甲醛进行了概述，然后系统介绍了鱿鱼加工贮藏过程中内源性甲醛及相关物质的变化规律、鱿鱼及其制品中内源性甲醛的产生机理、控制技术及其在鱿鱼贮藏加工中的应用。

　　本书内容实用性强，可供食品、水产品贮藏与加工、化工、环境和医药等有关专业研究生、教师及广大科研人员阅读，可作为食品相关专业的本科生和研究生的参考书。

图书在版编目（CIP）数据

鱿鱼内源性甲醛产生机理及其控制技术/励建荣等著. —北京：科学出版社，2020.4
（现代食品深加工技术丛书）
"十三五"国家重点出版物出版规划项目
ISBN 978-7-03-064559-3

Ⅰ.①鱿… Ⅱ.①励… Ⅲ.①鱿鱼属-水产品-内源性-甲醛-食品加工-研究 Ⅳ.①TS254.4

中国版本图书馆 CIP 数据核字(2020)第 036653 号

责任编辑：贾　超　侯亚薇 / 责任校对：杜子昂
责任印制：肖　兴 / 封面设计：东方人华

科 学 出 版 社 出版
北京东黄城根北街 16 号
邮政编码：100717
http://www.sciencep.com
北京通州皇家印刷厂 印刷
科学出版社发行　各地新华书店经销
*
2020 年 4 月第 一 版　开本：720×1000　1/16
2020 年 4 月第一次印刷　印张：12 1/2　插页：1
字数：250 000

定价：98.00 元
（如有印装质量问题，我社负责调换）

丛书编委会

丛　书　序

　　食品加工是指直接以农、林、牧、渔业产品为原料进行的谷物磨制、食用油提取、制糖、屠宰及肉类加工、水产品加工、蔬菜加工、水果加工、坚果加工等。食品深加工其实就是食品原料进一步加工，改变了食材的初始状态，例如，把肉做成罐头等。现在我国有机农业尚处于初级阶段，产品单调、初级产品多；而在发达国家，80%都是加工产品和精深加工产品。所以，这也是未来一个很好的发展方向。随着人民生活水平的提高、科学技术的不断进步，功能性的深加工食品将成为我国居民消费的热点，其需求量大、市场前景广阔。

　　改革开放 30 多年来，我国食品产业总产值以年均 10%以上的递增速度持续快速发展，已经成为国民经济中十分重要的独立产业体系，成为集农业、制造业、现代物流服务业于一体的增长最快、最具活力的国民经济支柱产业，成为我国国民经济发展极具潜力的、新的经济增长点。2012 年，我国规模以上食品工业企业 33 692 家，占同期全部工业企业的10.1%，食品工业总产值达到 8.96 万亿元，同比增长 21.7%，占工业总产值的 9.8%。预计 2020 年食品工业总产值将突破 15 万亿元。随着社会经济的发展，食品产业在保持持续上扬势头的同时，仍将有很大的发展潜力。

　　民以食为天。食品产业是关系到国民营养与健康的民生产业。随着国民经济的发展和人民生活水平的提高，人民对食品工业提出了更高的要求，食品加工的范围和深度不断扩展，所利用的科学技术也越来越先进。现代食品已朝着方便、营养、健康、美味、实惠的方向发展，传统食品现代化、普通食品功能化是食品工业发展的大趋势。新型食品产业又是高技术产业。近些年，具有高技术、高附加值特点的食品精深加工发展尤为迅猛。国内食品加工中小企业多、技术相对落后，导致产品在市场上的竞争力弱。有鉴于此，我们组织国内外食品加工领域的专家、教授，编著了"现代食品深加工技术丛书"。

　　本套丛书由多部专著组成。不仅包括传统的肉品深加工、稻谷深加工、水产品深加工、禽蛋深加工、乳品深加工、水果深加工、蔬菜深加工，还包含了新型食材及其副产品的深加工、功能性成分的分离提取，以及现代食品综合加工利用新技术等。

　　各部专著的作者由工作在食品加工、研究开发第一线的专家担任。所有作者都根据市场的需求，详细论述食品工程中最前沿的相关技术与理念。不求面面俱到，但求精深、透彻，将国际上前沿、先进的理论与技术实践呈现给读者，同时还附有便于读者进一步查阅信息的参考文献。每一部对于大学、科研机构的学生或研究者来说，都是重要的参考。希望能拓宽食品加工领域科研人员和企业技术人员的思路，推进食品技术创新和产品质量提升，提高我国食品的市场竞争力。

中国工程院院士

2014 年 3 月

前　言

我国是水产品生产和消费大国，其中鱿鱼捕捞量占到全国远洋渔业总产量的40%左右，在我国远洋渔业中占有举足轻重的地位。但近年来水产品安全问题层出不穷，备受关注，其中鱿鱼等海产品的甲醛含量超标问题尤为突出，严重影响了鱿鱼等水产加工行业的生存与发展。研究鱿鱼内源性甲醛产生的机理及其控制技术，可提高海产品食用安全性并使企业免受经济损失，具有十分重要的理论意义和实际生产指导意义。

本书全面而系统地介绍了鱿鱼内源性甲醛产生的机理及其控制技术，内容包括鱿鱼内源性甲醛的研究现状、鱿鱼及其制品贮藏加工过程中甲醛的消长规律、内源性甲醛产生的酶途径和高温非酶途径、甲醛产生的自由基机理、内源性甲醛产生与美拉德反应的关系、内源性甲醛产生与脂质氧化的关系、内源性甲醛的控制机理和技术、内源性甲醛控制技术在鱿鱼及其制品中的应用等。全书共分5章，第1章是海产品内源性甲醛概述，第2章是鱿鱼加工贮藏过程中内源性甲醛及相关物质的变化规律，第3章是鱿鱼及其制品中内源性甲醛的产生机理，第4章是鱿鱼及其制品中内源性甲醛的控制技术，第5章是甲醛控制技术在鱿鱼及其制品中的应用。

本书的大部分内容是作者及其领导的研究团队长达15年研究成果的归纳和总结，撰写过程中本研究团队的李颖畅教授和作者的博士生朱军莉教授、仪淑敏教授、李学鹏教授、李婷婷教授等参与了部分章节的整理工作；本团队的朱军莉、黄菊、叶丽芳、俞其林、贾佳、苗林林、董靓靓、陈帅、吴帅帅、蒋圆圆、李世伟、杨立平、邹朝阳、张笑、王亚丽、杨钟燕等20多位博士生及硕士生的学位论文均与甲醛有关，他们的研究也对本书做出了贡献；另外，首先参加本研究、目前在美国加利福尼亚州立大学弗雷斯诺分校任教的孙群博士也做了贡献。对以上人员的辛勤付出在此一并表示感谢！

　　本书涉及的相关研究内容得到国家"863"计划、国家科技支撑计划、国家自然科学基金、省科技攻关项目、教育部博士点基金等长达 10 余年的持续资助，相关成果已经获得 2017 年国家科技进步奖二等奖（本书作者为第一完成人）。在此向对本研究做过支持和合作的政府部门、企业及个人表示衷心的感谢！

　　因作者的水平有限，本书难免存在疏漏之处，恳请读者批评指正！

2020 年 4 月于渤海大学

目　　录

第1章 海产品内源性甲醛概述

1.1 概 述

我国既是水产品生产大国，也是水产品进出口贸易大国。2017 年，我国水产品进出口贸易再创新高，进出口总量 923.65 万吨，进出口总额 324.96 亿美元（迁阳和陈鹏，2018），水产贸易已经在我国农产品对外贸易中占据重要地位。头足类是重要的海洋经济动物。在过去半个世纪里，其发展势头迅猛，从 20 世纪 70 年代初期世界总产量不足 100 万吨，逐年增加，到 2007 年创下了历史最高纪录 431 万吨，2010 年世界头足类总产量为 365 万吨（陈新军等，2012）。2017 年我国头足类总产量为 71.57 万吨（农业部渔业渔政管理局，2017），头足类产量年平均增长率远高于世界头足类产量年平均增长率。目前，头足类中具有商业价值的主要种类为枪乌贼类、柔鱼类、章鱼类和乌贼类。其中，柔鱼类总产量在头足类中所占比例最大。柔鱼类中主要开发种类有阿根廷鱿鱼、秘鲁鱿鱼、巴特柔鱼、太平洋褶柔鱼和新西兰双柔鱼等。我国柔鱼产量在全球处于领先地位，主要捕获品种有秘鲁鱿鱼、太平洋褶柔鱼和阿根廷鱿鱼。2011 年 3 种柔鱼的产量分别为 25 万吨、5.4 万吨和 1 万吨（吴燕和孙琛，2013）。

然而，随着水产品生产规模的不断扩大，水产品质量安全问题开始成为我国水产品行业持续发展的主要障碍，不仅对国内水产品消费市场产生巨大冲击，还在水产品对外贸易中造成了巨大的经济损失。近年来，水产品质量安全事件频频发生，其中鱿鱼等水产品中甲醛含量超标问题尤为突出。2001 年，湖南工商部门首次检测到某企业生产的鱿鱼制品中含有"甲醛"，拉开了我国鱿鱼制品中甲醛问题的序幕。随后，北京、上海、山东等地质检部门多次检测到水产品尤其是鱿鱼及其制品中甲醛含量超标。2004 年，上海质检部门检测我国某鱿鱼加工企业生产的鱿鱼丝时发现其甲醛含量超标。一时间，鱿鱼制品甲醛问题成为国内外关注的焦点。

1.2 甲醛的性质和危害

甲醛的化学式为 $HCHO$，是一种无色的、有强烈刺激气味的气体，易溶于水和甲醇。通常 35%～40% 的甲醛水溶液又称福尔马林，是有刺激性气味的无色液体。

甲醛有凝固蛋白质的作用，有杀菌和防腐能力。甲醛是有毒物质，在我国有毒化学品优先控制名单上，甲醛高居第二位。美国环境保护局建议每日容许摄入量为不超过 0.2 mg/kg 体重（WHO[①]，2002）。

1.2.1　甲醛对人体健康的危害

甲醛对人体皮肤、眼睛、喉咙有刺激性等近期效应，甲醛直接与皮肤接触可以导致过敏性皮炎、色斑，甚至坏死。浓度仅为 0.5 mg/m³ 的甲醛就会刺激眼睛，吸入过量可导致流泪、咳嗽、视物不清，甚至会诱发过敏性鼻炎、支气管炎及哮喘，长期吸入低剂量的甲醛可导致无力、心悸、失眠等症状（IPCS[②]/WHO，2002；岳伟等，2004）。Ulvestad 等（1999）研究表明，甲醛浓度为 5.5～300 mg/m³ 时，甲醛暴露工人的肺功能显著低于对照组。Rumchev 等（2002）研究发现，儿童暴露于甲醛中，得哮喘的概率显著增加。甲醛进入人体后会对细胞造成巨大的破坏作用，它能与蛋白质、氨基酸结合，使蛋白质发生变性，严重干扰人体细胞的正常代谢（Leelapongwattana et al.，2005）。甲醛还具有强烈的致癌、促癌作用，世界卫生组织已将其定为致癌、致畸物质。鱿鱼等海产品含有较高的甲醛，可能是日本人和中国人胃癌发病率较高的原因之一（Lin et al.，1983）。甲醛的毒性很强，具有致突变性和遗传毒性。正常有机体有完整的甲醛代谢机理，可将少量甲醛降解为水、二氧化碳和甲酸；若体内积累过量的甲醛，其代谢过程会发生变化，生成的过氧化氢得不到及时清除，导致脂质过氧化；甲醛能直接作用于蛋白质的官能团，从而凝固蛋白质，破坏蛋白质和酶。高浓度甲醛（≥0.3 mmol/L）则造成DNA 的损伤，从而影响细胞周期的进程并伴随细胞 DNA 氧化损伤（苗君叶等，2013；柯跃斌等，2014），使组织细胞坏死，对人的神经系统、肝脏、肺产生损伤，破坏机体的免疫功能。2012 年欧洲化学品管理局发表声明，2 ppm[③]甲醛足以对肿瘤、组织性损伤、细胞增殖治疗产生副作用（Bolt and Peter，2013）。Tong 等（2015）研究发现，甲醛能够引起阿尔茨海默病患者记忆消失。甲醛还具有生殖毒性，Thrasher 和 Kilburn（2001）研究发现，¹⁴C 标记的甲醛能穿过胎盘进入胎儿组织，且胎儿器官的放射性高于母体组织，甲醛会使受精卵或胚胎细胞受损，并增加死亡率。因此，许多国家明令禁止甲醛作为食品添加剂。

1.2.2　甲醛对海产品品质的危害

海产品中的甲醛对产品自身的货架期和加工特性有一定的影响。研究表明，

---

① 世界卫生组织（WHO）
② 世界卫生组织国际化学品安全规划（IPCS）
③ 1 ppm=10⁻⁶

甲醛是动植物自身的一种代谢产物，其前体物质是动植物体内必不可少的营养物质。海产品中内源性甲醛的主要前体物质是氧化三甲胺（TMAO），是鱼体鲜味成分，具有参与海生动物体内渗透压调节的作用（朱军莉，2009），在一定条件下分解成有臭味的三甲胺、二甲胺和甲醛，影响鱼的新鲜度（Nielsen and Jørgensen，2004）。甲醛能导致海产品组织结构退化，所以甲醛含量能反映海产品的状态和营养（Li et al.，2009）。甲醛被认为是海产品腐败变质的主要原因之一（Rehbein and Schreiber，1984）。将具有氧化三甲胺脱甲基酶（TMAOase）活性的鳕科鱼肾脏组织和血液添加到无酶活性的鱼肉中，鱼肉组织弹性明显下降（Rehbein，1988）。甲醛能够和肽类、氨基酸残基等各种小分子物质反应，导致蛋白质分子间和分子内交联，溶解度下降，产品质地变硬、纤维化等，降低产品价值（Yeh et al.，2013）。Chanarat 和 Benjakul（2013）研究发现，贮藏过程中狗母鱼鱼糜中甲醛含量增高和蛋白质发生交联，导致鱼糜凝胶形成性变差，鱼糜凝胶的破裂力增大，影响其品质。赵凤等（2018）研究发现，相对于新鲜鱼糜，冻藏的鱿鱼鱼糜中甲醛、二甲胺、三甲胺含量显著（$P<0.05$）升高，氧化三甲胺含量显著（$P<0.05$）降低，鱿鱼鱼糜凝胶品质劣化。

1.3　甲醛的来源

1.3.1　原辅料、容器及环境污染

某些工厂选用甲醛作为合成塑料、橡胶等的助剂，导致食品生产设备或包装材料中含有甲醛，甲醛在酸、碱及盐的作用下溶出并污染水产品加工过程所用到的原辅料，最终导致水产品残留甲醛。

甲醛用于工具和设施消毒，用作环境改良剂及消毒剂或立体空间熏蒸消毒剂，都会对环境造成不同程度的污染，同时用于消毒的设施工具中甲醛挥发不完全，最终导致水产品中甲醛残留（励建荣和孙群，2005a）。

1.3.2　人为添加

近年来，随着我国水产行业的蓬勃发展，一些不法企业和商贩为获取巨额的利润，不顾消费者的身体健康，在水产品尤其水发水产品中违禁添加大量甲醛，利用甲醛的某些特性，如杀菌、防腐、增白、增加持水性及韧性等，以达到延长水产品货架期、改善水产品感官品质的目的（周群慧等，2004）。

1.3.3　海产品的天然本底值

早在 20 世纪 60 年代，日本学者研究了海产鱼类和甲壳贝类中甲醛的形成，

发现未受到甲醛污染的鲜活捕捞海产鱼类，在冷冻贮藏和生产加工过程中检测出一定量的甲醛。随后又有国内外学者研究发现甲醛可以在一些水产品中自然产生，这部分甲醛是水产品自身的代谢产物，同时也是合成某些氨基酸所必需的前体物质，称为内源性甲醛。水产品中内源性甲醛的产生有两个途径，一是水产品中氧化三甲胺酶及微生物作用的酶途径，二是在高温条件下水产品中氧化三甲胺分解生成甲醛的非酶途径（励建荣和孙群，2005b）。

1.4　甲醛的检测方法

1.4.1　水产品中甲醛的定性检测

甲醛的定性检测是将水产品提取液与显色剂反应，根据颜色的变化来判断水产品中是否含有甲醛。这种检测方法简便易行、反应迅速，适合水产品现场快速定性检测。但灵敏度不高，易受温度和底物浓度等因素干扰。主要的检测方法有乙酰丙酮法、间苯三酚法及三氯化铁法等。

1.4.2　水产品中甲醛的定量检测

目前国内外对甲醛定量检测的主要方法有比色法、色谱法、荧光法、电化学法和酶法等，而水产品中甲醛的定量检测主要采用高效液相色谱法（HPLC）和乙酰丙酮分光光度法。HPLC 测定原理是通过将甲醛与 2,4-二硝基苯肼（DNPH）衍生反应生成 2,4-二硝基苯腙-甲醛，经色谱柱分离后，由紫外检测器进行测定。该方法灵敏度好，准确度高，抗干扰性强，但样品制备过程烦琐，对试验人员的素质要求较高。世界卫生组织和美国环境保护局已将 HPLC 法作为甲醛定量检测的标准方法。乙酰丙酮分光光度法测定原理是甲醛与乙酰丙酮在过量铵盐的体系中反应生成黄色的二乙酰基二氢二甲基吡啶，再通过分光光度计进行比色定量。该方法操作简单，成本较低，呈色稳定，但灵敏度相对较低，抗干扰性差，是我国水产品甲醛定量检测的主要方法。

杜永芳等（2005）采用乙酰丙酮分光光度法对水产品甲醛进行了检测，用水蒸气蒸馏代替了直接蒸馏法，回收率为 98.09%，为了消除样品的基体干扰，用标准加入法代替标准曲线法，显色液在常温下稳定，检出限为 0.029 μg/mL。Li 等（2007）采用 HPLC 对鱿鱼和鱿鱼制品中甲醛进行检测。郑斌等（2006）用液相色谱测定游离的甲醛含量，二硝基苯肼衍生，该方法能消除复杂的基体干扰，标准偏差小于 7%，回收率为 75.0%～87.1%，检出限为 0.2 mg/kg，该方法线性关系较好，重复性好，精确度高，适合水产品游离甲醛的测定。董靓靓等（2012）对水产品中甲醛 HPLC 测定的前处理方法进行了探讨，发现水蒸气蒸馏法和三氯乙酸超声波提取法优于蒸馏水提取法和三氯乙酸提取法，并优化了三氯乙酸超声波提取法的条件，超声时间25 min，10%三氯乙酸加入量为 10 mL，该法稳定性较好，操作简便，与水蒸气蒸馏法前处理效果相当，是适用于大多数鲜活和冷冻水产品甲醛含量检测的前处理方法。Bianchi 等（2007）采用固相微萃取技术（SPME）对 12 种鱼中的甲醛进行提取，气相色谱-质谱法（GC/MS）法对甲醛含量进行分析。Erupe 等（2010）采用离子色谱和非抑制型电导检测器，建立了甲胺、二甲胺、三甲胺、氧化三甲胺的检测方法，阳离子交换色谱柱为固定相，3 mmol/L 硝酸、3.5%的乙腈作为流动相，检出限分别为 43 μg/mL、46 μg/mL、76 μg/mL 和 72 μg/mL，回收率在 78.8%～88.3%，这种方法适合测定氧化三甲胺等有机氮含量相对高的物种。Sibirny 等（2011）采用醇氧化酶和甲醛脱氢酶两种酶法检测水产品中甲醛。醇氧化酶法利用酶氧化甲醛为甲酸，在过氧化氢酶催化下，甲酸与过氧化氢发生显色反应。甲醛脱氢酶法是在甲醛脱氢酶作用下，甲醛发生氧化，硝基四氮唑盐被还原型烟酰胺腺嘌呤二核苷酸（NADH）还原。通过和化学方法比较，酶法相关性要好于化学法；醇氧化酶法相对甲醛脱氢酶法灵敏度更高，线性关系好，样品前处理和测定过程简单。

1.5　海产品甲醛本底含量

国内外学者研究发现甲醛可以在一些水产品中自然产生，这部分甲醛是水产品自身的代谢产物。Amano 和 Yamada（1965）发现新鲜的鳕鱼中存在甲醛。Harada（1975）报道在 16 种硬骨鱼类和贝类中含有甲醛，且在蜥蜴鱼中甲醛含量较高，最高含量达 31.9 mg/kg。Rodriguez（1997）发现冷冻过程中的沙丁鱼、鳕鱼、鱿鱼含有二甲胺、三甲胺、甲醛等挥发性物质，而甲醛最高含量可达 41 mg/kg。Bianchi 等（2007）测定多种水产品中甲醛含量时发现鳕科鱼中甲醛含量较高，最高可达293 mg/kg，而其他样品中甲醛的含量均低于 22 mg/kg。Jung 等（2001）研究发现未经处理的比目鱼和黑岩鱼死后，肌肉中的甲醛含量为 0.5～2.1 mg/kg。白艳玲（2003）对不同新鲜度的龙头鱼中甲醛进行了测定，发现刚捕获的龙头鱼中甲醛含量最多为 77 mg/kg，而市售的龙头鱼中甲醛含量最高达 199 mg/kg，明显高于刚捕获的龙头鱼。安利华等（2005）调查东海地区常见的海水鱼类、甲壳类、软体动物和淡水动物的甲醛本底值发现，大部分样品含有一定量的甲醛，冻月亮鱼、龙头鱼、长舌鲬、大头狗母鱼、红头圆趾蟹、阿根廷鱿鱼等 9 种样品的甲醛含量超过 10 mg/kg。郑斌等（2007）对多种水产品及加工制品进行了甲醛检测，发现多种样品含有甲醛，其中鱿鱼和龙头鱼甲醛含量相对较高。柳淑芳等（2005）通过对 56 种海水鱼和 16 种淡水鱼甲醛本底含量进行研究，发现同一品种不同存活状态的鱼，其甲醛含量也不同，活体鱼中甲醛含量最低，冰鲜样品中甲醛含量最高，冷冻样品随着冻藏时间的延长甲醛含量呈上升趋势。叶丽芳（2007）在舟山兴业有限公司的实验室做了东海海水动物甲醛本底值的调查，调查结果证实了国外相关文献的科学性。鱼类甲醛本底测定值在 0.1～60 mg/kg，其中冻月亮鱼50.99 mg/kg，龙头鱼 43.65 mg/kg；海水甲壳类甲醛本底测定值中，红头圆趾蟹30.73 mg/kg，冻梭子蟹 12.25 mg/kg；海水贝类甲醛本底测定值中，扁玉螺 0.23 mg/kg，牡蛎 2.88 mg/kg，泥蚶 0.86 mg/kg，青蛤 1.11 mg/kg，砂蛤 2.51 mg/kg，冻贻贝肉2.38 mg/kg；软体动物甲醛本底测定值中，内江鱿鱼 5.16 mg/kg，真蛸 1.25 mg/kg，短蛸 2.51 mg/kg，阿根廷鱿鱼 27.06 mg/kg，北太平洋鱿鱼 5.10 mg/kg，秘鲁鱿鱼3.53 mg/kg，乌贼 2.51 mg/kg。Chung 和 Chan（2009）在监测香港市场上销售的266 种水产品时，发现这些水产品氧化三甲胺含量在 5～3800 mg/kg，甲醛和二甲胺含量分别在 1～160 mg/kg 和 2～320 mg/kg；且冷藏过程中氧化三甲胺和甲醛、二甲胺之间存在一定的变化规律，即随着氧化三甲胺的分解，甲醛和二甲胺不断生成，证实了氧化三甲胺是甲醛和二甲胺产生的底物。

　　针对鱿鱼类水产品，陈雪昌（2008）对 5 个品种 42 个鱿鱼中的甲醛含量进行了测定，结果发现各个品种鱿鱼的甲醛含量差别较大，其中阿根廷鱿鱼中甲醛含量最高，平均值达到 23.84 mg/kg，秘鲁鱿鱼为 12.66 mg/kg，印度洋鱿鱼为 6.49 mg/kg，北太平洋鱿鱼为 5.59 mg/kg，含量最低的是东海鱿鱼，其平均值为 3.24 mg/kg。Li 等（2007）应用 HPLC 检测了鱿鱼肌肉、内脏和鱿鱼制品中的甲醛含量，显示鱿鱼内脏甲醛含量很高，3 种鱿鱼品种超过 100.00 mg/kg，4 种鱿鱼肌肉甲醛含量均高于10.00 mg/kg，鱿鱼丝样品甲醛含量高于 34.00 mg/kg。王阳光等（2005）研究发现，新鲜鱿鱼自身就含有甲醛，并且有些品种随着贮藏时间的延长，自身还会继续分解产生大量甲醛，随后甲醛含量又减少，这可能是由于甲醛在空气中被氧化成了甲酸。

1.6　影响海产品甲醛含量的因素

1.6.1　海产品品种和部位

　　不同品种的海产品中甲醛含量不同，并且相差很大。柳淑芳等（2005）通过对 56 种海水鱼和 16 种淡水鱼甲醛本底含量进行研究，发现食用鱼类甲醛本底含量不同且差异较大，海水活鱼甲醛含量显著高于淡水活鱼，海水冷冻鱼甲醛含量也高于淡水冷冻鱼；海水鱼中龙头鱼和鳕鱼类样品甲醛本底含量最高，分别可达207.06 mg/kg 和 192.94 mg/kg，其他海水鱼的甲醛含量均低于 10 mg/kg，而大部分淡水鱼中未检出甲醛。叶丽芳（2007）对阿根廷鱿鱼、北太平洋鱿鱼、秘鲁鱿鱼和近海鱿鱼的胴体和内脏中甲醛含量进行了测定，测定结果见表 1-1，4 种鱿鱼内脏组织甲醛含量均明显高于胴体，推测是由于海产品中与甲醛生成相关的氧化三甲胺脱甲基酶主要集中在内脏组织，特别是肾脏和脾脏组织。该酶以氧化三甲胺为底物催化生成甲醛，酶含量越高的组织，甲醛生成量也会越多。其中 4 种鱿鱼胴体中，阿根廷鱿鱼甲醛含量最高，其次是秘鲁鱿鱼，含量最低的为近海鱿鱼。4 种鱿鱼内脏组织中，阿根廷鱿鱼的甲醛含量也是最高的，其次是秘鲁鱿鱼，近海鱿鱼最低。胴体和内脏组织的甲醛含量具有相似规律性，高含量甲醛的内脏组织也预示着胴体的甲醛含量较高。同一品种的不同鱿鱼样品甲醛含量有差别，其中阿根廷鱿鱼两种内脏甲醛含量相差非常明显，分析可能与鱿鱼捕捞海域、鱿鱼的年龄等相关。

表 1-1　不同种类鱿鱼胴体和内脏的甲醛含量（叶丽芳，2007）

品种	甲醛含量/（mg/kg）	
	胴体	内脏
近海鱿鱼（1）	10.68±0.14	42.78±5.84
近海鱿鱼（2）	10.81±0.25	41.75±0.77
北太平洋鱿鱼(1)	10.91±0.15	127.00±7.67
北太平洋鱿鱼(2)	10.80±1.29	110.89±7.90
秘鲁鱿鱼（1）	15.86±2.04	176.52±13.39
秘鲁鱿鱼（2）	18.82±0.12	153.94±3.90
阿根廷鱿鱼（1）	20.13±0.33	465.00±21.64
阿根廷鱿鱼（2）	19.17±0.32	359.53±8.99

1.6.2　冷藏状态和冷藏温度

同一品种不同存放状态的鱼体，甲醛含量会发生明显变化。一般地，活体鱼中甲醛含量最低，冰鲜样品中甲醛含量最高，冷冻样品随着冻藏时间的延长，甲醛含量呈现上升趋势，并且冷藏过程鱼体组织破坏越严重，甲醛的生成量也越高。Babbitt 等（1972）研究贮藏在–20℃的太平洋鳕鱼片的甲醛含量及其形成，发现与较完整鱼片相比，切碎鱼肉加速氧化三甲胺的分解生成甲醛、二甲胺和三甲胺。其中刚切碎的鱼肉中甲醛、二甲胺和三甲胺含量比完整鱼肉高 2～4 倍，相应的氧化三甲胺含量明显降低。在贮藏过程中切碎鱼肉和完整鱼肉的甲醛生成表现相同增长方式，而三甲胺含量相对比较稳定。

冷藏温度显著影响海产品甲醛和二甲胺的产生，研究发现在–10～–5℃时甲醛生成最快。红鳍鱼片和碎肉在冷冻温度–6℃时氧化三甲胺降解反应的速率较快，在–20℃时氧化三甲胺降解反应的速率明显降低，推测可能是低温限制了反应成分的流动和混合（Parkin and Hultin，1982b）。Sotelo 等（1995）研究了鳕鱼肉贮藏在-5℃、-12℃和-20℃三个不同温度时挥发性盐基氮（TVB-N）、二甲胺、甲醛和氧化三甲胺的变化，在-5℃时所有指标含量变化最大，甲醛和二甲胺主要在 0℃以下产生，其中在-5℃产生最多。

1.6.3　加工工艺

加工工艺对鱿鱼制品甲醛含量也有影响。在鱿鱼丝加工过程中采用的加工工艺不同，鱿鱼丝中甲醛含量也不同。励建荣和朱军莉（2006）在鱿鱼丝加工过程中采用流水解冻，90℃、4 min 蒸煮，125℃、5 min 焙烤，使鱿鱼中甲醛含量大大降低，改进后的工艺能有效地控制甲醛的生成。

1.6.4　包装形式

气调包装对海产品的甲醛含量也有很大影响，但是不同品种海产品有明显差别。Babbitt 等（1972）用真空、空气和聚乙烯三种气体密封袋子包装太平洋鳕鱼片，-20℃贮藏时甲醛和二甲胺的生成量相似，表明氧气对两种物质的形成没有影响。而另有研究发现在冷冻贮藏过程中，氧气能抑制北美鳕鱼片甲醛的生成，氮气或真空比空气冰藏中红鳕碎鱼肉和完整鱼肉的降解程度更高，其中 100%氧气包装只产生低含量的二甲胺，而 20%氧气和 80%氮气也可减少二甲胺的形成（Lunstrom et al.，1981）。Reece（1983）也发现氧气对冷冻鳕鱼碎鱼肉的甲醛生成具有抑制作用，用真空、高纯氮气和空气三种气体包装鳕鱼碎鱼肉，在冰上保藏 36 h 后，发现无氧条件增加甲醛产生，其中氮气、真空和空气条件下产生的甲醛量分别为 73 mmol/kg、70 mmol/kg 和 23 mmol/kg，说明氧气能抑制鳕鱼肉甲醛的形成。

1.6.5　外源添加物质

研究发现还原条件促进碎鱼肉中甲醛和二甲胺的生成（Parkin and Hultin，1982b）。在二甲胺生成的激活剂中，氧化还原增强剂吩嗪硫酸甲酯、维生素 K_3 和亚甲蓝等的作用表现最明显；还原因子抗坏血酸盐和异抗坏血酸盐在较高浓度范围促进红鳕鱼肉二甲胺的生成；Fe^{2+} 能有效激活二甲胺的产生，而 Fe^{3+} 只有在还原剂存在下或者厌氧条件下起作用；谷胱甘肽和半胱氨酸（Cys）等含巯基试剂具有轻微的激活作用。鱼肉本身存在的胆碱有微弱促进作用，而甜菜碱无作用，鱼肉中常见的其他物质（如牛磺酸和亚牛磺酸）也无效果。在冷冻的太平洋鱿鱼白肌中，Cu^{2+} 表现抑制效果，H_2O_2、NaOCl 和 $KBrO_3$ 等氧化物质减弱红鳕碎鱼肉二甲胺和甲醛的形成速率，其中 0.05%～0.25%的 H_2O_2 抑制氧化三甲胺分解反应效果最好，并且可以改善组织结构，抑制鱼肉变硬（Racicot et al.，1984）。

1.7　海产品中甲醛生成相关物质概况

1.7.1　海产品中甲醛前体物氧化三甲胺及其代谢产物

1. 氧化三甲胺的分布和性质

氧化三甲胺，化学式为$(CH_3)_3NO$，易溶于甲醇和水，微溶于乙醇，不溶于乙醚，其水溶液呈强碱性。氧化三甲胺是一种天然的渗透剂，存在于大多数海洋生物中，肌肉中含量较高（Tokunaga，1980；Agústsson and Strøm，1981）。因鱼品种、年龄、季节和地理位置因素，氧化三甲胺含量有很大的差异（Agústsson and Strøm，1981）。氧化三甲胺在板鳃科中含量较高，约 140 mmol/kg，其中以鲨鱼最高；硬骨鱼类含量中等，为 20～70 mmol/kg；而双壳纲动物中含量很低，仅江珧科、扇贝科等含有一定数量的氧化三甲胺，为 9.47～74 mmol/kg；淡水鱼中氧化三甲胺含量是微量的，但是罗氏鱼和维多利亚湖中的尼罗河鲈含量较高（Anthoni et al.，1990）。硬骨鱼类中，鳕科鱼类氧化三甲胺含量最高，而鲽科鱼类氧化三甲胺含量最低。研究发现，海洋动物中深海动物和深潜水动物体内的氧化三甲胺含量比浅海动物体内的含量多，而且动物在水中栖息的深度越深，潜水越深，体内组织中的氧化三甲胺含量越高。另外，在鲨鱼、鳐鱼、甲壳类和头足类动物中氧化三甲胺含量最高，占组织干物质的 7%。氧化三甲胺广泛分布于海产鱼类的肌肉中，但在体内的分布不均匀，其中在鳍部、肌节的头部和尾部中的含量特别高。鱼肾脏和血液中氧化三甲胺含量比肌肉低。

氧化三甲胺在海产品中具有许多重要的生物学作用，它是海产硬骨鱼类肌肉中的一种鲜味物质；氧化三甲胺的分泌是为了保持鱼体内氮的平衡；它参与海生动物体内渗透压的调节；作为一种小分子量的稳定剂，具有抗离子不稳定性等多种生理功能。由于氧化三甲胺具有特殊的鲜味和爽口的甜味，目前常用作水产动物的诱食剂。

2. 三甲胺的性质

三甲胺，化学式为$(CH_3)_3N$，常温下是一种易燃的有鱼腥臭味的无色气体，溶于水、乙醚和乙醇，三甲胺具有高毒性，对人的眼睛、咽喉、鼻腔和呼吸道都会产生强烈的刺激性。皮肤沾染高浓度的三甲胺溶液会有剧烈的烧灼感并引起潮红，冲洗过后皮肤仍会有点状出血的症状。人若一次性吸入大量的三甲胺，短时间内就会表现出呼吸困难甚至昏迷等症状，若不及时救治可能有生命危险。水产品中的氧化三甲胺在腐败菌和酶的共同作用下，作为厌氧呼吸的终端电子受体被还原为三甲胺。

3. 二甲胺的性质

二甲胺，化学式为$(CH_3)_2NH$，是一种易燃的无色气体，溶于水、乙醚和乙醇。在浓度极低的情况下，二甲胺有腐烂鱼味；而当浓度较高时，则具有强烈的氨臭味。很多食品都含有二甲胺，如发酵制品、大豆及其制品和水产品。水产品中的二甲胺是由前体物质氧化三甲胺分解产生，同时生成甲醛。而甲醛不仅会影响水产品的品质，还严重危害人类的身体健康。因此很多学者认为应当将二甲胺作为评价水产品新鲜度的指标而不是三甲胺。

1.7.2　海产品氧化三甲胺的合成

海洋鱼体内含有高水平的氧化三甲胺，在体内氧化三甲胺含量比较稳定，代谢较为缓慢。氧化三甲胺有两种来源：①摄取的食物；②自身生物合成。在多数情况下，鱼类中的氧化三甲胺来源于日粮。淡水浮游动物和甲壳纲动物含有极少量的氧化三甲胺。当给金鱼饲喂无氧化三甲胺日粮，其肌肉中无氧化三甲胺；而饲喂含氧化三甲胺日粮时，肌肉中氧化三甲胺显著升高，禁食后两天，肌肉中氧化三甲胺消失。但是淡水鱼（如罗氏鱼和尼罗河鲈）却有相对较高水平的氧化三甲胺，表明部分淡水鱼类具有将日粮中的前体物合成氧化三甲胺的能力（Anthoni et al.，1990）。Niizeki 等（2002）在硬骨罗氏鱼属尼罗非鲫饵料中分别添加胆碱、甜菜碱、肉碱等，结果发现仅添加胆碱就能明显增加肌肉中氧化三甲胺含量。在鲨亚纲和海洋硬骨鱼类体内有部分自身合成的氧化三甲胺，广盐硬骨鱼氧化三甲胺基本都是内源性的。氧化三甲胺形成的可能机理是：肠道内厌氧微生物将日粮中的胆碱转化为三甲胺，吸收后在肝和肾脏中的三甲胺单氧化酶作用下将三甲胺转化为氧化三甲胺，最后大部分沉积在肌肉中。

1.7.3　海产品氧化三甲胺的分解

1. 氧化三甲胺生成三甲胺

海洋活体鱼类在微需氧条件下，其肠道微生物能将氧化三甲胺还原为三甲胺，肠道中剩余的大部分氧化三甲胺被内脏中微生物的氧化三甲胺还原酶还原为三甲胺。因此，肠道微生物和肝肾中的单氧化酶对海水鱼肌肉中氧化三甲胺的还原是必不可少的（Niizeki et al.，2002）。在海洋硬骨鱼中少部分氧化三甲胺通过氨的代谢，以尿的形式排泄。在鱼体死亡后，一些微生物参与氧化三甲胺分解，加速了腐败过程，如西瓦氏菌属（Dos Santos et al.，1998）。西瓦氏菌属是一类厌氧、嗜冷的革兰氏阴性菌，参与一些富含蛋白质的海产鱼类等食品的腐败变质，主要是细菌中的氧化三甲胺还原酶将氧化三甲胺还原为三甲胺。目前，研究发现发光细菌、西瓦氏菌和弧菌属等三类细菌具有分泌还原酶的能力，生活在池塘中的发光细菌（如红杆菌属）及大多数肠细菌也具有氧化三甲胺还原活性。这些细菌氧化三甲胺还原酶的共同特点是需要钼作为辅助因子。

2. 氧化三甲胺生成甲醛和二甲胺

海产鱼类中氧化三甲胺在 TMAOase 作用下还可分解为甲醛和二甲胺，特别是在死后贮藏过程中。Tokunaga（1964）最早发现在阿拉斯加狭鳕肉冻藏过程中形成了甲醛和二甲胺，认为是由狭鳕幽门盲囊中的酶导致的。之后，科研人员对红鳕、狭鳕和狗母鱼的肌肉及内脏的 TMAOase 开展了大量研究，表明 TMAOase 能催化氧化三甲胺生成甲醛和二甲胺，其中多种添加剂对酶的活性产生影响，Fe^{2+} 对氧化三甲胺分解为甲醛和二甲胺起了决定性作用。目前认为 TMAOase 存在两种来源：一是鱼体自身，二是鱼体中的微生物。研究发现在哺乳动物的肝细胞微粒部分，当存在分子氧和 NADPH 时一些酶类能引起叔胺的氧化脱烷基作用而产生仲胺和醛类，因此推测鱼类组织中具有类似的生理过程。海产鱼类体内氧化三甲胺的可能代谢途径如图 1-1 所示。在微生物 PM6 杆菌中已经检测到具有催化氧化三甲胺脱甲基作用产生甲醛和二甲胺的酶类（Lin and Hurng，1985）。

图 1-1　海产鱼类体内氧化三甲胺的代谢途径（Reece，1983）

1.8　内源性甲醛产生的机理

近年来，国内外学者对水产品中的甲醛研究发现，甲醛是自身代谢的一种氨基酸生物合成中所必需的前体物质。研究认为，水产品中内源性甲醛的产生主要有两个方面，一方面是水产品中的 TMAOase 及微生物作用的酶途径，另一方面是在高温条件下水产品体内的氧化三甲胺分解生成甲醛的非酶途径（Yamada and Amano，1965；励建荣和孙群，2005b；张璇等，2018）。

1.8.1　内源性甲醛产生的酶途径

酶途径指的是在酶的作用下氧化三甲胺分解产生二甲胺和甲醛或者在微生物作用下海产品体内的氧化三甲胺分解生成三甲胺（Yamada and Amano，1965）。水产品的贮藏方式一般分为冰鲜、冷冻和冷藏，低温能抑制微生物的生长，因此微生物对甲醛的生成影响比较小,酶是影响甲醛生成的主要影响因素。Gill 和 Paulson（1982）运用等电点电泳的方法,在鳕鱼肾脏中分离 TMAOase。Lee 和 Park（2018）等研究了鳕鱼冻融条件下,TMAOase 的活性变化。

TMAOase 广泛分布于海产动物组织中；而在淡水动物中则没有 TMAOase,即使存在,含量也极微。在一些深海鱼类中,特别是在鳕鱼类中,TMAOase 的含量较高。冷冻或者冰冻鳕鱼片是保持鳕鱼类质量的一种常规贮藏方法,但是鳕鱼类体内 TMAOase 活性很高,即使在冷冻或冰冻状态,酶仍然保持活性（Phillippy and Hultin,1993）。亚洲东部和南部海域的 300 种海洋鱼类的肌肉和内脏中检测到了 TMAOase 活性（Harada,1975）。Nielsen 和 Jørgensen（2004）在 24 种海产鱼肌肉样品中只有 9 种鳕科鱼样品检测到 TMAOase,不同品种和个体的鳕鱼白肌中酶活性存在很大的差异性。此外,在狗母鱼和贝类中也发现了 TMAOase 活性（Harada,1975）。

TMAOase 在同一种鱼类各个组织器官中的分布也不同。鳕鱼不同组织酶活性也表现出很大差异,脾脏和肾脏的酶活性最高,幽门盲囊、血液和肝脏次之,而肌肉很低（Rehbein and Schreiber,1984）,其中在狭鳕的肠道、胃,特别是胆囊中酶活性较高（Tokunaga,1980）；狗母鱼 TMAOase 在肾脏酶活最高,其次是脾、胆汁、肠和肝（Benjakul et al.,2004）；狭鳕肌肉中存在 TMAOase 活性（Kimura et al.,2000）。由此可见,参与内源性甲醛生成的 TMAOase 主要集中在内脏组织,特别是肾脏、脾脏、肝脏和幽门盲囊。

目前对鱿鱼内源性甲醛产生机理的研究不多,发现其内源性甲醛具有海产鱼甲醛形成类似的酶学途径。Nitisewojo 和 Hultin（1986）分析了大西洋滑柔鱼的氧化三甲胺分解酶体系特性,发现柔鱼胴体的可溶性部分可将氧化三甲胺转化为二甲胺,该可溶性部分在 $FeCl_2$ 和抗坏血酸盐存在下室温时能催化氧化三甲胺的降解。酶活性部分主要为小分子量热稳定性部分,大分子量、热不稳定部分只占酶活性部分的 10%～15%,而小分子量酶活性部分在黄素-NADH 作用下表现低活性,亚甲蓝作用下没有活性。Fu 等（2006）对茎柔鱼胴体的 TMAOase 进行纯化和性质研究,经过酸化、热处理和层析方法,获得了比肌肉中酶活性高 839 倍的 TMAOase,酶分子质量在 17.5 kDa,最佳的作用 pH 和温度分别是 7.0 和 55℃,TMAOase 的米氏常数（K_m）是 26.2 mmol/L。研究发现,二硫苏糖醇、Na_2SO_3 和 NADH 等一些还原剂能有效激活酶,而乙二胺四乙酸（EDTA）、Mg^{2+} 和 Ca^{2+} 能显著地增强酶活性,而酶活性明显受到茶多酚（TP）、磷酸和乙酸的抑制。鱿鱼中分解氧化三甲胺生成甲醛的 TMAOase 与鳕鱼中酶的理化性质略有差别,但是酶的催化性质较一致。

1.8.2 内源性甲醛产生的非酶途径

海产鱼类除了 TMAOase 催化产生甲醛途径外,还存在非酶途径参与氧化三甲胺分解生成甲醛，产物包括甲醛、二甲胺和三甲胺。海产鱼类甲醛生成的非酶途径研究较少，但也是鱼肉制品内源性甲醛的重要来源。

1. 金属离子和还原剂作用

Spinelli 和 Koury（1979）认为体外几种还原性物质（如 Fe^{2+}、Sn^{2+} 和 SO_2）能引起氧化三甲胺分解为二甲胺，在金属螯合剂 EDTA 和植酸存在下，Fe^{2+} 和 Sn^{2+} 能加快二甲胺的产生。体外研究显示，虽然 Cys 不能催化氧化三甲胺降解成二甲胺，但是鱼肝脏匀浆中添加 Cys 可以加速二甲胺的形成。添加 Cys 中间代谢产物比 Cys 对二甲胺形成影响更明显；EDTA 和 Fe^{2+} 加速二甲胺的形成，缺少 Fe^{2+} 的情况下鱼肉中不能形成二甲胺，因此研究人员认为 Cys 中间代谢产物和 Fe^{2+} 催化氧化三甲胺降解为二甲胺（Spinelli and Koury，1981）。

2. 高温热分解作用

海产品在高温下还存在非酶途径生成甲醛的现象，特别是鱿鱼及其制品。高温处理过程中氧化三甲胺的分解产物主要有三甲胺、二甲胺和甲醛。Spinelli 和 Koury（1981）发现，经 40~60℃预热的冷冻太平洋白肌匀浆比对照生成更高的二甲胺，可能是由于加热过程中 Cys 代谢产物与氧化三甲胺作用形成二甲胺。酶催化形成二甲胺反应主要发生在冷冻贮藏过程中，不发生在加热过程中。可见，二甲胺的形成还存在于加热过程中，鱼体产生的还原性复合物作用于氧化三甲胺产生二甲胺。

高温处理能明显促进鱿鱼氧化三甲胺的热分解，但是鳕鱼等海产鱼中氧化三甲胺分解程度很低。已发现加热白肌鱼，氧化三甲胺热分解很少，但是红肌鱼、鱿鱼和蛤中氧化三甲胺分解程度很高（Harada，1975）。51 个阿根廷滑柔鱼冷冻胴体样品，经蒸煮 45 min 后，明显生成甲醛和二甲胺，而加热后的波罗的海鳕鱼二甲胺和甲醛均只有微量的改变（Kołodziejska et al.，1994）。经 180℃高温蒸煮和焙烤 20 min 后，由于甲醛挥发，鳕鱼样品甲醛含量均有明显下降（Bianchi et al.，2007）。

大西洋滑柔鱼在-20℃贮藏过程中，柔鱼胴体几乎不含二甲胺或其含量很低，但是柔鱼或柔鱼提取物加热明显生成二甲胺（Nitisewojo and Hultin，1986）。5 种干鱿鱼中检测到了高含量的二甲胺、三甲胺和氧化三甲胺，其中氧化三甲胺为 2558~8046 mg/kg，三甲胺为 121~503 mg/kg，二甲胺为 124~373 mg/kg（Lin and Hurng，1985）。Fu 等（2007）发现在鱿鱼丝的加工过程中，氧化三甲胺逐渐减少，而甲醛、二甲胺和三甲胺逐渐增加，蒸煮温度是影响甲醛生成的最关键因素。

加热温度对氧化三甲胺分解有明显的影响，高温可以促进氧化三甲胺分解生成甲醛。100℃处理完整鱿鱼组织，发现氧化三甲胺向二甲胺的转化相当慢，但是温度升高到200℃，干鱿鱼中氧化三甲胺转化速率明显加快，200℃加热1h，鱿鱼中90%的氧化三甲胺转化为三甲胺和二甲胺，但是加热过程中约有50%的三甲胺和二甲胺挥发减少。推测这可能是由于高温组织中某些特定组成成分（如Fe^{2+}和Cys中间代谢产物）催化使热转化加速（Lin and Hurng，1985）。氧化三甲胺标准反应液试验也证实了高温热分解的现象，Fe^{2+}和Cys等辅助因子在55～80℃能分解氧化三甲胺生成甲醛、二甲胺和三甲胺。加热反应初期阶段三甲胺产生比二甲胺快，而二甲胺生成呈现S形变化，反应后期二甲胺含量超过三甲胺的含量，推测二甲胺的生成除了氧化三甲胺的还原和脱甲基作用外，还有三甲胺脱甲基作用（Kimura et al.，2003）。

关于水产品中甲醛的产生机理，国内研究甚少。靳肖等（2011）对鱿鱼丝中氧化三甲胺热分解模拟体系进行研究发现，氧化三甲胺热分解反应伴随温度的升高而加强，且30 min后，氧化三甲胺分解生成的二甲胺和甲醛趋于平衡。励建荣和朱军莉（2006）对秘鲁鱿鱼丝加工过程中甲醛含量的变化进行测定发现，蒸煮和焙烤两道工序甲醛生成较快，而这两道工序温度都超过90℃，TMAOase已经失活，说明氧化三甲胺此时通过非酶途径分解生成甲醛。

3. 高温过程中甲醛产生与自由基产生的关系

20世纪90年代以来，借助现代化的检测分析手段，一些新方法及传统方法的改进应用到生物自由基研究领域。另外，电子自旋共振（ESR）技术是检测自由基的最有效手段之一，ESR可以监测自由基中的单电子自旋翻转所产生的共振现象，成为直接检测自由基的一种可靠的方法。Lin和Hurng（1985）研究发现Fe^{2+}和抗坏血酸对氧化三甲胺热分解的促进远远大于Fe^{2+}和Cys，这一现象与Fenton反应十分相似，因此Lin等推测氧化三甲胺非酶分解途径可能是通过自由基机理来实现的，因为氧化三甲胺化学性质稳定，加热时不会分解。Ferris等（1967）将Fe^{2+}分别添加到环己醇和苯甲醇中，然后加热最终得到了环己酮和苯甲醛，证明了Fe^{2+}能够催化氧化三甲胺分解成甲醛和二甲胺，他们还通过丁二烯围捕试验证明胺自由基的存在，假设并证实纯化学体系中氧化三甲胺在Fe^{2+}催化下通过$(CH_3)_3N \cdot$自由基反应生成甲醛、二甲胺和三甲胺。但是，由于当时技术的限制，他们只在氧化三甲胺溶液中证明了此过程。

1.9　美拉德反应与海产品中甲醛的产生

1.9.1　美拉德反应概况

美拉德反应也称为羰氨反应，是氨基化合物（氨基酸、肽、蛋白质等）与羰基化合物（糖类）在食品加工和储藏过程中发生的非酶褐变反应。该反应是由法国著名科学家 Loui Camille Maillard 于 1912 年发现的，之后在食品领域得到了广泛的应用，美拉德反应广泛存在于食品加工中，是食品产生色泽和各种风味的主要来源之一。

美拉德反应过程十分复杂，Hodge 将其分为三个阶段（Brien and Morrissey，1989）。在起始阶段，醛糖（还原糖）与氨基化合物进行缩合反应失去一分子水形成席夫碱，随即环化形成相应的 N-葡萄糖基胺，再经 Amadori 重排形成果糖基胺（1-氨基-1-脱氧-2-酮糖）。中间阶段主要通过三条途径进行反应：第一条途径是在酸性条件下，果糖基胺进行 1,2-烯醇化反应，生成羟甲基糠醛；第二条途径是在碱性条件下，果糖基胺进行 2,3-烯醇化反应，生成还原酮类和二羰基化合物；第三条途径是在二羰基化合物存在下，氨基酸脱羧、脱氨生成醛和二氧化碳，其氨基则转移到二羰基化合物上发生反应生成各种化合物，该反应称为斯特勒克（Strecker）降解反应。美拉德反应风味物质产生于此途径。最终阶段的反应较为复杂，主要是中间阶段产物与氨基化合物进行反应，最终生成类黑精，此过程包括醇醛缩合、醛氨聚合等反应。美拉德反应产物（MRPs）除类黑精外，还有还原酮及挥发性杂环化合物等一系列中间体组分（Sara et al.，2001）。

MRPs 中含有的类黑精、还原酮、挥发性杂环化合物等具有很强的抗氧化性，如将甘氨酸-葡萄糖的反应产物添加到人造奶油中，可以提高其氧化稳定性（Wagner et al.，2002）。影响美拉德反应的因素很多，包括羰基化合物种类、氨基化合物种类、温度、时间、pH、水分活度、金属离子等，目前国内外研究更多是集中在反应条件对 MRPs 理化性质、功能性质及生理活性的影响上。Jayathilakan 和 Sharma（2006）发现在不同氨基酸与葡萄糖的美拉德反应中，产物的抗氧化性以赖氨酸最高，剩下依次为甘氨酸、色氨酸、甲硫氨酸、天冬氨酸。马志玲等（2002）研究发现，MRPs 的抗氧化能力随着反应时间的增加而逐渐升高，其中葡萄糖-甘氨酸的抗氧化能力较强，在 120 h 可以抑制 70%亚油酸氧化。Lertittikul 等（2007）将猪血浆蛋白与葡萄糖溶于不同 pH 缓冲液中，加热后发现 pH 对美拉德反应影响显著，在一定范围内 pH 越高，MRPs 的抗氧化强度也越高。Tsai 等（1991）研究了水分活度对氨基酸与不同还原糖反应褐变程度的影响，发现褐变程度随水分活度的增大呈下降趋势。吴惠玲等（2010）以 L-赖氨酸为基本反应物，研究了加热温度、时间、pH、五种糖及金属离子对美拉德反应的影响，结果发现在一定条件下，温度越高、加热时间越长，美拉德反应颜色越深，pH 小于 7.0 时反应不明显，当 pH 大于 7.0 时反应速率明显加快，五种糖与 L-赖氨酸的反应活性依次为木糖>半乳糖>葡萄糖>果糖，而蔗糖无明显反应活性，Fe^{3+}、Fe^{2+}能促进美拉德反应，Ca^{2+}、Mg^{2+}起抑制作用，K^+对反应影响相对较小。

1.9.2　影响美拉德反应的因素

1. 反应底物

反应底物糖类和氨基化合物的种类及结构直接影响美拉德反应的发生。对糖类而言，双糖或多糖的反应活性要小于单糖；酮糖要小于醛糖；六碳糖要小于五碳糖。对氨基化合物而言，反应活性顺序依次为胺＞氨基酸＞多肽和蛋白质；碱性氨基酸的反应活性要大于酸性氨基酸；氨基位于末位或 ε-位的氨基酸要大于 α-位的氨基酸。

2. 反应温度和 pH

当温度较低时，美拉德反应几乎不发生；当温度升到 20℃左右时，美拉德反应开始发生；20℃之后，美拉德反应的速率会随着反应温度的升高而不断增加，通常温度每升高 10℃，反应的速率提高 3～5 倍。一般而言，pH 在 3～10 时，美拉德反应的速率会随 pH 的升高而逐渐增加；酸性条件下，美拉德反应会受到抑制；碱性环境会促进美拉德反应的发生。

3. 水分含量和金属离子

水分含量在 10%～15%范围内，美拉德反应最容易发生。水分含量过高或过低，美拉德反应都会受到抑制。Cu^{2+}、Fe^{2+} 和 Fe^{3+} 等都能显著促进美拉德反应的发生，其中 Fe^{3+} 的促进效果最好。而 Mg^{2+} 和 Ca^{2+} 等则对美拉德反应有一定的抑制作用。

1.9.3　鱿鱼及其制品中的美拉德反应

动物性食品在加工和贮藏过程中发生的褐变反应主要有酶促褐变和非酶褐变两大类。酶促褐变是指组织中的酚类物质在酶的作用下发生复杂的化学变化，生成褐色或黑色物质的反应。非酶褐变主要包括美拉德反应、焦糖化反应、脂肪氧化褐变等。

在鱿鱼丝加工过程中，由于采用了蒸煮、焙烤等高温工序，鱿鱼体内的酶都已失活，不可能存在酶促褐变。焦糖化反应是指在没有氨基化合物存在下，糖类受到高温（150～200℃）作用发生降解、聚合和缩合，并形成褐色物质的反应。从鱿鱼丝的加工过程及贮藏条件来看，也不可能发生焦糖化反应。高脂率动物性食品在加工和贮藏过程中易发生脂肪氧化，但鱿鱼是一种低脂率水产品，脂肪氧化褐变也不可能是鱿鱼丝发生褐变的主要原因。李玟琳等（1986）研究发现，鱿鱼体内水溶性肌浆蛋白占总蛋白含量的 12%～20%，肌动球蛋白比其他鱼肉更易溶于低盐溶液中。因此在鱿鱼丝加工过程中，大量水溶性蛋白质、氨基酸等溶到鱿鱼表面，为发生美拉德反应提供了必需的氨基化合物来源。鱼贝类死后，体内核酸在酶的作用下可分解产生核糖，而五碳糖是最易发生美拉德反应的糖类，加上鱿鱼本身含有的葡萄糖、果糖，以及调味料中乳糖、蔗糖等部分水解产生的还原糖，都为美拉德反应提供了必需的羰基化合物来源。另外，鱿鱼丝水分含量在20%左右，pH 6.0 左右，这些条件都易于美拉德反应的发生。

目前国内外对鱿鱼制品中美拉德反应的研究较少。Omura 等（2004）研究发现在鱿鱼干制品的贮藏过程中，核糖对褐变反应的发生起主要作用。Tsai（1991）对模拟体系及鱿鱼干制品中牛磺酸和脯氨酸的褐变情况进行了研究，结果发现温度对褐变反应的影响比水分活度更显著，温度低于 25℃时模拟体系中褐变反应进行得非常缓慢。Tsai 等（1991）研究了水分活度和 pH 对鱿鱼干制品及模拟体系中褐变反应的影响，研究发现在干鱿鱼加工中，赖氨酸是褐变率最高的氨基酸之一。Haard 和 Arcilla（1985）在研究北大西洋枪乌贼时发现，牛磺酸、甲硫氨酸和赖氨酸是美拉德反应的前体物质。

美拉德反应与鱿鱼甲醛的产生有一定联系。李丰（2010）研究发现乳糖与氧化三甲胺的美拉德反应会生成甲醛和半乳糖，鱿鱼丝贮藏过程中甲醛含量的增加与美拉德反应有关。李薇霞（2012）研究了奶糖中甲醛的产生机理，认为甲醛的产生与 Strecker 降解密不可分。邹朝阳等（2015）建立葡萄糖-赖氨酸美拉德反应体外模拟体系，研究美拉德反应对鱿鱼丝中甲醛产生的影响，研究表明葡萄糖-赖氨酸体系自身反应产生甲醛，且能促进氧化三甲胺溶液和鱿鱼丝上清液中氧化三甲胺降解生成二甲胺和甲醛。

1.10 海产品内源性甲醛的控制技术

根据海产品内源性甲醛产生的途径和机理，可采取有效的措施对海产品内源性甲醛进行控制。

1.10.1 TMAOase 活性的控制

TMAOase 能够催化氧化三甲胺降解生成甲醛，通过物理或者化学手段，抑制TMAOase 活性，从而控制甲醛的生成量。Parkin 和 Hultin（1982b）研究发现，水产品中富含的氧化三甲胺在低温贮藏过程中仍会在酶的作用下不断分解生成甲醛；而添加酶抑制剂后，氧化三甲胺分解大大受到抑制，甲醛生成量也随之减少。Herrera 等（1999）发现向鱿鱼原料中添加抗冻剂也能达到抑制甲醛的效果。Gou 等（2010）用 300 MPa 压力处理鱿鱼，发现高压使 TMAOase 活性降低，在低温下冷藏 12 d，二甲胺和甲醛生成量明显降低，这和 TMAOase 活性降低是有关的。Leelapongwattana 等（2008）研究发现柠檬酸钠对狗母鱼肌肉中 TMAOase 活性有很强的抑制作用。朱军莉（2009）研究发现乙酸、茶多酚、硫化钠、锌离子对 TMAOase 活性有抑制作用。Deng 等（2011）用热泵干燥机同时辅以远红外辐射对鱿鱼片进行干燥，发现随着辐射功率的增加，对 TMAOase 活性和三甲胺含量的抑制作用明显。有研究还发现，甲醛和二甲胺在碎鱼肉中生成速率加快，将鱼片剁碎后立刻测定甲醛、二甲胺和三甲胺含量，发现比完整鱼片高出 2～4 倍，但氧化三甲胺在碎鱼肉中降低了（Babbitt et al.，1972），因此鱼肉最好以完整的形式贮藏。

1.10.2　甲醛生成途径的控制

1. 鱿鱼及其制品加工过程中甲醛的控制

海产品在高温状态下存在非酶途径生成甲醛的现象，特别是鱿鱼及其制品。高温处理过程中氧化三甲胺的分解产物主要有三甲胺、二甲胺和甲醛，有效控制加工过程中鱿鱼及其制品中的甲醛，是降低鱿鱼产品中甲醛含量的重要措施。励建荣和朱军莉（2006）研究发现流水解冻工序可以将鱿鱼片中部分甲醛溶解，从而降低了甲醛的本底含量，在鱿鱼丝加工过程中，氧化三甲胺分解成二甲胺和甲醛的量减少；确定了蒸煮和焙烤工序为关键控制点，蒸煮条件为 90℃、4 min，焙烤条件为 125℃、5 min，改进后的工艺能有效地控制鱿鱼丝甲醛含量。Fu 等（2007）也发现在干调味鱿鱼加工过程中，蒸煮温度是影响甲醛含量的一个关键因素，用冷却的流水冲洗或者改变焙烤温度，甲醛的含量降低。辛学情等（2010）也得到了相似的结果，降低鱿鱼丝加工过程中的温度、缩短接触高温的时间或者冷却时用流水，能使鱿鱼丝中甲醛含量降低。李艳萍（2014）研究表明，以经过"漂烫"处理的秘鲁鱿鱼为原料，加工成的鱿鱼丝甲醛含量为（26.9±0.20）mg/kg，显著低于未经过"漂烫"处理原料加工的秘鲁鱿鱼丝。朱军莉等（2012）以鱿鱼上清液及 TMAO-Ca（Ⅱ）体系为研究内容，研究结果表明，体系中的氧化三甲胺在高温条件下分解为甲醛，温度越高，分解程度越高；同时证明了氯化钙能抑制氧化三甲胺的分解。朱军莉等（2012）研究了茶多酚及桑叶黄酮对秘鲁鱿鱼上清液在高温条件下生成甲醛的影响，研究表明茶多酚及桑叶黄酮能抑制高温条件下甲醛的生成，在与柠檬酸（CA）、Ca^{2+} 复合时抑制效果更佳。朱严华等（2018）分别用壳聚糖和羧甲基壳聚糖处理秘鲁鱿鱼，发现两者均能有效抑制鱿鱼在煎烤过程中甲醛的生成，普通壳聚糖效果更显著，并且能较好地保持鱿鱼的品质。李颖畅等（2016b）研究表明，鱿鱼上清液中甲醛产生的非酶途径中存在自由基反应，蓝莓叶多酚通过与自由基反应抑制甲醛的形成。将蓝莓叶多酚进行分离，发现蓝莓叶多酚单体化合物抑制 TMAO-Fe(Ⅱ)体系中氧化三甲胺的热分解，显著降低体系中三甲胺、二甲胺和甲醛含量。蓝莓叶多酚单体化合物用量越多，抑制效果越显著，槲皮素-3-D-半乳糖苷抑制效果优于绿原酸。TMAO-Fe（Ⅱ）体系中氧化三甲胺的热分解过程中产生了自由基，绿原酸和槲皮素-3-D-半乳糖苷能够抑制自由基的产生，因此能抑制甲醛的形成（李颖畅等，2017a）。李颖畅等（2015）研究表明蓝莓叶多酚可对鱿鱼丝加工过程中内源性甲醛产生抑制作用。

　　2. 鱿鱼及其制品贮藏过程中甲醛的控制

　　根据内源性甲醛产生的机理，对影响甲醛形成的条件进行调控，从而控制海产品内源性甲醛。国内外对此方面的研究虽然不多，但也取得了一定进展。水产品及水产制品在贮藏和运输过程中，一般采用冷藏、冻藏的方式，温度是影响甲醛和二甲胺产生的主要因素。研究表明，当温度为–5～10℃时，冷藏、冻藏的水产品和水产制品中的甲醛生成最快。Sotelo 等（1995）以未切成片的鳕鱼肉及其碎肉为研究对象，探讨了贮藏在不同温度（–5℃、–12℃和–20℃）时，氧化三甲胺和甲醛的变化，结果表明，在–5℃时，氧化三甲胺含量减少最多，甲醛含量增加最多。Landolt 和 Hultin（2007）研究发现，解冻后的鱿鱼，经过清洗后，能降低鱿鱼氧化三甲胺、甲醛的本底含量，进而能降低鱿鱼产品中甲醛的含量。Zhu 等（2013）研究发现，柠檬酸、柠檬酸钠、氯化钙、茶多酚和白藜芦醇对鱿鱼提取物氧化三甲胺分解有抑制作用。李颖畅等（2017）研究发现，4℃冷藏条件下，蓝莓叶多酚和大蒜提取物能够有效抑制鱿鱼鱼丸微生物生长，减缓脂肪氧化；同时蓝莓叶多酚和大蒜提取物复合保鲜剂能够抑制氧化三甲胺分解，以及三甲胺和甲醛的生成，延长鱿鱼鱼丸货架期。气调包装能延缓鱿鱼丝中氧化三甲胺的分解，降低甲醛的生成量，同时对细菌生长、脂肪氧化及美拉德褐变均有较好的抑制效果，而 0.5%柠檬酸处理结合气调包装对甲醛产生及其他品质劣变的抑制更加有效（李学鹏等，2017）。

1.10.3　甲醛捕获剂的使用

　　1. 甲醛捕获剂的种类

　　甲醛捕获剂又称甲醛捕捉剂、甲醛消纳剂或甲醛清除剂，是指在一定条件下能与甲醛发生化学反应生成另一种稳定的新物质或吸收甲醛的物质（曲芳等，2005）。根据反应机理不同可将甲醛捕获剂归纳为三大类：①亲核试剂，主要是含醇羟基、氨基、胺基的试剂或亚硫酸等；②氧化剂或还原剂；③具有次甲基活泼氢的化合物（程凤侠等，2006）。目前甲醛捕获剂在皮革业和建筑业研究得较多，水产品方面较少，且大多数存在缺陷，如存在二次污染、影响产品性能、不适合在食品中应用等。

1）氨基类甲醛捕获剂

氨基衍生物型甲醛捕获剂具有较高的除醛率，是利用蛋白类甲醛捕获剂上的氨基与甲醛发生反应以达到捕获甲醛的目的。壳聚糖是甲壳素的脱乙酰化产物，是天然直链多糖，其分子链结构中含有大量的酰胺基和氨基，可作为环保型甲醛捕获剂（张廷红和万海清，2007）。王魁等（2015）研究表明，半胱氨酸盐酸盐的甲醛捕获效果最好，捕获率可达 100%，且受温度影响最小；其次是精氨酸、赖氨酸、组氨酸，捕获效果均在 50%左右，但受温度影响较大；精氨酸、赖氨酸在低温下对甲醛生成有促进作用，高温下有捕获作用；组氨酸在高温下对甲醛的捕获率显著提高，可达 87.99%。中国专利公开了一种主要将氨水、羧甲基壳聚糖、氨基酸等物质经过一定比例的复配处理得到的高效甲醛消除剂，对甲醛消除有很好的效果（郑承伟，2013）。中国专利还公开了一种主要将尿素与酰胺类化合物、氨基酸经过一定的处理制备的甲醛捕捉剂（精祎科技有限公司，2012）。日本专利选用尿素、氨基酸和不挥发性胺等处理板材中游离甲醛的方法，效果良好（Mariko，2002）。这些甲醛捕获剂主要应用于环境保护、建筑、化工等不同的领域，应用于食品的较少。

2）植物提取物类甲醛捕获剂

在研究植物单宁代替苯酚生产黏合剂时，国外学者发现儿茶素类化合物可与甲醛反应，在 C6 和 C8 位上发生亲核反应（Herrick and Bock，1958）。Tyihák 等（1998）研究发现白藜芦醇也是一种高效的甲醛捕获剂。中国专利公开了一种鱿鱼制品的甲醛清除剂及其应用方法，主要成分为植物多酚类化合物，通过浸泡鱿鱼片，能使鱿鱼制品中的甲醛含量大大降低，此方法简便易行（浙江工商大学，2008）。中国专利采用茶叶提取物，主要成分为茶多酚，使甲醛在空气及涂层本体中的含量均降低到国家标准水平（清华大学，2003）。另外，中国专利公开了一种对芦荟提取物中的多糖进行氨基衍生化改性，再与氨基化胶原蛋白进行复配，得到的甲醛捕获剂具有很好的应用前景（陕西科技大学，2013）。蒋圆圆等（2014）研究了苹果多酚对甲醛的捕获特性，并将其应用于秘鲁鱿鱼丝中，发现其对鱿鱼丝甲醛表现出良好的捕获效果，在 30 d 贮藏期内，苹果提取物处理组中甲醛含量上升缓慢，显著低于对照组。这些植物提取物大多具有清除自由基、抗氧化性、抑菌、抗衰老、抗肿瘤等功效，是医药、化妆品、食品界开发的热点，将其作为甲醛捕获剂应用于水产品具有一定的研究价值和前景。

3）吸附类甲醛捕获剂

吸附类甲醛捕获剂因效率高、不会造成二次污染而被广泛应用在治理甲醛污染的实例中，分为物理吸附型甲醛捕获剂和化学吸附型甲醛捕获剂。物理吸附型甲醛捕获剂依靠分子间的作用力吸附甲醛达到去除醛的目的，吸附过程不稳定、易脱附。化学吸附型甲醛捕获剂通过捕获剂与甲醛形成新的化学键，稳定而不易脱附。目前，常见的吸附类甲醛捕获剂有盆栽、活性炭纤维、活性白泥、瓷土、硅土、膨润土等。谭雪等（2012）研究了 9 种观赏植物对甲醛的吸收能力，发现虎尾兰、玉簪、小天使、美人蕉、君子兰、阔叶麦冬、鸟巢蕨、杏叶梅、刺黄果均具有净化甲醛的能力，其中杏叶梅吸收甲醛的能力最强，鸟巢蕨吸收甲醛的能力较弱。Tanada 等（1999）对活性炭进行表面氨基化改性来制备甲醛吸附剂，发现随着活性炭表面氨基化程度的增大，甲醛去除率也增加。郑希（2010）将氨基酸固载在纸质介质为主的载体上制成吸附性材料吸附甲醛气体，发现氨基的数量、吸附的时间、温度、负载在空白载体的氨基酸含量均影响着甲醛净化。

2. 甲醛捕获剂的研究进展

氧化三甲胺分解产生甲醛，有些化学物质能与甲醛反应，可作为甲醛的捕获剂，达到降低或者消除水产品甲醛的目的。GarroGalvez 等（1996）研究了没食子酸与甲醛的缩合反应，发现甲醛与没食子酸反应摩尔比为 2，最适 pH 为 8.0，反应温度为 60℃，反应时间为 4 h。Takano 等（2008）发现儿茶酚吸附甲醛，在空气中通过羟甲基化、聚合等方式吸附甲醛，在溶液中需要有酸或者碱的催化。Tyihák 等（1998）研究发现白藜芦醇也是一种良好的甲醛捕获剂。有研究认为，干香菇在蒸煮过程中，产生的甲醛和半胱氨酸结合产生四氢噻唑-4-羧酸，这不仅减少了甲醛，而且该物质能够与人体内的亚硝酸盐结合，预防和控制癌症的产生（Kurashima et al.，1990；俞其林，2008）。能否用半胱氨酸捕获水产品内源性甲醛也是值得研究和探讨的。王岜等（2015）筛选出了与甲醛反应能力较强的 4 种氨基酸，即精氨酸、赖氨酸、半胱氨酸盐酸盐、组氨酸，并证明了在一定条件下这 4 种氨基酸能和甲醛发生反应。周小敏和陈萌芽（2009）以鱿鱼片为研究对象，通过茶多酚溶液浸泡的方法研究贮藏过程中甲醛的形成，结果表明，茶多酚使成品中甲醛含量降低至 25%～40%。在此之前，俞其林和励建荣等（2008）的研究已经表明，茶多酚在一定条件下能与甲醛发生反应；随后还发现，茶多酚能显著抑制秘鲁鱿鱼丝中甲醛含量的增加。蒋圆圆等（2014）研究了苹果多酚与甲醛的反应特性，研究发现随着反应温度的升高、反应时间的延长及苹果多酚浓度的增加，甲醛含量均显著减少。经苹果多酚处理的鱿鱼丝中甲醛初始含量及在 30 d 贮藏期内甲醛含量的增加量均显著低于对照组，苹果多酚对鱿鱼丝中甲醛具有良好的捕获效果。蓝莓叶多酚能与甲醛反应，蓝莓叶多酚与甲醛反应的最佳工艺条件为蓝莓叶多酚浓度为 0.2%，pH 为 7.90，温度为 100℃，时间为 88 min。在此条件下，甲醛的减少率最大，达到 66.44%（Li et al.，2016）。同时从蓝莓叶多酚中分离的单体化合物——绿原酸、槲皮素-3-D-半乳糖苷也是很好的甲醛捕获剂（李颖畅等，2018）。明胶对甲醛具有较好的捕获作用，最佳捕获条件为捕获时间 10 h、捕获温度 30℃、pH 8.0、明胶浓度 1.0%，甲醛捕获率可达 80.97%（仪淑敏等，2015）。明胶水解物对甲醛也有很好的捕获作用（王嵬等，2017）。

参 考 文 献

安利华, 孙群, 郑万源. 2005. 东海地区常见水产品甲醛本底值调查及含量分析[J]. 中国食品卫生杂志, 17(6): 524-527.

白艳玲. 2003. 龙头鱼甲醛含量的调查研究[J]. 中国热带医学, 3(5): 670- 671.

陈喜凤, 陶宁萍, 许长华, 等. 2017. 食品中甲醛清除剂研究进展[J]. 食品与机械, 33(2): 211-215.

陈喜凤, 闫宇, 谢俊, 等. 2018. 天然复合型保鲜剂对北太平洋柔鱼品质及其体内甲醛含量的影响[J]. 食品工业科技, 39(20): 256-260.

陈新军, 陆化杰, 刘必林, 等. 2012. 大洋性柔鱼类资源开发现状及可持续利用的科学问题[J]. 上海海洋大学学报, 21(5): 831-840.

陈雪昌. 2008. 几种水产品中游离态甲醛检测方法及风险评估研究[D]. 青岛: 中国海洋大学: 1-37.

陈意. 2006. 鱿鱼的营养及食用价值[J]. 食品与药品, 8(6): 75-76.

程凤侠, 周永香, 朱前鹏. 2006. 解决产品中游离甲醛含量超标问题的方法及研究进展[J]. 中国皮革, 35 (23): 33-38.

董靓靓, 朱军莉, 励建荣. 2012. 水产品中甲醛 HPLC 测定的前处理方法探讨[J]. 食品工业科技, 33(12): 64-67, 74.

董正之. 1991. 世界大洋经济头足类生物学[M]. 济南: 山东科学技术出版社: 17-19.

杜永芳, 柳淑芳, 马敬军, 等. 2005. 测定水产品中甲醛含量的分光光度法研究[J]. 中国食品学报, 5(3): 91-96.

蒋圆圆, 李学鹏, 邹朝阳, 等. 2014. 苹果多酚与甲醛的反应特性及在鱿鱼丝加工中的应用效果研究[J]. 食品工业科技, 35 (6): 90-93.

靳肖, 周德庆, 孙永. 2011. 鱿鱼丝氧化三甲胺热分解模拟体系的研究[J]. 食品工业科技, 32(3): 106-108.

精祎科技有限公司. 2012-07-04. 甲醛捕捉剂[P]: 中国, CN201010597585.1.

柯跃斌, 黄娟, 朱舟, 等. 2014. 甲醛对人Ⅱ型肺泡上皮细胞 DNA 氧化和甲基化水平的影响[J]. 癌变·畸变·突变, 26 (1): 24-29.

李丰. 2010. 水产品中氧化三甲胺、三甲胺、二甲胺检测方法及鱿鱼丝中甲醛控制研究[D]. 保定: 河北农业大学: 1-50.

李玟琳. 1986. 鱿鱼的生化特性[J]. (台)中国水产, (1): 43-50.

李薇霞. 2012. 奶糖中内源性甲醛生成机理研究[D]. 杭州: 浙江工商大学: 1-56.

李学鹏, 邹朝阳, 仪淑敏, 等. 2017. 气调包装对秘鲁鱿鱼丝储藏过程中甲醛及相关品质指标的影响[J]. 食品科学技术学报, 35(2): 36-44.

李艳萍. 2014. 蒸煮工序对秘鲁鱿鱼丝质量影响的探讨[D]. 青岛: 中国海洋大学.

李颖畅, 王亚丽, 李学鹏, 等. 2018. 蓝莓叶多酚单体化合物与甲醛反应特性研究[J]. 中国食品学报, 18(2): 71-78.

李颖畅, 王亚丽, 励建荣. 2016a. 蓝莓叶多酚和壳聚糖对冷藏秘鲁鱿鱼鱼丸品质的影响[J]. 中国食品学报, 16(5): 103-108.

李颖畅, 朱学文, 白杨, 等. 2016b. 蓝莓叶多酚对鱿鱼上清液中甲醛生成相关自由基的影响[J]. 食品工业科技, 37(11): 103-108.

李颖畅, 杨钟燕, 王亚丽, 等. 2017a. 蓝莓叶多酚单体化合物对 TMAO-Fe(Ⅱ)体系中 TMAO 热分解的影响[J]. 食品科学, 38(5): 45-53.

李颖畅, 杨钟燕, 仪淑敏, 等. 2017b. 蓝莓叶多酚和大蒜提取物对冷藏鱿鱼鱼丸品质的影响[J]. 食品工业科技, 38(10): 331-336.

李颖畅, 张笑, 张芝秀, 等. 2015. 蓝莓叶多酚对鱿鱼丝加工过程中内源性甲醛产生的抑制作用[J]. 食品与发酵工业, 41(7): 70-74.

励建荣, 孙群. 2005a. 水产品中甲醛产生机理及检测方法研究进展(连载一)[J]. 中国水产, (8): 64-65.

励建荣, 孙群. 2005b. 水产品中甲醛产生机理及检测方法研究进展(连载二)[J]. 中国水产, (9): 65-66.

励建荣, 俞其林, 胡子豪, 等. 2008. 茶多酚与甲醛的反应特性研究[J]. 中国食品学报, 8(2)：52-57.

励建荣, 朱军莉. 2006. 秘鲁鱿鱼丝加工过程甲醛产生控制的研究[J]. 中国食品学报, 6(1): 200-203.

柳淑芳, 杜永芳, 朱文慧, 等. 2005. 食用鱼类甲醛本底含量研究初报[J]. 海洋水产研究, 26(6): 77-82.

陆海霞, 傅玉颖, 李学鹏, 等. 2010. 漂洗工艺对秘鲁鱿鱼鱼糜凝胶特性的影响[J]. 食品研究与开发, 31(9): 1-5, 33.

马志玲, 王延平, 吴京洪. 2002. 模式美拉德反应产物抗氧化性能的研究[J]. 中国油脂, 27(4): 68-71.

苗君叶, 卢静, 张子剑, 等. 2013. 甲醛导致细胞周期异常的浓度选择性[J]. 生物化学与生物物理进展, 40(7): 641-651.

苗林林, 朱军莉, 励建荣. 2012. 基于混料实验设计优化鱿鱼甲醛复合抑制剂[J]. 食品工业科技, 33(8): 348-351.

农业部渔业渔政管理局. 2017. 中国渔业统计年鉴[M]. 北京: 中国农业出版社.

清华大学. 2003-06-25. 一种新型甲醛捕捉剂及其制备方法[P]: 中国, CN03100568. 3.

曲芳, 兰拓, 张晓芳, 等. 2005. 人造板用甲醛捕捉剂[J]. 木材加工机械, (4): 29-32.

陕西科技大学. 2013-04-17. 一种作为甲醛捕获剂的芦荟提取物及制备方法[P]: 中国, CN201010140610. 3.

谭雪, 解检清, 徐毅刚, 等. 2012. 9 种观赏植物吸收甲醛能力研究[J]. 现代农业科技, (10): 188-189.

王崴, 杨立平, 仪淑敏, 等. 2015. 9种氨基酸对甲醛捕获能力的研究[J]. 氨基酸和生物资源, (2): 10-13.

王崴, 杨立平, 仪淑敏, 等. 2017. 胰酶明胶水解物对甲醛捕获特性的研究[J]. 食品研究与开发, 38(8): 26-32.

王亚丽. 2016. 蓝莓叶多酚单体化合物对鱿鱼内源性甲醛形成的调控作用[D]. 锦州: 渤海大学.

王阳光, 李碧清, 高华明. 2005. 在室温下存放的鱿鱼甲醛含量的变化[J]. 食品工业科技, 26(7):

169-170.

王尧耕, 陈新军. 1998. 世界头足类资源开发现状和中国远洋鱿钓渔业发展概况[J]. 上海水产大
　　学学报, 7(4): 283-287.

吴惠玲, 王志强, 韩春. 2010. 影响美拉德反应的几种因素研究[J]. 现代食品科技, 26(5):
　　441-444.

吴燕, 孙琛. 2013. 中国鱿鱼生产及进出口贸易分析[J]. 中国渔业经济, 31(5): 74-79.

辛学倩, 薛长湖, 薛勇, 等. 2010. 秘鲁鱿鱼丝加工中回潮工艺的作用机理研究[J]. 食品工业科
　　技, (3): 84-86.

杨钟燕. 2017. 内源性甲醛对鱿鱼鱼糜凝胶特性的影响[D]. 锦州: 渤海大学.

叶丽芳. 2007. 鱿鱼及其制品中甲醛测定方法、本底含量和甲醛生成控制的初步研究[D]. 杭州:
　　浙江工业大学.

仪淑敏, 杨立平, 李学鹏, 等. 2015. 明胶对甲醛捕获条件的研究[J]. 食品工业科技, 36(22):
　　227-235.

迁阳, 陈鹏. 2018. 2017年我国水产品进出口贸易再创新高[J]. 中国水产, (4): 53-55.

俞其林. 2008. 茶多酚作为甲醛捕获剂的反应特性及在鱿鱼制品中的应用研究[D]. 杭州: 浙江
　　工商大学: 22-23.

岳伟, 金晓滨, 潘小川, 等. 2004. 室内甲醛与成人过敏性哮喘关系的研究[J]. 中国公共卫生,
　　20(8): 904-906.

张林楠. 1999. 鱿鱼的营养与加工[J]. 中国水产, (8): 44-45.

张廷红, 万海清. 2007. 甲醛处理对壳聚糖固定化酪氨酸酶稳定性的影响[J]. 食品工业科技, (4):
　　64-67.

张璇, 韩峰, 孔聪, 等. 2018. 我国鱿鱼及其制品中内源性甲醛的成因研究[J]. 农产品质量与安
　　全, (2): 90-94.

赵凤, 宋素珍, 赵梦晓, 等. 2018. 内源性甲醛对鱿鱼鱼糜凝胶特性的影响[J]. 食品科技, 43(9):
　　178-185.

浙江工商大学, 舟山兴业有限公司. 2008-06-18. 一种鱿鱼制品的甲醛清除剂及其应用方法[P]:
　　中国, CN200710157023. 3.

郑斌, 陈伟斌, 徐晓林, 等. 2006. 液相色谱法测定水产品中游离甲醛含量的研究[J]. 浙江海洋
　　学院学报(自然科学版), 25(4): 355-358, 384.

郑斌, 陈伟斌, 徐晓林, 等. 2007. 常见水产品中甲醛的天然含量及风险评估[J]. 浙江海洋学院
　　学报, 26(1): 6-11.

郑承伟. 2013-04-24. 高效甲醛清除剂[P]: 中国, CN201110318932. 7.

郑希. 2010. 基于氨基酸的甲醛吸附净化材料制备及净化效果研究[D]. 昆明: 昆明理工大学.

周群慧, 彭琨, 王洋. 2004. 食品中甲醛测定新进展及各种方法的比较[J]. 食品科技, 10: 75-79.

周小敏, 陈萌芽. 2009. 鱿鱼制品加工过程中甲醛控制的工艺改良[J]. 浙江海洋学院学报(自然
　　科学版), 28(4): 420-423.

朱军莉, 励建荣, 苗林林, 等. 2010. 基于高温非酶途径的秘鲁鱿鱼内源性甲醛的控制[J]. 水产
　　学报, 34(3): 375-381.

朱军莉, 励建荣. 2010. 鱿鱼及其制品加工贮存过程中甲醛的消长规律研究[J]. 食品科学, 31(5):
　　14-17.

朱军莉, 苗林林, 李学鹏, 等. 2012. TG-DSC分析氯化钙抑制鱿鱼氧化三甲胺的热分解作用[J].

中国食品学报, 12(12): 148-154.

朱军莉, 孙丽霞, 董靓靓, 等. 2013. 茶多酚复合柠檬酸和氯化钙对秘鲁鱿鱼丝贮藏品质的影响[J]. 茶叶科学, 33(4): 377-385.

朱军莉. 2009. 秘鲁鱿鱼内源性甲醛生成机理及其调控技术研究[D]. 杭州: 浙江工商大学: 24-30.

朱严华, 黄菊, 陈玉龄, 等. 2018. 壳聚糖对煎烤鱿鱼品质及甲醛生成的影响[J]. 水产学报, 42(4): 605-613.

邹朝阳, 李学鹏, 蒋圆圆, 等. 2015. 秘鲁鱿鱼丝贮藏过程中甲醛及相关品质指标的变化[J]. 食品工业科技, 36(5): 315-320.

Agústsson I, StrømA R. 1981. Biosynthesis and turnover of trimethylamine oxide in the teleost cod, *Gadus morhua*[J]. Journal of Biological Chemistry, 256 (15): 8045-8049.

Amano K, Yamada K. 1965. Studies on biological formation of formaldehyde and dimethylamine in fish and shellfish[J]. Bulletin of the Japanese Society of Scientific Fisheries, 31: 1030-1037.

Anthoni U, Børresen T, Christophersen C, et al. 1990. Is trimethylamine oxide a reliable indicator for the marine origin of fish?[J]. Comparative Biochemistry and Physiology B, 97(3): 569-571.

Babbitt J K, Crawford D L, Law D K. 1972. Decomposition of trimethylamine oxide and changes in protein extractability during frozen storage of minced and intact hake muscle[J]. Journal Agricultural Food Chemistry, 20(5): 1052-1054.

Benjakul S, Visessanguan W, Tanaka M. 2004. Induced formation of dimethylamine and formaldehyde by lizardfish (*Saurida micropectoralis*) kidney trimethylamine-*N*-oxide demethylase[J]. Food Chemistry, 84(2): 297-305.

Bhowmik S, Begum M, Hossain M A, et al. 2017. Determination of formaldehyde in wet marketed fish by HPLC analysis: a negligible concern for fish and food safety in Bangladesh[J]. Egyptian Journal of Aquatic Research, 43(3): 245-248.

Bianchi F, Careri M, Music M. 2007. Fish and food safety: determination of formaldehyde in 12 fish species by SPME extraction and GC-MS analysis[J]. Food Chemistry, 100(3): 1049-1053.

Bolt H M, Peter M. 2013. New results on formaldehyde: the 2nd International Formaldehyde Science Conference (Madrid, 19-20 April 2012)[J]. Archives of Toxicology, 87(1): 217-222.

Brien J O, Morrissey P A. 1989. Nutritional and toxicological aspects of the Maillard browing reaction in foods[J]. Critical Review in Food Science and Nutrition, 28(3): 211-248.

Chanarat S, Benjakul S. 2013. Effect of formaldehyde on protein cross-linking and gel forming ability of surimi from lizardfish induced by microbial transglutaminase[J]. Food Hydrocolloids, 30(2): 704-711.

Chung S W C, Chan B T P. 2009. Trimethylamine oxide, dimethylamine, trimethylamine and formaldehyde levels in main traded fish species in Hong Kong[J]. Food Additives and Contaminants, 2: 44-51.

Deng Y, Liu Y M, Qian B J, et al. 2011. Impact of far-infrared radiation-assisted heat pump drying on chemical compositions and physical properties of squid (*Illex illecebrosu*s) fillets[J]. European Food Research and Technology, 232: 761-768.

Dos Santos J P, Lobbi-Nivol C, Couillault C, et al. 1998. Molecular analysis of the trimethylamine *N*-oxide (TMAO) reductase respiratory system from a *Shewanella* species[J]. Journal of Molecular

Biology, 284: 421-433.

Erupe M E, Liberman-Martin A, Silva P J, et al. 2010. Determination of methylamines and trimethylamine-*N*-oxide in particulate matter by non-suppressed ion chromatography[J]. Journal of Chromatography A, 1217(13): 2070-2073.

Ferris J P, Gerwe R D, Gapski G R. 1967. Detoxication mechanisms. II. Iron-catalyzed dealkylation of trimethylamine oxide[J]. Journal of the American Chemical Society, 89(20): 5270-5275.

Fu X Y, Xu C H, Miao B C, et al. 2006. Purification and characterization of trimethylamine-*N*-oxide demethylase from jumbo squid (*Dosidicus giga*s)[J]. Journal of Agricultural and Food Chemistry, 54(3): 968-972.

Fu X Y, Xue C H, Miao B C, et al. 2007. Effect of processing steps on the physico-chemical properties of dried-seasoned squid[J]. Food Chemistry, 103(2): 287-294.

GarroGalvez J M, Fechtal M, Riedl B. 1996. Gallic acid as a model of tannins in condensation with formaldehyde[J]. Thermochimica Acta, 274(2): 149-163.

Gill T A, Paulson A T. 1982. Localization, characterization and partial purifieation of TMAO-ase[J]. Comparative Biochemistry and Physiology, 71(1): 49-56.

Gou J Y, Lee H Y, Ahn J. 2010. Effect of high pressure processing on the quality of squid (*Todarodes pacificus*) during refrigerated storage[J]. Food Chemistry, 119(2): 471-476.

Haard N F, Arcilla R. 1985. Precursors of Maillard browning in Atlantic short finned squid[J]. Canadian Institute of Food Science and Technology, 18: 326-331.

Harada K. 1975. Studies on enzyme catalyzing the formation of formaldehyde and dimethylamine in tissues of fish and shells[J]. Journal of the Shimonoseki University of Fisheries, 23: 163-241.

Herrera J J, Pastoriza L, Sampedro G, et al. 1999. Effect of various cryostabilizers on the production and reactivity of formaldehyde in frozen-stored minced blue whiting muscle[J]. Journal of Agriculture and Food Chemistry, 47(6): 2386-2397.

Herrick F W, Bock L H. 1958. Thermosetting, exterior-plywood type adhesives from bark extracts[J]. Forest Products Journal, 8: 269-274.

IPCS/WHO. 2002. Concise international chemical assessment document 40: formaldehyde[R]. Geneva: World Health Organization.

Jayathilakan K, Sharma G K. 2006. Role of sugar-amino acid interaction products (MRPs) as antioxidants in a methyl linoleate model system[J]. Food Chemistry, 95: 620-626.

Jung S H, Kim J W, Jeon I G, et al. 2001. Formaldehyde residues in formalin-treated olive flounder (*Paralichthys olivaceus*), black rockfish (*Sebastes schlege*li), and seawater[J]. Aquaculture, 194(3): 253-262.

Kimura M, Kimura I, Seki N. 2003. TMAOase trimethylamine-*N*-oxide demethylase, is a thermostable and active enzyme at 80℃[J]. Fish Science, 69(2): 414-420.

Kimura M, Seki N, Kimura I. 2000. Occurrence and some properties of trimethylamine-*N*-oxide demethylase in myofibrillar fraction from walleye pollack muscle[J]. Fish Science, 66: 725-729.

Kołodziejska I, Niecikowska C, Sikorski Z E. 1994. Dimethylamine and formaldehyde in cooked squid (*Illex argentinus*) muscle extract and mantle[J]. Food Chemistry, 50(3): 281-283.

Kurashima Y, Tsuda M, Sugimura T. 1990. Marked formation of thiazolidine-4-carboxylic acid, an effective nitrite trapping agent *in vivo*, on boiling of dried shiitake mushroom (*Lentinus edodes*)[J].

Journal of Agricultural and Food Chemistry, 38(10): 1945-1949.

Landolt L A, Hultin H O. 2007. The removal of trimethylamine oxide and soluble proteins from intact red hake by washing[J]. Journal of Food Processing & Preservation, 5(4): 227-242.

Lee J W, Park J W. 2018. Roles of TMAOase in muscle and drips of Alaska pollock fillets at various freeze/thaw cycles[J]. Journal of Food Processing and Preservation, 42: e13427.

Leelapongwattana K, Benjakul S, Visessanguan W, et al. 2005. Physicochemical and biochemical changes during frozen storage of minced flesh of lizardfish (Saurida micropectoralis)[J]. Food Chemistry, 90(1-2): 141-150.

Leelapongwattana K, Benjakul S, Visessanguan W, et al. 2008. Effect of some additives on the inhibition of lizardfish trimethylamine-N-oxide demethylase and frozen storage stability of minced flesh[J]. International Journal of Food Science and Technology, 43: 448-455.

Lertittikul W, Benjakul S, Tanaka M. 2007. Characteristics and antioxidative activity of Maillard reaction products from a porcine plasma protein-glucose model system as influenced by pH[J]. Food Chemistry, 100(2): 669-677.

Li F, Liu H Y, Xue C H, et al. 2009. Simultaneous determination of dimethylamine, trimethylamine and trimethylamine-N-oxide in aquatic products extracts by ion chromatography with non-suppressed conductivity detection[J]. Journal of Chromatography A, 1216 (31): 5924-5926.

Li J R, Zhu J L, Ye L F. 2007. Determination of formaldehyde in squid products by high-performance liquid chromatography[J]. Asia Pacific Journal of Clinical Nutrition, 16(S1): 127-130.

Li Y C, Yang Z Y, Li J R. 2016. Reactivity of blueberry leaf polyphenols with formaldehyde[C]. Advances in Engineering Research, 63: 491-496.

Lin J K, Hurng D C. 1985. Thermal conversion of trimethylamine-N-oxide to trimethylamine and dimethylamine in squids[J]. Food and Chemical Toxicology, 23(6): 579-583.

Lin J K, Lee Y J, Chang H W. 1983. High concentrations of dimethylamine and methylamine in squid and octopus and their implications in tumour aetiology[J]. Food & Chemical Toxicology, 21(2): 143-149.

Lunstrom R C, Correia F F, Wilhelm K A. 1981. Dimethylamine and formaldehyde production in fresh red hake (Urophycis chuss): the effect of packing material oxygen permeability and cellular damage[J]. Journal of Food Biochemistry, 6(4): 457-464.

Mariko K. 2002-09-24. Formaldehyde scavenger, methods for treatment woody plate and woody plate[P]: Japan, 2002273145.

Nielsen M K, Jørgensen B M. 2004. Quantitative relationship between trimethylamine oxide aldolase activity and formaldehyde accumulation in white muscle from gadiform fish during frozen storage[J]. Journal of Agricultural and Food Chemistry, 52(12): 3814-3822.

Niizeki N, Daikoku T, Hirata T, et al. 2002. Mechanism of biosynthesis of trimethylamine oxide from choline in the teleost tilapia, Oreochromis niloticus, under freshwater conditions[J]. Comparative Biochemistry and Physiology Part B, 131(3): 371-386.

Nitisewojo P, Hultin H O. 1986. Characteristics of TMAO degrading systems in Atlantic short finned squid[J]. Journal of Food Biochemistry, 10(2): 93-106.

Omura Y, Okazak E, Yamashita Y. 2004. The influence of ribose on browning of dried and seasoned squid products[J]. Nippon Suisan Gakkaishi, 70 (2): 187-193.

Parkin K L, Hultin H O. 1982a. Fish muscle microsome catalyze the conversion of trimethylamine oxide to dimethylamine and formaldehyde[J]. FEBS Letter, 139(1): 61-64.

Parkin K L, Hultin H O. 1982b. Some factors influencing the production of dimethylamine and formaldehyde in minced and intact red hake muscle[J]. Journal of Food Processing and Preservation, 6(2): 73-97.

Phillippy B Q, Hultin H O. 1993. Distribution and some characteristics of trimethylamine-*N*-oxide (TMAO) demethylase activity of red hake muscle[J]. Journal of Food Biochemistry , 17(4): 235-250.

Racicot L D, Lundstrom R C, Wilhelm K A, et al. 1984. Effect of oxidizing and reducing agents on trimethylamine-*N*-oxide demethylase activity in red Hake muscle[J]. Journal of Agricultural and Food Chemistry, 32(3): 459-464.

Reece P. 1983. The role of oxygen in the production of formaldehyde in frozen minced Cod muscle[J]. Journal of the Science of Food and Agriculture, 34(10): 1108-1112.

Rehbein H, Schreiber W. 1984. TMAO-ase activity in tissues of fish species from the Northeast Atlantic[J]. Comparative Biochemistry & Physiology B: Comparative Biochemistry, 79(3): 447-452.

Rehbein H. 1988. Relevance of trimethylamine oxide demethylase activity and haemoglobin content to formaldehyde production and texture deterioration in frozen stored minced fish muscle[J]. Journal of the Science of Food and Agriculture, 43: 261-276.

Rodriguez. 1997. Studies on the principal degration products of trimethylamine oxide in four species of refrigerated fish[J]. Food and Feed Chemistry, 288: 131-135.

Rumchev K B, Spickett J T, Bulsara M K, et al. 2002. Domestic exposure to formaldehyde significantly increases the risk of asthma in young children[J]. European Respiratory Journal, 20(2): 403-408.

Sara M, Wim J, Martinus B. 2001. A review of Maillard reaction in food and implications to kinetic modeling[J]. Trends in Food Science and Technology, 10(11): 364-373.

Sibirny V, Demkiv O, Klepach H, et al. 2011. Alcohol oxidase- and formaldehyde dehydrogenase-based enzymatic methods for formaldehyde assay in fish food products[J]. Food Chemistry , 127(2): 774-779.

Sotelo C G, Gallardo J M, Piñeiro C, et al. 1995. Trimethylamine oxide and derived compounds' changes during frozen storage of hake (*Merluccius merluccius*)[J]. Food Chemistry, 53(1): 61-65.

Spinelli J, Koury B J. 1979. Nonenzymic formation of dimethylamine in dried fishery products[J]. Journal of Agricultural and Food Chemistry, 27(5): 1104-1108.

Spinelli J, Koury B J. 1981. Some new observations on the pathways of formation of dimethylamine in fish muscle and liver[J]. Journal of Agricultural and Food Chemistry, 29(2): 327-331.

TakanoT, Murakami T, Kamitakahara H, et al. 2008. Mechanism of formaldehyde adsorption of (+)-catechin[J]. Journal of Wood Science, 54(4): 329-331.

Tanada S, Kawasaki N, Nakamura T, et al. 1999. Removal of formaldehyde by activated carbons containing amino groups[J]. Journal of Colloid and Interface Science, 214 (1): 106-108.

Thrasher J D, Kilburn K H. 2001. Embryo toxicity and teratogenicity of formaldehyde[J]. Archives of Environmental Health: An International Journal, 56(4): 300-311.

Tokunaga T. 1964. Studies on the development of dimethylamine an FA in Alaska pollack muscle during frozen storage[J]. Bulletin of Tokai Regional Fisheries Research, 29: 108-122.

Tokunaga T. 1980. Biochemical and food science study of trimethylamine oxide and its related substances in marine fish[J]. Bulletin of Tokai Regional Fisheries Research, 101: 121-129.

Tong Z, Han C, Qiang M, et al. 2015. Age-related formaldehyde interferes with DNA methyltransferase function, causing memory loss in Alzheimer's disease[J]. Neurobiology of Aging, 36(1): 100-110.

Tsai C H, Kong M S, Pan B S. 1991. Browning behavior of taurine and proline in model and dried squid systems[J]. Journal of Food Biochemistry, 15(1): 67-77.

Tyihák E, Albert L, Németh Z I, et al. 1998. Formaldehyde cycle and the natural formaldehyde generators and capturers[J]. Acta Biologica Hungarica, 49 (2-4): 225-238.

Ulvestad B, Melbostad E, Fuglerud P. 1999. Asthma in tunnel workers exposed to synthetic resins[J]. Scandinavian Journal of Work, Environment & Health, 25(4): 335-341.

Wagner K H, Derkits S, Herr M, et al. 2002. Antioxidative potential of melanoidins isolated from a roasted glucose-glycine model[J]. Food Chemistry, 78(3): 375-382.

Yamada K, Amano K. 1965. Studies on the biological formation of formaldehyde and dimethylamine in fish and shellfish. Ⅴ. On the enzymatie formation in the pyloricc aeca of *Alaska pollock*[J]. Bulletin of Japanese Society of Scientific Fisheries, 31: 60-64.

Yeh T S, Lin T C, Chen C C, et al. 2013. Analysis of free and bound formaldehyde in squid and squid products by gas chromatography-mass spectrometry[J]. Journal of Food & Drug Analysis, 21(2): 190-197.

Zhu J L, Jia J, Li X P, et al. 2013. ESR studies on the thermal decomposition of trimethylamine oxide to formaldehyde and dimethylamine in jumbo squid (*Dosidicus gigas*) extract[J]. Food Chemistry, 141: 3881-3888.

第 2 章　鱿鱼加工贮藏过程中内源性甲醛
及相关物质的变化规律

鱿鱼属头足纲软体动物，具有很高的营养价值，它是人类重要的蛋白质来源。可食部分高达 80%，比一般鱼类高出约 20%。几种远洋鱿鱼，如日本海鱿鱼、新西兰鱿鱼和阿根廷鱿鱼，其可食部分中，粗蛋白含量占 17%～21%；粗脂肪含量很低，在 1%～2%，脂肪酸组成中不饱和脂肪酸占的比例很大，ω-系列脂肪酸占总脂肪酸的 37%；蛋白质的氨基酸组成较全面，除了胱氨酸含量甚微以外，必需氨基酸组成接近全蛋蛋白，特别是赖氨酸；无机盐成分有钙、磷、铁，还有微量元素锌，含量均比肉类高（王尧耕和陈新军，1998；张林楠，1999；陈意，2006）。经过精心加工制作而成的鱿鱼丝营养丰富且味道鲜美，是一种深受大众喜爱的高蛋白、低脂肪类休闲食品。

秘鲁鱿鱼因其色白、口味独特、资源丰富、捕获量大及价格低廉等特点，逐渐成为鱿鱼丝生产的主要原料。秘鲁鱿鱼又称美国大赤鱿，胴体比较大，长度在 11～110 cm 之间，是迄今发现个体最大、资源最丰富的鱿鱼种类之一。该鱿鱼属大洋性浅海类柔鱼，分布于太平洋中部以东水域，生活区域比较广泛（董正之，1991；陆海霞等，2010）。

近年来，鱿鱼及其制品中甲醛问题备受关注，严重影响鱿鱼加工业的发展。目前研究认为水产品内源性甲醛有两条产生途径：一是酶途径，主要是酶及微生物参与；二是非酶途径，主要是氧化三甲胺在高温过程中的热分解。1940 年，Hattori 发现罐装鱼肉食品中含有二甲胺，推测其可能是氧化三甲胺高温分解产生的。Nitisewojo 和 Hultin（1986）报道鱿鱼熟制过程中会产生二甲胺和甲醛，这主要是氧化三甲胺高温下的热分解作用。Lin 和 Hurng（1985）对 5 种鱿鱼干进行热处理时发现，经过 200℃加热 1 h 后，鱿鱼体内有 90%氧化三甲胺分解生成二甲胺和三甲胺。Fu 等（2007）也发现在鱿鱼原料中氧化三甲胺含量较高，而二甲胺和三甲胺含量较少，随着加工过程的进行，氧化三甲胺含量逐渐减少，而甲醛、二甲胺和三甲胺含量逐渐增加，鱿鱼制品中的含量明显高于原料，而且他们认为温度是鱿鱼丝加工过程中甲醛产生的关键因素。鱿鱼丝在加工过程中会产生大量的甲醛，研究表明其主要是由氧化三甲胺热分解产生的。励建荣和朱军莉（2006）调查了秘鲁鱿鱼丝整个加工过程中甲醛含量的变化趋势，发现蒸煮和焙烤两道工序甲醛生成最快，说明高温条件下氧化三甲胺通过非酶途径产生了甲醛。靳肖（2010）通过建立鱿鱼丝中氧化三甲胺热分解体外模拟体系，进一步研究了氧化三甲胺分解与高温处理的关系，结果发现加热温度越高，氧化三甲胺的热分解反应越剧烈，在加热 30 min 后，甲醛和二甲胺的生成量基本趋于稳定。

生物体内的还原性小分子物质可以催化氧化三甲胺分解。研究表明，60℃预处理的鱼肉产生较多的二甲胺，可能是加热产生某些活性物质促进氧化三甲胺分解产生甲醛和二甲胺；还发现 Fe^{2+}、EDTA、SO_2、植酸、抗坏血酸和半胱氨酸等物质都可以促进鱼体内氧化三甲胺分解（Spinelli and Koury，1979，1981）。同时贾佳（2009）也证明了谷胱甘肽、抗坏血酸和半胱氨酸可促进其体内的氧化三甲胺热分解产生甲醛，同时还可以促使鳕鱼中热稳定的氧化三甲胺受热进行分解，并且认为 Fe^{2+} 是主导因素。硫酸亚铁、硫酸氢钠和柠檬酸亚锡二钠可使热处理的氧化三甲胺含量降低，使甲醛、二甲胺和三甲胺含量升高（李丰，2010）。

甲醛形成的酶途径是通过水产品中 TMAOase 和微生物来完成的。由于低温条件下微生物生长受到抑制，因此氧化三甲胺脱甲基酶（TMAOase）是促进这个途径发生的主导物质。TMAOase 以氧化三甲胺为底物，将氧化三甲胺催化分解生成二甲胺和甲醛（Mackie and Thomson，1974）。Benjakul 等（2004）对狗母鱼TMAOase 进行了研究，该酶主要存在于内部器官，发现肾脏中 TMAOase 含量最高，接着依次是脾脏、胆囊、肠和肝脏。不同肉色海水鱼中 TMAOase 含量也不同。鱿鱼制品（如鱿鱼丝）主要在常温下贮藏，鱿鱼丝中甲醛含量的升高，与微生物也有一定关系。鱿鱼及其制品在贮藏过程中，由于微生物和酶的参与，甲醛含量也会逐渐升高，但是其机理尚不十分明确。系统研究鱿鱼等水产制品在加工与贮藏过程中其品质及甲醛的变化规律，对研发相应的品质控制技术、提高水产制品的质量安全等都具有重要的现实意义。

本章通过研究不同加热温度和时间对氧化三甲胺热分解的影响，测定加热前后鱿鱼中各营养成分的含量变化，以期找到加热前后鱿鱼中的主要差异成分，为进一步探究其与氧化三甲胺热分解的关系奠定基础。同时以秘鲁鱿鱼丝为研究对象，从品质变化角度探索鱿鱼丝贮藏过程中甲醛产生的相关影响因素，为提高秘鲁鱿鱼丝贮藏品质和安全性提供参考及依据，同时也可以为其他海产品的甲醛控制提供借鉴。

2.1　加工过程中鱿鱼内源性甲醛相关的指标变化

2.1.1　鱿鱼肌肉中氧化三甲胺热分解反应特性

鱿鱼加热过程中氧化三甲胺热分解产生甲醛等相关物质。蒋圆圆（2014）以秘鲁鱿鱼为研究对象，研究了不同加热温度及时间下秘鲁鱿鱼中氧化三甲胺热分解的反应特性（图 2-1～图 2-4）。随着加热时间的延长，氧化三甲胺含量显著减少，甲醛、二甲胺和三甲胺含量显著增加，加热温度对氧化三甲胺的热分解具有显著影响（$P<0.05$）。40℃时随着处理时间的延长，甲醛、二甲胺和三甲胺含量上升缓慢，加热 60 min 后分别从 3.47 mg/kg、125.33 mg/kg、47.45 mg/kg 增加至 3.94 mg/kg、145.37 mg/kg、49.05 mg/kg。相应地，氧化三甲胺含量缓慢下降，从 9865.47 mg/kg 减少至 9334.28 mg/kg。100℃时随着处理时间的延长，甲醛、二甲胺和三甲胺含量明显上升，加热 60 min 后甲醛、二甲胺和三甲胺含量显著增加（$P<0.05$），分别增加至 21.15 mg/kg、676.6 mg/kg、443.19 mg/kg。相应地，氧化三甲胺含量显著下降（$P<0.05$），减少至 7682.23 mg/kg。130℃时随着处理时间的延长，甲醛、二甲胺和三甲胺含量上升更明显，加热 60 min 后甲醛含量增加了 6.51 倍，二甲胺含量增加了 6.24 倍，三甲胺含量增加了 9.59 倍。相应地，氧化三甲胺含量显著下降，减少了 26.55%。整个过程中，二甲胺和三甲胺的增加量高于甲醛的增加量，氧化三甲胺减少量多于甲醛、二甲胺和三甲胺的增加量，这些特性符合氧化三甲胺分解生成甲醛、二甲胺和三甲胺的化学反应特征，可见，秘鲁鱿鱼在加热过程中存在氧化三甲胺分解生成甲醛、二甲胺和三甲胺的化学反应途径。Fu 等（2006）研究发现秘鲁鱿鱼中 TMAOase 的耐热温度仅为 50℃，而秘鲁鱿鱼中甲醛含量在 130℃加热 60min 后仍有上升趋势，说明秘鲁鱿鱼体内存在甲醛生成的非酶途径，加热条件是影响秘鲁鱿鱼氧化三甲胺分解的重要因素，加热时间越长，温度越高，氧化三甲胺分解程度越大，生成甲醛、二甲胺和三甲胺的量也越多。

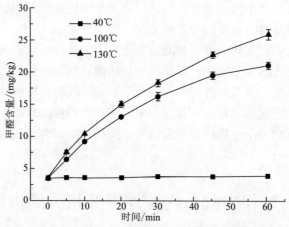

图 2-1   不同加热温度和加热时间下鱿鱼肌肉中甲醛的含量变化（蒋圆圆，2014）

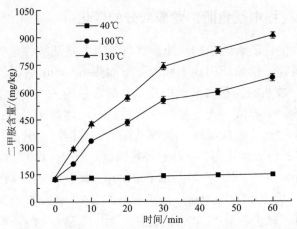

图 2-2　不同加热温度和加热时间下鱿鱼肌肉中二甲胺的含量变化（蒋圆圆，2014）

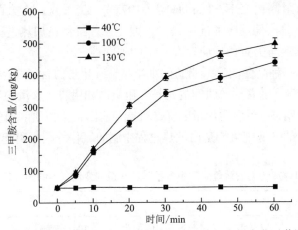

图 2-3　不同加热温度和加热时间下鱿鱼肌肉中三甲胺的含量变化（蒋圆圆，2014）

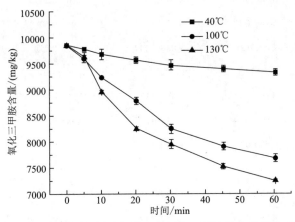

图 2-4　不同加热温度和加热时间下鱿鱼肌肉中氧化三甲胺的含量变化（蒋圆圆，2014）

2.1.2　热处理过程中鱿鱼肌肉营养成分的变化

在加热过程中伴随着美拉德反应，鱿鱼肌肉中氨基酸含量会发生变化。蒋圆圆（2014）研究了鱿鱼肌肉在不同温度下加热 60 min 后氨基酸含量的变化情况（表 2-1）。加热前，秘鲁鱿鱼中总氨基酸含量为 168.69 g/100g，脯氨酸、谷氨酸、精氨酸、赖氨酸、天冬氨酸含量最高，均达到 10 g/100g 以上，这 5 种氨基酸加起来占氨基酸总量的 54.85%。随着加热温度的升高，大部分氨基酸含量呈下降趋势，且温度越高，下降趋势越明显。例如，130℃加热 60 min 后，甲硫氨酸含量由 6.30 g/100g 下降至 5.14 g/100g，减少率为 18.41%；谷氨酸含量由 20.08 g/100g 下降至 14.60 g/100g，减少率为 27.29%；赖氨酸含量由 11.87 g/100g 下降至 8.63 g/100g，减少率为 27.30%；精氨酸含量由 12.53 g/100g 下降至 8.30 g/100g，减少率为 33.76%。Tsai 等（1991）研究发现，在所有氨基酸中赖氨酸对美拉德反应最敏感，具有最高褐变率。Harada 等（1975）研究发现，在大西洋短翅片鱿鱼中，甲硫氨酸是美拉德反应的前体物质，因此秘鲁鱿鱼在加热过程中氨基酸含量的减少可能与其参与美拉德反应存在一定的关联性。

秘鲁鱿鱼是一种高蛋白、低脂肪的水产品，其粗蛋白含量高达 12.36%，粗脂肪含量只有 0.87%。随着加热时间的延长，粗蛋白和粗脂肪含量均呈下降趋势，且温度越高下降越明显。蛋白质含量的降低可能与水溶性蛋白质的损失及蛋白质降解有关，脂肪含量的降低则可能是由加热过程中脂肪氧化等因素引起的（表 2-2）。

表 2-1　加热前后鱿鱼肌肉中各氨基酸含量的变化（蒋圆圆，2014）

氨基酸种类	含量/（g/100g）			
	对照组	40℃加热后	100℃加热后	130℃加热后
天冬氨酸（Asp）	10.45 ± 0.72^a	9.79 ± 0.34^b	8.80 ± 0.26^c	7.88 ± 0.55^d
苏氨酸（Thr）	5.14 ± 0.17^a	4.23 ± 0.22^b	3.91 ± 0.10^c	3.65 ± 0.08^d
丝氨酸（Ser）	4.48 ± 0.21^{ab}	5.06 ± 0.14^a	4.15 ± 0.25^b	4.07 ± 0.10^b
谷氨酸（Glu）	20.08 ± 0.83^a	18.51 ± 0.75^b	15.02 ± 0.14^c	14.60 ± 0.37^c
甘氨酸（Gly）	4.39 ± 0.24^a	3.65 ± 0.17^b	3.07 ± 0.18^c	2.65 ± 0.09^d
丙氨酸（Ala）	5.89 ± 0.44^a	4.73 ± 0.26^b	3.98 ± 0.11^c	2.74 ± 0.16^d
半胱氨酸（Cys）	9.55 ± 0.56^a	9.30 ± 0.27^a	9.21 ± 0.61^a	9.46 ± 0.18^a
缬氨酸（Val）	7.30 ± 0.15^a	7.97 ± 0.63^a	7.26 ± 0.22^a	6.39 ± 0.41^b
甲硫氨酸（Met）	6.30 ± 0.12^a	5.89 ± 0.11^b	5.64 ± 0.24^b	5.14 ± 0.21^c
异亮氨酸（Ile）	4.98 ± 0.30^a	4.73 ± 0.19^a	4.24 ± 0.25^b	3.98 ± 0.14^b

续表

氨基酸种类	含量/（g/100g）			
	对照组	40℃加热后	100℃加热后	130℃加热后
亮氨酸（Leu）	8.71±0.52[a]	7.80±0.27[b]	7.63±0.19[c]	6.89±0.16[d]
酪氨酸（Tyr）	7.39±0.38[a]	7.01±0.42[ab]	6.89±0.18[ab]	6.64±0.14[b]
苯丙氨酸（Phe）	8.22±0.67[a]	7.80±0.36[a]	6.72±0.20[b]	6.55±0.17[b]
赖氨酸（Lys）	11.87±0.82[a]	10.79±0.55[b]	8.79±0.28[c]	8.63±0.32[c]
组氨酸（His）	3.81±0.26[a]	3.15±0.15[b]	2.16±0.17[c]	3.15±0.34[b]
精氨酸（Arg）	12.53±0.54[a]	11.04±0.66[b]	9.22±0.27[c]	8.30±0.41[d]
脯氨酸（Pro）	37.60±1.20[a]	36.43±0.72[a]	34.86±0.36[b]	32.04±0.53[c]
总计	168.69±12.41	157.88±7.57	141.55±9.16	132.76±6.26

注：表中数值均以干基含量计，各组因素同一行中数据右上角字母不同表示差异显著（$P<0.05$）。

随着加热时间的延长，还原糖含量呈下降趋势。40℃加热 60 min 后其含量显著下降（$P<0.05$），从 8.92 mg/g 下降至 7.85 mg/g；当温度达到 100℃以后，还原糖含量随加热时间的延长有更明显的下降趋势（$P<0.01$），且温度越高下降越明显，到 130℃时，加热 60 min 后还原糖含量下降了 52.69%（图 2-5）。这可能是因为鱿鱼中的还原糖在加热过程中与氨基酸、肽、蛋白质等发生美拉德反应形成风味物质，且温度越高反应速率越快，还原糖含量下降越显著（付莉和李铁刚，2006）。水分含量随着加热时间的延长也呈下降趋势，且温度越高下降趋势越明显，130℃加热 60 min 后其含量从 88.93%下降至 68.52%（图 2-6），这可能是因为随着加热温度的升高，产生大量的热量致使肌肉蛋白质变性，肌肉持水能力下降，从而导致水分流失（曹建康等，2007）。

表 2-2　不同加热温度和加热时间下鱿鱼肌肉中粗蛋白及粗脂肪含量的变化（蒋圆圆，2014）

加热时间/min	粗蛋白/%			粗脂肪/%		
	40℃	100℃	130℃	40℃	100℃	130℃
0	12.36±0.15[a]	12.36±0.15[a]	12.36±0.15[a]	0.87±0.06[a]	0.87±0.06[a]	0.87±0.06[a]
5	12.19±0.13[ab]	12.37±0.21[a]	12.14±0.17[ab]	0.83±0.03[a]	0.84±0.01[ab]	0.80±0.02[b]
10	12.28±0.12[a]	12.13±0.45[ab]	11.81±0.28[b]	0.85±0.01[a]	0.76±0.02[bc]	0.74±0.01[c]
20	12.14±0.25[ab]	11.84±0.26[bc]	11.25±0.15[c]	0.82±0.02[a]	0.72±0.02[cd]	0.75±0.03[bc]
30	11.94±0.10[bc]	11.91±0.19[bc]	11.03±0.24[c]	0.83±0.06[a]	0.78±0.05[abc]	0.68±0.03[d]
45	11.79±0.21[c]	11.57±0.08[c]	11.16±0.37[c]	0.80±0.03[a]	0.69±0.08[cd]	0.63±0.04[d]
60	11.76±0.06[c]	10.85±0.22[d]	10.32±0.16[d]	0.79±0.07[a]	0.62±0.09[d]	0.54±0.01[e]

注：各组因素同一列中数据右上角字母不同表示差异显著（$P<0.05$）。

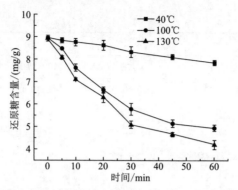

图 2-5　不同加热温度和加热时间下鱿鱼肌肉中还原糖含量的变化（蒋圆圆，2014）

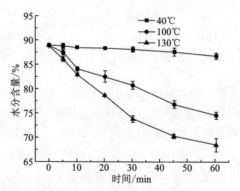

图 2-6　不同加热温度和加热时间下鱿鱼肌肉中水分含量的变化（蒋圆圆，2014）

2.1.3　热处理对鱿鱼肌肉色差的影响

L^* 为明亮指数，L^*=0 表示黑色，L^*=100 表示白色。加热温度对 L^* 值具有显著性影响，在 40℃加热过程中，L^* 值变化幅度较小。在 100℃加热过程中，L^* 值在前 5 min 内呈直线上升，由 67.48 增加到 87.85，后 55 min 又缓慢下降，鱿鱼片在 100℃加热过程中亮度比较高。130℃时随着加热时间的延长，L^* 值显著下降（$P<0.05$），加热 60 min 后 L^* 值由 67.48 下降至 44.73，此时的鱿鱼片已变成黄褐色，颜色已经非常深（图 2-7）。这是因为在 130℃高温处理过程中，鱿鱼片发生了持续的美拉德反应，生成了显色物质，导致 L^* 值随着加热时间的延长而持续下降。

a^* 代表红绿值，该值越高，表示肉的颜色越红。当加热温度低于 100℃时，a^* 值变化幅度较小。而当温度升高到 130℃时 a^* 值显著增加，前 5 min 内 a^* 值由 −3.70 迅速上升至 4.95，是整个反应阶段 a^* 值变化量的 55.63%（图 2-8），说明美拉德反应在高温下极易发生，而且反应速率非常快，短时间内就会出现明显的褐变。

b^* 代表黄蓝值，该值越高，说明肉的颜色越黄。温度对鱿鱼片 b^* 值具有显著性影响。在 40℃加热过程中，b^* 值一直处于 −1.39～−0.29，变化幅度非常小。100℃

时随着处理时间的延长，b^*值呈上升趋势，说明鱿鱼片的黄色在增加。当温度升高到 130℃时，b^*值随着加热时间的延长显著增大（$P<0.05$），且在前 5min 内变化极显著（$P<0.01$）（图 2-9），这是因为在高温加热过程中，大量的水溶性蛋白质和氨基酸溶出于鱿鱼片表面与还原糖发生美拉德反应，而温度是影响美拉德反应的重要因素之一，温度相差 10℃，褐变速率就能相差 3~5 倍。

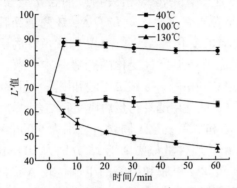

图 2-7　不同加热温度和加热时间下鱿鱼肌肉 L^*值的变化（蒋圆圆，2014）

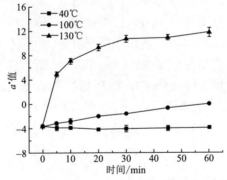

图 2-8　不同加热温度和加热时间下鱿鱼肌肉 a^*值的变化（蒋圆圆，2014）

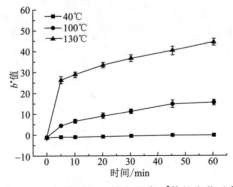

图 2-9　不同加热温度和加热时间下鱿鱼肌肉 b^*值的变化（蒋圆圆，2014）

2.2　鱿鱼丝贮藏过程中甲醛及相关品质指标的变化

2.2.1　鱿鱼丝贮藏过程中甲醛和二甲胺含量的变化

鱿鱼丝在贮藏过程中，甲醛等相关物质的含量会发生变化。邹朝阳等（2015）以秘鲁鱿鱼丝为研究对象，研究了 A、B 两个品牌的鱿鱼丝在贮藏过程中甲醛及其相关物质的变化规律。A、B 品牌鱿鱼丝的甲醛和二甲胺含量都随贮藏时间的延长而逐渐增加，且变化的趋势基本一致，说明贮藏过程中氧化三甲胺分解产生二甲胺和甲醛，导致二甲胺和甲醛含量逐渐升高。二甲胺的生成量明显高于甲醛，这可能是甲醛易与蛋白质交联结合，导致甲醛生成量减少。A 品牌秘鲁鱿鱼丝甲醛和二甲胺第 1 周含量分别为 9.0 mg/kg 和 11.0 mg/kg，B 品牌的甲醛和二甲胺第 1 周含量都要高于 A，分别为 10.4 mg/kg 和 13.4 mg/kg。贮藏过程中 B 品牌鱿鱼丝二甲胺和甲醛的生成量较 A 品牌多，增长趋势更加明显（图 2-10）。这可能是两种鱿鱼丝加工工艺不同，如焙烤和蒸煮的温度与时间不同，导致两种秘鲁鱿鱼丝中二甲胺和甲醛的含量不同。贮藏期内 A 品牌鱿鱼丝的甲醛生成量明显低于 B，这可能是 A 品牌鱿鱼丝中添加了甲醛捕获剂或者抑制甲醛生成的物质，使得甲醛的生成量明显减少。A 品牌鱿鱼丝贮藏到第 3 周时甲醛含量达到了 11.1 mg/kg，已经超过了农业部规定的水产干制品中甲醛安全限量（10 mg/kg）；而 B 品牌鱿鱼丝在第 1 周时甲醛含量为 10.4 mg/kg，已略微超出农业部标准。储存到第 8 周时，A 和 B 品牌的鱿鱼丝甲醛含量分别为 19.4 mg/kg 和 38.9 mg/kg，分别为初始含量的 2.2 倍和 3.7 倍，已经很大程度上超过了农业部规定的标准。因此如何解决鱿鱼丝中甲醛问题已成为当务之急。

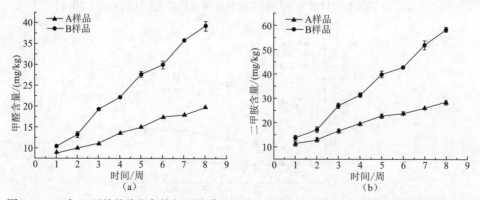

图 2-10　A 和 B 两种品牌秘鲁鱿鱼丝甲醛（a）与二甲胺（b）含量的变化（邹朝阳，2015）

2.2.2　鱿鱼丝贮藏过程中水分活度的变化

　　A、B 两种品牌秘鲁鱿鱼丝初始水分活度分别为 0.653 和 0.618，水分活度都相对较低，这可以较好地抑制脂肪氧化和微生物生长。随着贮藏时间的延长，水分活度都逐渐降低，贮藏到第 8 周时，水分活度分别降到 0.564 和 0.537。这可能是微生物生长繁殖需要消耗水分，从而导致鱿鱼丝水分含量减少，水分活度降低。贮藏前 4 周鱿鱼丝水分活度下降速度较为缓慢，从第 5 周开始鱿鱼丝水分活度下降加快（图 2-11），这可能是因为贮藏前期微生物增殖需要一定的适应期，生长较缓慢，利用的水分相对较少，水分活度降低速度缓慢；而适应期过后微生物进入对数生长期，生长繁殖速度加快，水分消耗增加，因此水分活度下降速度加快。

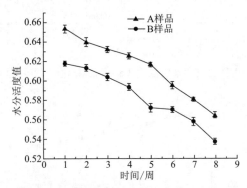

图 2-11　A 和 B 两种品牌秘鲁鱿鱼丝水分活度值的变化（邹朝阳，2015）

2.2.3　鱿鱼丝贮藏过程中理化指标的变化

　　A、B 两种品牌秘鲁鱿鱼丝在贮藏过程中酸价和过氧化值都呈现增加的趋势，而且增加趋势相近，说明随着贮藏期的延长，鱿鱼丝内油脂逐渐氧化，表明这两个指标都能较好地反映鱿鱼丝中脂肪氧化程度。A、B 两种品牌鱿鱼丝酸价和过氧化值的初始值分别为 3.91 mg/g、3.68 mg/g 和 0.014 g/100g、0.006 g/100g。A 品牌鱿鱼丝酸价和过氧化值的初始值都高于 B，且在贮藏期内一直高于 B，表明 A 品牌鱿鱼丝的脂肪氧化程度高于 B。储存到第 8 周时两种品牌鱿鱼丝酸价和过氧化值分别为 4.16 mg/g、3.90 mg/g 和 0.022 g/100g、0.012 g/100g，远远小于国家标准限量（图 2-12）。这可能因为鱿鱼丝中脂肪含量较低，添加适量抗氧化剂即可较好地抑制鱿鱼丝在贮藏期间酸败的发生。

　　秘鲁鱿鱼肌肉酸、涩，具有不受人们欢迎的"怪酸味"，这一缺点严重制约着秘鲁鱿鱼的加工利用。因此除去这种"怪酸味"，对秘鲁鱿鱼的开发利用至关重要。A、B 品牌鱿鱼丝的 pH 都小于 7.0，偏酸性。A 品牌鱿鱼丝初始 pH 为 5.48，酸性较大，这可能是鱿鱼丝前处理过程中除酸效果不理想所致。随贮藏时间的延长，A、B 品牌鱿鱼丝的 pH 逐渐下降，pH 分别从 5.48 和 6.36 下降到 5.36 和 6.14（图 2-13）。pH 在贮藏期间一直降低，可能是贮藏期间脂肪氧化酸败和乳酸菌等产酸微生物的作用使乳酸积累等因素所导致。

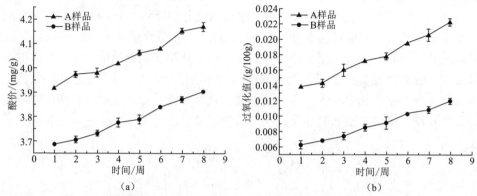

图 2-12　A 和 B 两种品牌秘鲁鱿鱼丝的酸价（a）和过氧化值（b）的变化（邹朝阳，2015）

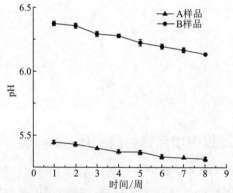

图 2-13　A 和 B 两种品牌秘鲁鱿鱼丝的 pH 变化（邹朝阳，2015）

2.2.4　鱿鱼丝贮藏过程中色差的变化

贮藏期内 A 和 B 两种品牌鱿鱼丝的 L^* 值逐渐下降，a^* 与 b^* 值呈增加趋势。A、B 两种品牌秘鲁鱿鱼丝的初始 L^* 值分别为 84.87 和 84.40；a^* 值为 -0.81 和 -1.55；b^* 值为 13.95 和 17.58。随贮藏时间的延长，A 和 B 品牌鱿鱼丝的 L^* 值都逐渐减小，而 a^* 值和 b^* 值逐渐增加，其中 A 品牌鱿鱼丝的 a^* 值到第 8 周时由负值变为正值（图 2-14）。鱿鱼丝在贮藏期内逐渐变暗，颜色由微黄色变为微褐色，这可能是鱿鱼丝贮藏期间发生美拉德反应，形成褐色的含氮类聚合物，导致鱿鱼丝色泽发生变化，从而影响其感官品质。

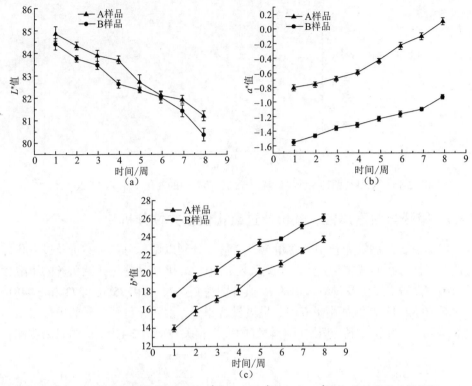

图 2-14　A 和 B 两种品牌秘鲁鱿鱼丝的 L^* 值（a）、a^* 值（b）、b^* 值（c）的变化（邹朝阳，2015）

2.2.5　鱿鱼丝贮藏过程中微生物的变化

　　A、B 两种品牌秘鲁鱿鱼丝的菌落总数都随贮藏时间的延长而呈现增加的趋势，且 B 品牌鱿鱼丝中腐败微生物含量相对较多。A 品牌鱿鱼丝菌落总数的初始值为 3.49 lgCFU/g，在贮藏初期（1～2 周）增长较为缓慢，这可能是因为鱿鱼丝经高温处理后残余的细菌增殖需要有一定的适应期；到第 2 周时菌落总数才增长到 3.50 lgCFU/g；此后菌落总数增长速度逐渐加快，到第 5 周时已经增加到 3.73 lgCFU/g；到第 8 周时菌落总数达到 4.05 lgCFU/g，为初始菌落总数的 1.16 倍。B 品牌秘鲁鱿鱼丝的菌落总数初始值较 A 品牌高，为 3.96 lgCFU/g。B 品牌在贮藏初期（1～3 周）也有明显的延滞期，且比 A 品牌更加明显。延滞期之后，B 品牌的菌落总数明显增加，在第 4 周时增长速度最快，到第 8 周时，菌落总数达到 4.55 lgCFU/g（图 2-15），接近 GB 10136—2015《食品安全国家标准 动物性水产制品》菌落总数的最大限量（50000CFU/g），因此，B 品牌鱿鱼丝货架期在 8 周以内，而 A 品牌到第 8 周时菌落总数还远低于国标限量，A 品牌货架期长于 B 品牌。

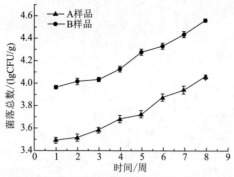

图 2-15　A 和 B 两种品牌秘鲁鱿鱼丝的菌落总数的变化（邹朝阳，2015）

2.2.6　甲醛与菌落总数、酸价及过氧化值相关性分析

以 A、B 品牌鱿鱼丝甲醛含量为自变量，分别以菌落总数、酸价及过氧化值为拟合目标进行曲线拟合，获得相关系数 R^2 值。A 和 B 品牌秘鲁鱿鱼丝的甲醛含量与菌落总数、酸价及过氧化值的 R^2 值分别为 0.9674、0.9795、0.8273 和 0.9481、0.9508、0.8221；P 值都小于 0.01，呈极显著相关，说明秘鲁鱿鱼丝的甲醛含量与菌落总数、酸价及过氧化值之间有较好的线性相关性（图 2-16）。该结果表明鱿鱼

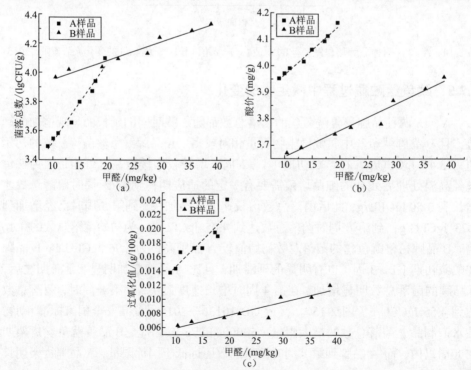

图 2-16　两种品牌鱿鱼丝甲醛含量与菌落总数（a）、酸价（b）及过氧化值（c）的
相关性分析（邹朝阳，2015）

丝贮藏过程中甲醛的不断积累可能与微生物的生长繁殖和脂肪氧化有关，这为贮藏过程中甲醛的产生机理提供了参考和依据。

2.3　本章小结

秘鲁鱿鱼在加热过程中氧化三甲胺分解生成甲醛、二甲胺和三甲胺，加热时间越长、温度越高，氧化三甲胺分解程度越大。秘鲁鱿鱼富含蛋白质和各种氨基酸，其中脯氨酸、谷氨酸、精氨酸、赖氨酸、天冬氨酸含量最高，占氨基酸总量的 53.95%。随着加热温度的升高，大部分氨基酸含量呈下降趋势，随着加热时间的延长，粗蛋白、粗脂肪、还原糖及水分含量均呈下降趋势，且温度越高，下降越明显。对热处理前后的鱿鱼片进行色差测定，发现加热温度对 L^*、a^*、b^* 值均具有显著性影响，在 40℃加热过程中，L^*、a^*、b^* 值变化幅度较小；130℃时随着加热时间的延长，L^* 值显著下降，a^*、b^* 值显著增加。秘鲁鱿鱼高温处理时氧化三甲胺分解生成甲醛、二甲胺和三甲胺的过程中，伴随着氨基酸、还原糖含量的降低及非酶褐变反应，因此，氧化三甲胺高温热分解生成甲醛的反应可能与美拉德反应有密切联系。

在贮藏两个月期间，秘鲁鱿鱼丝中甲醛含量、二甲胺含量、菌落总数、酸价、过氧化值、a^* 值及 b^* 值都随贮藏时间的延长而增大，而 pH、水分活度和 L^* 值则呈降低趋势。贮藏 8 周后 A、B 两种品牌秘鲁鱿鱼丝的甲醛含量都超出农业部规定的限量（10 mg/kg），其中 B 品牌鱿鱼丝的甲醛含量达到农业部限定量的 3.8 倍，已经很大程度上超过标准限量。通过相关性分析，发现秘鲁鱿鱼丝的甲醛含量与菌落总数、酸价及过氧化值有良好的线性相关性（$P<0.01$），表明鱿鱼丝贮藏过程中甲醛产生可能与微生物生长繁殖和脂肪氧化有关。

参 考 文 献

曹建康，姜微波，赵玉梅. 2007. 果蔬采后生理生化实验指导[M]. 北京：中国轻工业出版社：60-62.

陈意. 2006. 鱿鱼的营养及食用价值[J]. 食品与药品, 8(6): 75-76.

董正之. 1991. 世界大洋经济头足类生物学[M]. 济南：山东科学技术出版社：17-19.

付莉，李铁刚. 2006. 简述美拉德反应[J]. 食品科技, (12): 9-11.

国家卫生和计划生育委员会. 2015. GB 10136—2015. 食品安全国家标准 动物性水产制品[S]. 北京：中国标准出版社.

贾佳. 2009. 秘鲁鱿鱼中氧化三甲胺热分解生成甲醛和二甲胺机理的初步研究[D]. 杭州：浙江工商大学.

蒋圆圆. 2014. 秘鲁鱿鱼内源性甲醛非酶途径产生规律及控制研究[D]. 锦州：渤海大学.

靳肖. 2010. 鱿鱼丝甲醛产生的化学机制、残留变化与控制研究[D]. 青岛：中国海洋大学：1-62.

李丰. 2010. 水产品中氧化三甲胺、三甲胺、二甲胺检测方法及鱿鱼丝中甲醛控制研究[D]. 保定：

河北农业大学.

励建荣, 朱军莉. 2006. 秘鲁鱿鱼丝加工过程甲醛产生控制的研究[J]. 中国食品学报, 6(1): 200-203.

陆海霞, 傅玉颖, 李学鹏, 等. 2010. 漂洗工艺对秘鲁鱿鱼鱼糜凝胶特性的影响[J]. 食品研究与开发, 31(9): 1-5, 33.

王尧耕, 陈新军. 1998. 世界头足类资源开发现状和中国远洋鱿钓渔业发展概况[J]. 上海水产大学学报, 7(4): 283-287.

张林楠. 1999. 鱿鱼的营养与加工[J]. 中国水产, (8): 44-45.

邹朝阳, 李学鹏, 蒋圆圆, 等. 2015. 秘鲁鱿鱼丝贮藏过程中甲醛及相关品质指标的变化[J]. 食品工业科技, 36(5): 315-320.

邹朝阳. 2015. 秘鲁鱿鱼丝贮藏过程中甲醛产生机理及控制研究[D]. 锦州: 渤海大学.

Benjakul S, Visessanguan W, Tanaka M. 2004. Induced formation of dimethylamine and formaldehyde by lizardfish (*Saurida micropectoralis*) kidney trimethylamine-*N*-oxide demethylase[J]. Food Chemistry, 84(2): 297-305.

Fu X Y, Xu C H, Miao B C, et al. 2007. Effect of processing steps on the physico-chemical properties of dried-seasoned squid[J]. Food Chemistry, 103: 287-294.

Fu X Y, Xue C H, Miao B C, et al. 2006. Purification and characterization of trimethylamine-*N*-oxide demethylase from jumbo squid (*Dosidicus gigas*)[J]. Journal of Agricultural and Food Chemistry, 54: 968-972.

Gill T A, Paulson A T. 1982. Localization, characterization and partial purification of TMAO-ase[J]. Comparative Biochemistry and Physiology Part B: Comparative Biochemistry, 71(1): 49-56.

Harada K. 1975. Studies on enzyme catalyzing the formation of formaldehyde and dimethylamine in tissues of fish and shells[J]. Journal of the Shimonoseki University of Fisheries, 23: 163-241.

Lin J K, Hurng D C. 1985. Thermal conversion of trimethylamine-*N*-oxide to trimethylamine and dimethylamine in squids[J]. Food and Chemical Toxicology, 23(6): 579-583.

Mackie L M, Thomson B W. 1974. Decomposition of trimethylamine oxide during iced and frozen storage of whole and comminuted tissue of fish[J]. Food Science and Technology, l: 243-250.

Nitisewojo P, Hultin H O. 1986. Characteristies of TMAO degrading systems in Atlantic short finned squid (*Illex illecebrosus*)[J]. Food Biochemistry, 10: 93-106.

Rehbein H, Schreber W. 1984. TMAO-ase activity in tissues of fish species from the northeast altantic[J]. Comparative Biochemistry and Physiology, 9(3): 447-452.

Spinelli J, Koury B J. 1979. Nonenzymic formation of dimethylamine in dried fishery products[J]. Journal of Agricultural and Food Chemistry, 27(5): 1104-1108.

Spinelli J, Koury B J. 1981. Some new observations on the pathways of formation of dimethylamine in fish muscle and liver[J]. Journal of Agricultural and Food Chemistry, 29(2): 327-331.

Tsai C H, Kong M S, Pan B S. 1991. Water activity and temperature effects on nonenzymic browning of amino acids in dried squid and simulated model system[J]. Journal of Food Science, 56(3): 665-670.

Vaisey E B. 1956. The non-enzymatic reduction of trimethylamine oxide to trimethylamine, dimethylamine, and formaldehyde[J]. Canadian Journal of Biochemistry and Physiology, 34(6): 1085-1090.

第 3 章　鱿鱼及其制品中内源性甲醛的产生机理

内源性甲醛是指在产品中能够检测出，并非人为添加或者是来自原辅料、容器及环境污染的甲醛含量，包括水产品及其制品在存放和加工过程中自身存在的及产生的甲醛。甲醛产生主要有酶途径和非酶途径。

甲醛生成的酶途径是通过水产品中氧化三甲胺脱甲基酶（TMAOase）和微生物来完成的。由于水产品易于腐败，一般采用冰鲜、冷冻等低温方式贮藏，而低温条件下微生物生长受到抑制，因此 TMAOase 是促进这个途径发生的主要物质。TMAOase 以氧化三甲胺为底物，将反应物氧化三甲胺催化分解生成二甲胺和甲醛（Mackie and Thomson，1974）。迄今，很多学者研究发现 TMAOase 是一种多酶体系，但对其具体组成成分仍不清楚。TMAOase 在海水动物中分布比较广泛，其中鳕鱼类含量尤为高，而在淡水动物中 TMAOase 含量极少甚至不存在。在同一水产品不同组织器官中 TMAOase 的含量差异也很大。Rehbein 和 Schreber（1984）报道 TMAOase 主要集中在水产品的肾脏和脾中，但在肌肉中也有少量存在。Gill 和 Paulson（1982）在对 TMAOase 进行分离纯化时发现其主要分布于内脏器官和红肉中。

除报道的酶途径外，甲醛的产生也有非酶途径，即热分解途径，氧化三甲胺在高温作用下裂解为三甲胺、二甲胺和甲醛。朱军莉等（2012）研究表明，鱿鱼上清液中的氧化三甲胺在高温条件下热裂解为三甲胺、二甲胺、甲醛。唐森等（2015）构建了氧化三甲胺体外热分解体系，结果表明，氧化三甲胺在高温条件下分解为三甲胺、二甲胺、甲醛，温度是氧化三甲胺热分解的主要因素，反应温度越高，分解速率越快。励建荣和朱军莉（2006）发现两道高温工序是秘鲁鱿鱼丝加工工艺中甲醛生成最快的阶段。Fu 等（2007）研究发现，鲜活鱿鱼中氧化三甲胺含量较高，三甲胺和二甲胺含量较少，甲醛含量几乎没有，但随着加工工序的进行，氧化三甲胺含量显著减少，而三甲胺、二甲胺和甲醛含量逐渐增加，在鱿鱼制品中的含量高于原料。高温过程中酶已经失活，而甲醛生成量却显著增加，说明高温过程中非酶途径参与甲醛的生成。

生物体内还原性的小分子物质可以催化氧化三甲胺分解。Spinelli 和 Koury（1981）报道，与未加热的鱼肉相比，60℃预处理的鱼肉生成更多的二甲胺，推测可能是加热导致某些活性物质的生成，而这些物质能够促进氧化三甲胺分解产生甲醛和二甲胺；还发现 Fe^{2+}、EDTA、SO_2、植酸、抗坏血酸和半胱氨酸等物质都可以促进鱼体内氧化三甲胺分解。Vaisey（1956）在研究添加物对氧化三甲胺体

外化学体系的影响时发现添加半胱氨酸和血红蛋白可以促进氧化三甲胺分解生成
二甲胺和甲醛。贾佳（2009）研究发现将氯化亚铁、抗坏血酸（Asc）和半胱氨酸
添加到鱿鱼中可促进其氧化三甲胺热分解产生甲醛，同时还可以促使鳕鱼中热稳
定的氧化三甲胺受热进行分解，并且认为 Fe^{2+} 是主导因素。李丰（2010）将 $FeSO_4$、
$NaHSO_3$ 和柠檬酸（CA）加入氧化三甲胺溶液中，热处理后发现溶液中氧化三甲
胺含量降低而甲醛、二甲胺和三甲胺含量都升高。Lin 和 Hurng（1985）还发现
Fe（Ⅱ）对氧化三甲胺热分解的促进作用与 Fenton 反应十分相似，并推测鱼体内
氧化三甲胺的非酶分解途径可能是通过自由基来实现的。

3.1　甲醛产生的酶学机理

水产品内源性甲醛主要前体物质是氧化三甲胺，Gill 和 Paulson（1982）、Parkin
和 Hultin（1982）得出 TMAOase 能催化氧化三甲胺转变为二甲胺和甲醛。早期研
究发现鳕科鱼类和少数非鳕科鱼类鱼肉冷冻贮藏中品质逐渐下降，主要原因是氧
化三甲胺分解成二甲胺和甲醛，甲醛与鱼肉蛋白质结合，使感官质量下降，影响
了鱼肉的加工。经几十年的不断研究，目前研究认为海产鱼类及其制品中酶学途
径是内源性甲醛生成的途径之一，鳕鱼等海产品在 0～-20℃冷冻过程中内源性甲
醛就是通过该方式产生的。

TMAOase 广泛分布于海产动物组织中，而在淡水动物中没有 TMAOase，即使
存在含量也极微。在一些深海鱼类中，特别是在鳕鱼类中的含量较高（Nielsen and
Jørgensen，2004）。TMAOase 在同一种鱼类各个组织器官中的分布也不同，参与内源
性甲醛生成的 TMAOase 主要集中在内脏组织，特别是肾脏、脾脏、肝脏和幽门盲囊，
肌肉含量较低。Tokunaga（1964）最早发现阿拉斯加狭鳕在-17～-19℃冷冻过程形
成高含量的甲醛和二甲胺，并在狭鳕胆囊和幽门盲囊中分离获得了纯化50倍的酶。
之后，研究人员对狭鳕、绿鳕、红鳕和狗母鱼等肾脏进行了分离和性质研究。红鳕
和狭鳕的鱼肉组织含有较高活性的 TMAOase（Kimura et al.，2000）。可见，海产品
TMAOase 主要集中在鳕科鱼和鱼体的内脏组织，不同品种和组织海产鱼类的
TMAOase 含量、分布及理化性质都有较大的差别。而对软体动物鱿鱼甲醛生成机理
的研究还较少，Fu 等（2006）对鱿鱼胴体 TMAOase 进行了纯化和性质研究。海产
品中 TMAOase 催化活性需要 Fe^{2+}、半胱氨酸和抗坏血酸辅助因子系统。研究还发现
氧化剂能减少鳕鱼碎肉甲醛和二甲胺的形成，推测可能氧化剂对酶活有抑制作用。

3.1.1　鱿鱼不同组织部位 TMAOase 粗酶活性

朱军莉（2009）分析了鱿鱼肝脏、肾脏、心脏等内脏和肌肉的 TMAOase 活

性，结果表明鱿鱼组织 TMAOase 活性均表现不高，酶活性低于 2.5 U/g 组织，而肝脏和肾脏内脏组织的酶活性相对较高，分别为 2.3 U/g 和 1.61 U/g，肌肉的酶活性很低，活性只有 0.19 U/g（图 3-1），试验中还发现不同鱿鱼个体的酶活性差异也较大。酶的活性在不同品种和同一品种的不同个体之间有很大差异。Benjakul 等（2004）报道狗母鱼肾脏中 TMAOase 的酶活性高达 300 U/g 组织。鱿鱼内脏和肌肉组织 TMAOase 活性检测结果说明鱿鱼体内 TMAOase 活性很低。Nielsen 和 Jørgersen（2004）对 24 种鳕鱼类鱼肉样品进行分析，发现只有 9 种存在 TMAOase 活性。

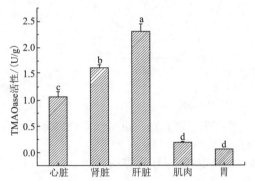

图 3-1　鱿鱼不同组织 TMAOase 活性（朱军莉，2009）

注：不同字母表示差异显著，下同

1. 温度和 pH 对 TMAOase 粗酶活性的影响

肝脏 TMAOase 在 20~40℃时，随着温度的升高，酶活性逐渐增加，之后受到温度的影响，特别是高于 50℃时，酶活性急剧下降；肌肉 TMAOase 在 20~50℃时，随着温度的增高，酶活性逐渐增加，之后酶活性逐步下降，60℃时两种组织的酶活性几乎消失，可能酶因热变性已经失活，如图 3-2（a）所示。可见，肝脏 TMAOase 的最适作用温度为 40℃，肌肉 TMAOase 的最适作用温度为 50℃。

肝脏 TMAOase 在 40℃热处理，酶保持稳定，活性为 89.6%，55℃作用后酶活性迅速降低，活性为 31.1%。肌肉中的 TMAOase 热稳定性高于肝脏中的 TMAOase，TMAOase 在 50℃加热，酶较稳定，活性为 90.0%，60℃作用后酶活迅速降低，活性为 18.3%，70℃作用后两种组织的酶几乎均无活性，如图 3-2（b）所示。这说明肌肉中的 TMAOase 的热稳定性高于肝脏酶，但是两者耐热性均不高。

pH 对酶的活性有重要影响，pH 过高或者过低可导致酶的高级结构发生改变；pH 影响酶的可解离基团的状态，进而影响酶的活性。将肌肉和肝脏的粗酶反应液 pH 分别调为 3.0~9.0，分析酶活性的影响。结果显示，肝脏酶在 pH4.5~5.0 均保持较高的酶活性，其中 pH4.5 时酶活性最高，pH5.0 后酶活性逐步下降，pH 8.0 酶活性只剩下 34.64%，pH 低于 4.5 后酶活性迅速下降，pH4.0 酶活性只剩下

65.28%。鱿鱼肌肉中 TMAOase 在 pH 6.5～7.5 均保持较高的酶活性，其中 pH 7.0 时酶活性最高，pH 高于 7.0 酶活性迅速下降，pH 8.0 酶活性只剩下 28.04%，pH 低于 7.0 酶活性呈下降趋势，pH 4.0 酶活性只剩下 52.34%。

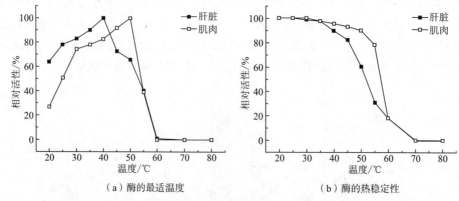

（a）酶的最适温度 　　　　　（b）酶的热稳定性

图 3-2　温度对肝脏和肌肉 TMAOase 粗酶活性的影响（朱军莉，2009）

2. 添加物对 TMAOase 粗酶活性的影响

研究人员研究了不同添加物对肝脏和肌肉 TMAOase 活性的影响，结果见表 3-1。结果显示，在 20 mmol/L 氧化三甲胺、10 mmol/L Tris-乙酸盐（pH 7.0）和 0.2 mol/L NaCl 的反应液中加入酶液，不添加任何物质，肝脏 TMAOase 和肌肉 TMAOase 均不表现活性。单独添加 Fe^{2+}、Asc 和 Cys 时，Asc 对肝脏 TMAOase 反应具有一定的促进作用，而 Cys 作用微弱，Fe^{2+} 作用不明显；Fe^{2+} 和 Asc 对肌肉 TMAOase 有微弱作用，Cys 作用不明显。Cys、Asc 和 Fe^{2+} 中的两种物质共同作用时，均能促进肝脏和肌肉 TMAOase 的活性，其中含 Asc+Fe^{2+} 的反应液比 Cys+Fe^{2+} 对酶的促进作用明显，肌肉中 Asc+Fe^{2+} 效果更好，添加 Cys+Asc 时，肝脏 TMAOase 相对活性达到 91.1%，而对肌肉中 TMAOase 作用不明显。金属离子 Mg^{2+}、Ca^{2+} 对酶具有一定的稳定作用，特别是 Ca^{2+}；Na_2SO_3 和柠檬酸能明显促进肌肉和肝脏中的粗酶活性，Na_2SO_3 使酶活性增加 50.0% 以上，而柠檬酸增加 30.0% 以上。Na_2S 和茶多酚对酶活有较强的抑制作用，其中 Na_2S 表现 76.0% 以上的抑制，茶多酚有 45.0% 以上的抑制效果。

表 3-1　添加物对肝脏和肌肉 TMAOase 粗酶活性的影响（朱军莉，2009）

添加物	浓度	相对活性/%	
		肝脏 TMAOase	肌肉 TMAOase
无添加	—	0	0
Cys	2 mmol/L	17.8	0.5
Asc	2 mmol/L	47.8	8.0

续表

添加物	浓度	相对活性/%	
		肝脏 TMAOase	肌肉 TMAOase
$FeCl_2$	0.2 mmol/L	8.9	10.5
Cys+ $FeCl_2$	（2+0.2）mmol/L	26.7	52.3
Asc+$FeCl_2$	（2+0.2）mmol/L	70.0	70.0
Cys+Asc	（2+2）mmol/L	91.1	17.3
Cys+Asc+$FeCl_2$	（2+2+0.2）mmol/L	100.0	100.0
Cys+Asc+$FeCl_2$+Na_2S	10 mmol/L	13.4	23.8
Cys+Asc+$FeCl_2$+Na_2SO_3	10 mmol/L	167.8	153.0
Cys+Asc+$FeCl_2$+茶多酚	0.1%	52.9	54.3
Cys+Asc+$FeCl_2$+$MgCl_2$	10 mmol/L	108.4	111.7
Cys+Asc+$FeCl_2$+$CaCl_2$	10 mmol/L	126.9	112.4
Cys+Asc+$FeCl_2$+柠檬酸	10 mmol/L	155.9	136.3

3.1.2　鱿鱼肝脏 TMAOase 分离和纯化

TMAOase 的分离纯化是研究酶学性质的前提和基础。据现有文献报道，不同的学者采用的方法不尽相同。较为常用的方法有四种：硫酸铵沉淀法（Amano and Yamada，1965）、等电点分离法（Gill and Paulson，1982）、离子交换层析法（Benjakul et al.，2003）及二乙氨基乙基（DEAE）纤维素和凝胶过滤法（Kimura et al.，2000）。将肝脏匀浆、离心后，上清液即为初步提取酶液。用盐酸酸化方法除去上清液中的杂蛋白，经离心后即获得粗酶。将粗酶液透析过夜后，用聚乙二醇（PEG2000）浓缩，再用 DE52 纤维素离子交换层析和 Sephacryl S-300 凝胶层析纯化。

将透析浓缩过的酶液上样到预先用 Tris-乙酸缓冲液平衡好的 DE52 纤维素离子交换层析柱，用含 0～1.00 mol/L NaCl 缓冲液进行线性梯度洗脱，对不同吸附能力的蛋白质进行逐步洗脱。试验过程中选择蛋白含量较高的各洗脱液进行酶活测定。结果发现，肝脏 TMAOase 酶活性比较高的峰出现在第 35～50 管之间（图 3-3），其 NaCl 缓冲液浓度在 0.35～0.40 mol/L。选择部分 TMAOase 酶液进行透析并浓缩，4℃备用。

将浓缩的样品上样到预先用含 0.1 mol/L NaCl 的 20 mmol/L Tris-乙酸缓冲液平衡好的 Sephacryl S-300 凝胶层析柱，用相同的缓冲液洗脱，分管收集，对各管收集的酶液进行活性测定并绘图。结果显示，洗脱过程出现了两个明显的峰，该过程起到了分离 TMAOase 酶蛋白和其他蛋白的作用。TMAOase 酶活性主要集中在第一个峰，在 20～25 管之间酶活性最高（图 3-4）。

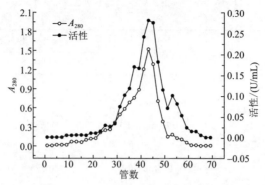

图 3-3　TMAOase 酶的 DE52 纤维素离子交换洗脱曲线（朱军莉，2009）

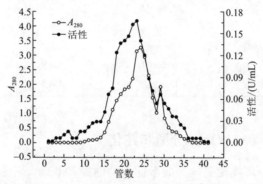

图 3-4　TMAOase 酶的 Sephacryl S-300 凝胶层析洗脱曲线（朱军莉，2009）

　　肝脏 TMAOase 经过酸化、DE52 纤维素离子交换层析柱和 Sephacryl S-300 凝胶层析柱后，分别测定各部分酶液的蛋白浓度和酶活性。经酸化等纯化后能有效去除一部分杂蛋白，TMAOase 比活力达到 7.21 U/mg，提纯倍数为 102.85 倍，收率为 24.63%（表 3-2）。

表 3-2　TMAOase 部分纯化结果（朱军莉，2009）

纯化步骤	总活性/U	总蛋白/mg	比活力/（U/mg）	纯化/倍	收率/%
上清液	112.37	1564.31	0.07	1.00	100.00
酸处理	85.04	792.84	0.11	1.56	75.68
DE52	36.01	93.45	0.37	5.38	32.05
Sephacryl S-300	27.68	3.70	7.21	102.85	24.63

3.1.3　鱿鱼肝脏 TMAOase 纯化酶的性质

1. 酶的分子量

酶提取的各部分样品用聚丙烯酰胺凝胶电泳（PAGE）检测，经凝胶层析后获得的条带较单一。并进一步进行十二烷基硫酸钠（SDS）-PAGE 电泳，经考马斯亮蓝 R-250 染色，脱色后可见较单一的条带。根据标准分子量蛋白质的相对迁移率和分子量大小对数值作标准曲线，从标准曲线和纯化后酶的相对迁移率可计算出鱿鱼肝脏 TMAOase 的分子质量约为 27.0 kDa。

2. 反应时间对酶活性的影响

分别取 0.45 mg 蛋白的酶液，在 25℃下反应 0～30 min 不同时间，测定反应生成的甲醛和二甲胺的含量。结果显示，随着反应时间的延长，产物甲醛和二甲胺含量逐步增多，并且甲醛和二甲胺等比例生成。还发现在酶促反应的前 20 min 反应速率很快，之后变慢（图 3-5）。

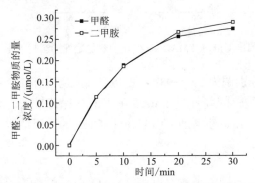

图 3-5　不同反应时间对纯化 TMAOase 甲醛生成的影响（朱军莉，2009）

3. 温度和 pH 对 TMAOase 酶活性的影响

将酶-反应液在不同的温度（20～80℃）下反应 15 min，测定肝脏 TMAOase 酶活。在 20～40℃时，随着温度的升高，TMAOase 酶活性逐渐增加，之后酶活性受到温度的影响，特别是高于 55℃时，酶活性急剧下降，70℃时几乎无酶活性，因此酶的最适作用温度为 40℃（图 3-6）。将酶液在 20～80℃的不同温度下加热

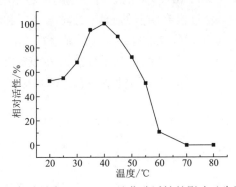

图 3-6　反应温度对肝脏 TMAOase 纯化酶活性的影响（朱军莉，2009）

15 min，测定肝脏 TMAOase 热稳定性。肝脏 TMAOase 酶活性在 40℃加热且保持 15 min 稳定，高于 45℃处理后，酶活性逐渐下降，在 60℃作用后，酶活只剩下 12.90%（图 3-7）。

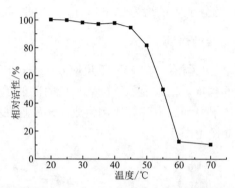

图 3-7　反应温度对肝脏 TMAOase 纯化酶热稳定性的影响（朱军莉，2009）

将反应液 pH 分别调为 3.0～9.0，在 25℃加入酶液作用 15 min，测定生成的甲醛量。结果显示，纯化的肝脏酶在 pH 7.0～7.5 均保持较高的酶活性，其中 pH 7.0 酶活性最高，而酸性和碱性增加，引起 TMAOase 的高级结构变化，酶活性下降。

4. 添加物对酶活性的影响

研究人员研究了不同添加物对肝脏 TMAOase 活性的影响。在 20 mmol/L 氧化三甲胺、10 mmol/L Tris-乙酸（pH 7.0）和 0.2 mol/L NaCl 的反应液中加入酶液，不添加任何物质，酶不表现活性。单独添加 Fe^{2+}、Asc 和 Cys 时，添加 Cys 无作用，Asc 和 Fe^{2+}对反应具有较强的促进作用，酶相对活性分别为 43.6%和 58.0%；Cys、Asc 和 Fe^{2+}中的两种物质共同作用时，均能促进酶的活性，其中含 Asc+Fe^{2+}的反应液比 Cys+ Fe^{2+}对纯化酶的促进作用明显，活性分别达到 89.1%和 51.7%，而 Asc+Cys 无活性，同时添加 Fe^{2+}+Asc+Cys 时，TMAOase 活性最高。

金属离子 Mg^{2+}、Ca^{2+}对 TMAOase 酶具有一定的稳定作用，特别是 Ca^{2+}。Mn^{2+}、K^+、Li^+对 TMAOase 酶活性没有明显的影响。Zn^{2+}、Al^{3+}和 Cu^{2+}抑制 TMAOase 酶活性，Zn^{2+}对酶的抑制率达到 75.3%，效果最显著；乙酸、Na_2S 和茶多酚表现较强地抑制 TMAOase 酶活性，酶活的抑制率分别为 78.2%、75.3%和 62.2%。Na_2SO_3 使酶活性增加 85.0%，而柠檬酸使酶活性增加 55.9%（表 3-3）。

表 3-3　添加物对肝脏 TMAOase 纯化酶活性的影响（朱军莉，2009）

添加物	浓度	相对活性/%	添加物	浓度	相对活性/%
无添加	—	0	RS+Mn^{2+}	5 mmol/L	101.1

续表

添加物	浓度	相对活性/%	添加物	浓度	相对活性/%
Cys	2 mmol/L	0	RS+Zn^{2+}	5 mmol/L	24.7
Asc	2 mmol/L	43.6	RS+Al^{3+}	5 mmol/L	63.7
FeCl$_2$	0.2 mmol/L	58.0	RS+K$^+$	5 mmol/L	96.9
Cys+ FeCl$_2$	（2+0.2）mmol/L	51.7	RS+Li^{2+}	5 mmol/L	96.2
Asc+FeCl$_2$	（2+0.2）mmol/L	89.1	RS+柠檬酸	5 mmol/L	155.9
Cys+Asc	（2+2）mmol/L	0	RS+AA	5 mmol/L	21.8
Cys+Asc+FeCl$_2$	（2+2+0.2）mmol/L	100	RS+Na$_2$S	5 mmol/L	24.7
RS+Mg^{2+}	5 mmol/L	114.9	RS+Na$_2$SO$_3$	5 mmol/L	185.0
RS+Ca^{2+}	5 mmol/L	119.0	RS+EDTA	0.1%	251.1
RS+Cu^{2+}	5 mmol/L	83.5	RS+茶多酚	0.1%	37.8

注：AA 表示乙酸，RS 表示反应体系。

5. TMAOase 酶促反应动力学

以不同浓度的氧化三甲胺为底物，在 2 mmol/L Cys、2 mmol/L Asc、0.2 mmol/L FeCl$_2$ 反应液中加入酶液，在 25℃最初反应的 10 min 内测定酶的反应速率，以双倒数（Lineweaver-Burk）作图法求得 TMAOase 的 K_m，为 20.35 mmol/L（图 3-8）。

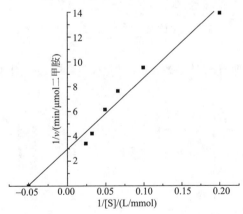

图 3-8　肝脏 TMAOase 纯化酶的双倒数图（朱军莉，2009）

3.1.4　鱿鱼肌肉重组体冷冻过程中甲醛含量的变化

将秘鲁鱿鱼肝脏和肌肉重组，研究对甲醛含量的影响。鱿鱼肝脏-肌肉组甲醛和二甲胺含量随着冷冻时间的延长显著增加，甲醛含量从 0.85 mg/kg 增加到 15.63 mg/kg，二甲胺含量从 0.75 mg/kg 增加到 21.62 mg/kg，其中二甲胺增加量高于甲醛增加量。而肌肉组中二甲胺含量随着冷冻时间延长略有增加，从 0.64 mg/kg 增加为 1.06 mg/kg，而甲醛含量很低，无明显变化（图 3-9）。这说明肝脏中 TMAOase 活性较高，而肌肉中 TMAOase 活性较低。

将肝脏中 TMAOase 和肌肉重组，研究其对甲醛含量的影响。鱿鱼肝脏 TMAOase-肌肉混合物冷冻 5 d 后，甲醛和二甲胺含量显著增加（$P<0.05$），甲醛含量从 0.058 mg/kg 增加到 1.58 mg/kg，二甲胺含量从 1.00 mg/kg 增加到 2.93 mg/kg，其中二甲胺含量略高于甲醛，而肌肉中甲醛和二甲胺含量变化不明显（图 3-10）。鱿鱼肌肉组和酶-肌肉组的微观结构比较，发现冷冻贮藏 5 d 后的酶-肌肉组样品蛋白交联明显增加，形成的网状结构层次减少，表现更为致密，肌肉的弹性下降（图 3-11）。

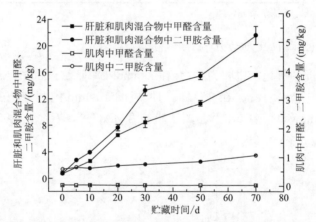

图 3-9　鱿鱼肝脏-肌肉重组体在冷冻过程中甲醛和二甲胺的变化（朱军莉，2009）

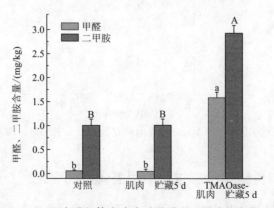

图 3-10　鱿鱼 TMAOase-肌肉重组体在冷冻后甲醛和二甲胺的变化（朱军莉，2009）

　　　（a）肌肉−20℃贮藏 5 d　　　　　　　　　　（b）TMAOase+肌肉−20℃贮藏 5 d

图 3-11　鱿鱼肝脏 TMAOase-肌肉重组体在冷冻后组织结构变化（朱军莉，2009）

3.1.5　鱿鱼冷冻过程中添加物对 TMAOase 的作用

1. 抑制剂对鱿鱼甲醛等相关物质含量的影响

　　将鱿鱼添加物-酶-肌肉组、酶-肌肉组和肌肉组在−20℃冻藏，观察冻藏过程中甲醛和二甲胺的变化趋势。肝脏 TMAOase-肌肉组甲醛和二甲胺含量生成明显（$P<0.05$），而肌肉对照组样品只有微量的甲醛和二甲胺生成。茶多酚、蔗糖和乙酸 3 种添加物均能显著减少重组肌肉中的甲醛含量（$P<0.05$），特别是茶多酚抑制效果最佳，乙酸次之，蔗糖效果相对较小，乙酸和蔗糖组甲醛变化趋势差异不显著。茶多酚能有效减少甲醛含量，在添加 3 d 的样品中甲醛含量明显低于肌肉组，冷冻贮藏过程中甲醛缓慢上升。乙酸和蔗糖能显著减少甲醛含量，冷冻贮藏过程中甲醛有上升趋势，贮藏不同时间的样品甲醛生成量均低于酶-肌肉组，但高于肌肉对照组（图 3-12）。冷冻贮藏过程中肌肉组二甲胺生成缓慢（$P<0.05$），添

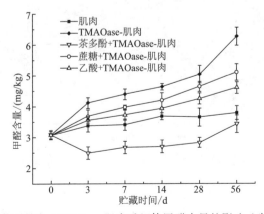

图 3-12　添加物对鱿鱼 TMAOase-肌肉重组体甲醛含量的影响（朱军莉，2009）

加物-酶-肌肉组和酶-肌肉组二甲胺的上升趋势相似，但是添加物均表现显著减少重组肌肉中的二甲胺含量（$P < 0.05$），其中乙酸和蔗糖效果较好，茶多酚次之（图 3-13）。酶-肌肉组和肌肉组三甲胺含量生成明显，酶-肌肉组高于肌肉组，样品三甲胺含量冻藏的前 7 d 生成明显，之后上升趋势变缓，酶-肌肉组含量均高于肌肉组。添加物对三甲胺生成有不同的影响，乙酸有微弱的促进作用，茶多酚无显著影响，蔗糖有微弱的抑制作用，添加物和酶-肌肉组的三甲胺变化趋势差异不显著（图 3-14）。添加物-酶-肌肉组、酶-肌肉组和肌肉组氧化三甲胺含量均表现下降趋势，添加物-酶-肌肉组和酶-肌肉组氧化三甲胺含量减少显著快于肌肉组（$P < 0.05$）。添加物茶多酚、蔗糖和乙酸能抑制氧化三甲胺的分解（图 3-15）。

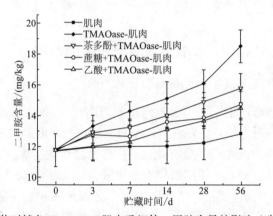

图 3-13　添加物对鱿鱼 TMAOase-肌肉重组体二甲胺含量的影响（朱军莉，2009）

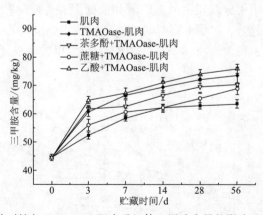

图 3-14　添加物对鱿鱼 TMAOase-肌肉重组体三甲胺含量的影响（朱军莉，2009）

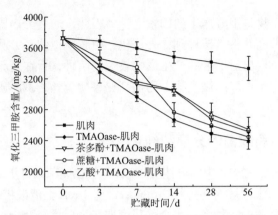

图 3-15　添加物对鱿鱼 TMAOase-肌肉重组体氧化三甲胺含量的影响（朱军莉，2009）

2. 抑制剂对鱿鱼蛋白的影响

随着冷冻贮藏时间的延长，添加物-酶-肌肉组、酶-肌肉组和肌肉组蛋白可溶性均表现下降趋势，其中酶-肌肉组蛋白可溶性下降最快，添加物茶多酚、蔗糖和乙酸可减缓蛋白可溶性的下降趋势，添加物之间对蛋白可溶性下降变化趋势影响差异不显著（图 3-16）。添加物对鱿鱼–20℃冷冻过程中蛋白分布有一定影响，SDS-PAGE 结果显示添加物-酶-肌肉组、酶-肌肉组和肌肉组样品中蛋白的分布相似，添加物-酶-肌肉组在 44～66 kDa 的蛋白条带较浓，但是酶-肌肉组中添加茶多酚、蔗糖和乙酸的蛋白条带无明显差异。

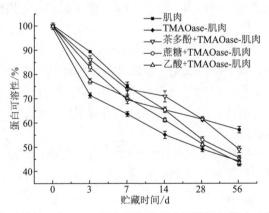

图 3-16　添加物对鱿鱼 TMAOase-肌肉重组体蛋白可溶性的影响（朱军莉，2009）

3.2　微生物对鱿鱼丝中甲醛形成的影响

鱿鱼丝等产品在贮藏过程中出现的甲醛含量超标问题，严重制约鱿鱼加工业的发展。其中微生物是甲醛产生的因素之一。因此，通过分离鉴定秘鲁鱿鱼丝在贮藏过程中的腐败菌并将其接种到体外氧化三甲胺模拟体系，测定甲醛含量的变化并加以验证，鉴定出对甲醛的产生影响较大的菌种，旨在为靶向抑制秘鲁鱿鱼丝在贮藏过程中产生甲醛的微生物，为提高秘鲁鱿鱼丝贮藏品质和安全性提供依据和参考。

3.2.1　鱿鱼丝中腐败菌的分离和纯化

参考 GB 4789.2—2010 中的方法并加以调整。在无菌条件下称取 10 g 鱿鱼丝，加入 90 mL 灭菌的生理盐水，拍打 2 min 后，取 1 mL 上清液进行 10 倍稀释，以此类推。取 3 个合适的稀释度，每个稀释度取 1 mL 稀释液于灭菌平板中，倾倒入平板计数培养基，于 30℃培养 72 h。选取菌落总数适合的平板，将所有腐败菌挑取后在营养琼脂上画线培养，多次纯化后采用显微镜观察。若细胞形态单一，得到腐败菌纯菌株，制成 15%甘油菌悬液，于–80℃冰箱保存备用。霉菌的计数方法同上。采用孟加拉红培养基于 28℃进行霉菌培养 5 d 后进行计数。挑取所有霉菌菌落进行多次画线培养，得到霉菌纯菌株，制成 15%甘油菌悬液，于–80℃冰箱保存备用。

3.2.2　腐败菌与甲醛变化的关系

构建氧化三甲胺体外模拟体系，将 1 mL 已灭菌的 0.4 mol/L 氧化三甲胺溶液（含 20 mmol/L Tris-乙酸，pH 7.0）加入 19 mL 已灭菌的营养肉汤培养基中，使体外模拟体系中氧化三甲胺最终浓度达到 20 mmol/L，用于细菌培养。霉菌培养的氧化三甲胺体外模拟体系采用霉菌液体培养基。将保存的细菌及霉菌活化后，无菌条件下分别接种到以上两种氧化三甲胺体外模拟体系，未接种作为空白对照。其中细菌体外模拟体系置于 30℃摇床培养 48 h，霉菌体外模拟体系 28℃摇床培养 96 h。将两种体外模拟体系用高效液相色谱进行甲醛的测定，并挑选出较空白样品甲醛含量明显增加的菌种。

鱿鱼丝经高温处理后残余的细菌增殖需要有一定的适应期，因此将贮藏到第 10 d 的秘鲁鱿鱼丝中的全部腐败微生物分离纯化后，共得到 110 株细菌（分别命名为 1~110）及 5 株霉菌（分别命名为Ⅰ～Ⅴ）。未接种腐败菌的氧化三甲胺体外模拟体系中甲醛含量为 0.481 mg/L，未接种腐败菌的氧化三甲胺模拟体系中检测到甲醛存在可能是因为营养肉汤培养基中可能含有亚铁离子、抗坏血酸、半胱氨酸等还原性物质，促使氧化三甲胺分解产生甲醛。从 110 株细菌中挑选出体外氧化三甲胺模拟体系中甲醛含量大于 0.800 mg/L 的菌株共有 16 株，分别为 1、3、16、26、30、38、40、46、59、68、70、79、88、94、95、105 号菌株，其中，68 号菌株对体外氧化三甲胺模拟体系中甲醛含量影响最显著，甲醛含量为

1.502 mg/L；其次为 94 号菌株，甲醛含量为 1.315 mg/L（表 3-4）。

　　未接种腐败霉菌的氧化三甲胺体外模拟体系甲醛含量为 0.651 mg/L，两种培养基中对照组的甲醛含量不同可能是因为两种培养基中营养物质及培养时间不同。Ⅰ～Ⅴ号霉菌对甲醛生成的作用不显著，说明霉菌对氧化三甲胺体外模拟体系甲醛含量的影响较小，可忽略不计（表 3-5）。

表3-4　细菌对氧化三甲胺体外模拟体系甲醛含量的影响（邹朝阳，2015）

菌株	甲醛/（mg/L）	菌株	甲醛/（mg/L）	菌株	甲醛/（mg/L）
空白	0.481±0.011	25	0.546±0.014	50	0.493±0.008
1	1.013±0.004	26	1.039±0.016	51	0.471±0.013
2	0.438±0.020	27	0.327±0.002	52	0.489±0.020
3	1.154±0.016	28	0.476±0.040	53	0.545±0.011
4	0.457±0.013	29	0.421±0.005	54	0.467±0.004
5	0.420±0.005	30	0.997±0.008	55	0.435±0.008
6	0.441±0.009	31	0.564±0.022	56	0.480±0.011
7	0.509±0.050	32	0.462±0.002	57	0.449±0.006
8	0.459±0.015	33	0.579±0.004	58	0.432±0.016
9	0.321±0.026	34	0.469±0.067	59	0.892±0.030
10	0.485±0.002	35	0.523±0.011	60	0.498±0.015
11	0.483±0.000	36	0.486±0.000	61	0.500±0.017
12	0.516±0.016	37	0.497±0.005	62	0.509±0.000
13	0.560±0.042	38	0.817±0.022	63	0.453±0.044
14	0.498±0.025	39	0.544±0.016	64	0.452±0.009
15	0.566±0.052	40	1.206±0.023	65	0.427±0.031
16	0.855±0.020	41	0.670±0.021	66	0.510±0.002
17	0.514±0.033	42	0.447±0.008	67	0.452±0.008
18	0.349±0.035	43	0.495±0.011	68	1.502±0.021
19	0.391±0.024	44	0.478±0.006	69	0.487±0.011
20	0.495±0.005	45	0.439±0.008	70	0.827±0.028
21	0.499±0.003	46	0.847±0.001	71	0.492±0.015
22	0.548±0.012	47	0.453±0.007	72	0.556±0.017
23	0.485±0.002	48	0.493±0.014	73	0.466±0.005
24	0.402±0.016	49	0.268±0.024	74	0.463±0.007

菌株	甲醛/（mg/L）	菌株	甲醛/（mg/L）	菌株	甲醛/（mg/L）
75	0.526±0.015	87	0.494±0.012	99	0.534±0.014
76	0.508±0.007	88	0.854±0.034	100	0.341±0.020
77	0.467±0.004	89	0.273±0.032	101	0.513±0.001
78	0.514±0.008	90	0.561±0.011	102	0.547±0.015
79	1.062±0.080	91	0.471±0.018	103	0.486±0.025
80	0.469±0.009	92	0.479±0.011	104	0.410±0.022
81	0.457±0.016	93	0.297±0.042	105	1.188±0.041
82	0.522±0.008	94	1.315±0.019	106	0.431±0.070
83	0.457±0.028	95	1.030±0.016	107	0.495±0.008
84	0.367±0.028	96	0.541±0.021	108	0.469±0.001
85	0.435±0.008	97	0.471±0.004	109	0.466±0.008
86	0.459±0.007	98	0.455±0.002	110	0.427±0.021

表 3-5   霉菌对氧化三甲胺体外模拟体系甲醛含量的影响（邹朝阳，2015）

菌株	甲醛/（mg/L）	菌株	甲醛/（mg/L）
空白	0.651±0.055	III	0.588±0.072
I	0.534±0.009	IV	0.642±0.015
II	0.648±0.037	V	0.668±0.064

3.2.3   鱿鱼丝腐败菌的鉴定

将挑选出的对甲醛生成影响显著的 16 株细菌分离纯化后，进行革兰氏染色。挑选出的 16 株菌分别为 1、3、16、26、30、38、40、46、59、68、70、79、88、94、95、105 号菌株，且 16 株菌的革兰氏染色均为蓝紫色，说明这 16 株菌均为革兰氏阳性菌（图 3-17）。

以细菌的通用引物 27f 和 1492r 对菌株的 DNA 进行 PCR 扩增，基因片段进行琼脂糖凝胶电泳后，获得一条明亮的条带。PCR 扩增引物所得电泳图谱发现有明亮的条带，说明 PCR 对腐败菌的 DNA 扩增条件是合适的。由图 3-18 可知，秘鲁鱿鱼丝腐败菌的 DNA 为模板，通过 PCR 进行扩增以后，经 DNA 凝胶电泳图谱检测可以看出，条带大小在 1500 bp 左右。

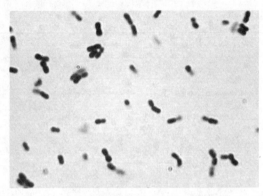

图 3-17　秘鲁鱿鱼丝腐败菌革兰氏染色图（邹朝阳，2015）

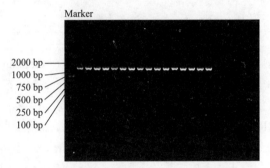

图 3-18　菌株的 PCR 扩增产物电泳图（邹朝阳，2015）

将秘鲁鱿鱼丝中分离纯化后的 16 株菌种进行 16S rDNA 测序后，在 NCBI 数据库进行比对。结果显示，秘鲁鱿鱼丝中的 16 株腐败菌都鉴定为异常球菌属，且置信度≥97%（表 3-6）。

表 3-6　秘鲁鱿鱼丝腐败菌 16S rDNA 鉴定结果（邹朝阳，2015）

菌株	16S rDNA 测序结果	菌株名称	置信度/%
1	*Deinococcus* sp.	异常球菌属	97
3	*Deinococcus* sp.	异常球菌属	99
16	*Deinococcus* sp.	异常球菌属	99
26	*Deinococcus* sp.	异常球菌属	98
30	*Deinococcus* sp.	异常球菌属	98
38	*Deinococcus* sp.	异常球菌属	98
40	*Deinococcus* sp.	异常球菌属	97
46	*Deinococcus* sp.	异常球菌属	98

续表

菌株	16S rDNA 测序结果	菌株名称	置信度/%
59	*Deinococcus* sp.	异常球菌属	99
68	*Deinococcus* sp.	异常球菌属	97
70	*Deinococcus* sp.	异常球菌属	97
79	*Deinococcus* sp.	异常球菌属	98
88	*Deinococcus* sp.	异常球菌属	98
94	*Deinococcus* sp.	异常球菌属	98
95	*Deinococcus* sp.	异常球菌属	97
105	*Deinococcus* sp.	异常球菌属	98

对在 NCBI 数据库中挑选菌株的 16S rDNA 序列在 Genbank 数据库中进行对比分析，选取了 23 个同源性≥97%的菌株序列，用 Mega 5.05 软件进行序列对比，建立的系统发育树如图 3-19 所示。从图 3-19 中可以看出，S 菌株与 *Deinococcus indicus*（登录号：NR 118357.1）同源性最高，可达 98%，表明 S 菌株与 *Deinococcus indicus* 亲缘关系最近，因此秘鲁鱿鱼丝中能够产生甲醛的细菌可能为 *Deinococcus indicus*。

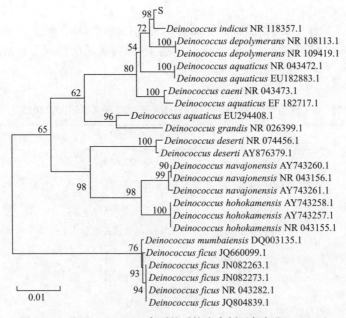

图 3-19　基于 16S rDNA 序列的系统发育树（邹朝阳，2015）

3.2.4　异常球菌对鱿鱼制品中甲醛产生的验证

将异常球菌反接至秘鲁鱿鱼丝上清液和秘鲁鱿鱼丝中，对甲醛产生进行验证。

将异常球菌反接至鱿鱼丝上清液中，对鱿鱼丝上清液空白样品、接种异常球菌的样品及添加山梨酸钾的样品进行甲醛含量的检测。鱿鱼丝上清液空白样品中甲醛含量呈现先升高后降低的趋势；到第 8 h 左右，甲醛含量达到最高值 1.447 mg/L。贮藏后期甲醛含量降低的原因可能是产生的甲醛挥发或者被微生物氧化为甲酸。接种菌样品前 8 h 甲醛含量与对照组相比没有显著差异；从第 8 h 开始鱿鱼丝上清液中甲醛含量较空白样品明显增加，到第 12 h 达到最大值 1.556 mg/L，比空白样品增加了 0.185 mg/L。这表明异常球菌对鱿鱼丝上清液中甲醛的产生起重要的作用。而前 8 h 接种菌样品中甲醛含量与对照组相比没有显著差异，可能是因为细菌接种到新环境中需要一定的适应时间。添加山梨酸钾样品中甲醛含量在贮藏的 8d、12d 和 16d 变化明显，表明当鱿鱼丝上清液中细菌的生长繁殖受到抑制时，其甲醛的产生也受到一定程度的抑制，进一步表明鱿鱼丝上清液中甲醛的产生与细菌的生长繁殖密切相关（图 3-20）。

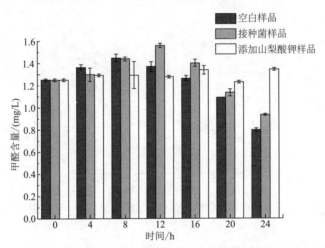

图 3-20　鱿鱼丝上清液中甲醛含量变化（邹朝阳，2015）

将异常球菌接种到秘鲁鱿鱼丝中，观察在 30 d 储存期内的菌落总数变化。秘鲁鱿鱼丝空白样品及接种菌样品在贮藏过程中菌落总数都呈现上升的趋势。空白样品及接种菌样品的初始菌落总数分别为 4.52 lgCFU/g 和 4.59 lgCFU/g，储存到第 30 d 时，空白样品及接种菌样品的菌落总数分别达到了 5.15 lgCFU/g 和 5.32 lgCFU/g，且接种菌后的鱿鱼丝样品在 30 d 贮藏期内菌落总数明显高于空白样品（图 3-21）。鱿鱼丝空白样品和接种菌样品甲醛含量随贮藏时间的延长都呈现增加的趋势。鱿鱼丝空白样品和接种菌样品甲醛含量初始值分别为 6.836 mg/kg 和 6.709 mg/kg，贮藏到第 10 d 空白样品及接种菌样品甲醛含量均明显增加，接种菌样品甲醛含量明显高于空白样品且随贮藏时间的延长两者甲醛含量的差值逐渐增大。贮藏到第 30 d 时，空白样品甲醛含量为 21.422 mg/kg，接种菌样品为 27.400 mg/kg，较空白样品增加了 5.978 mg/kg。这表明异常球菌对鱿鱼丝中甲醛含量的增加有重要作用，这与上述试验所得结论相一致（图 3-22）。

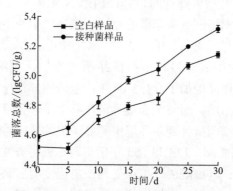

图 3-21　鱿鱼丝空白样品和接种菌样品菌落总数变化（邹朝阳，2015）

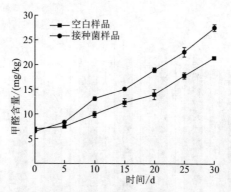

图 3-22　鱿鱼丝空白样品和接种菌样品甲醛含量变化（邹朝阳，2015）

3.3　美拉德反应和脂肪氧化对贮藏鱿鱼丝中

甲醛形成的影响

美拉德反应是羰基化合物（醛类和酮类）与氨基化合物（氨基酸、肽类、蛋白质等）之间发生的化学反应。目前认为该反应包括初期、中期和终期三个反应阶段。初期阶段中还原糖和氨基酸羰氨缩合生成不稳定的亚胺衍生物——席夫碱，经环化和重排生成 Amadori 产物或 Heyns 产物，该阶段食品的风味和色泽不会发生变化。中期阶段根据反应体系 pH 的不同分为三条途径，酸性体系中，初期产物经 1,2-烯醇化，再脱水和脱氨生成羟甲基糠醛，该物质与褐变反应密切相关；碱性体系中，初期产物经 2,3-烯醇化，再脱氨生成还原酮类和二羰基化合物，化学性质活跃的还原酮类可与胺类缩合，也可裂解生成较小的分子；二羰基化合物可与氨基酸发生 Streker 降解反应。终期阶段与类黑精物质和食品风味物质的形成密切相关。李丰（2010）在研究氧化三甲胺与糖类物质间的美拉德反应时发现鱿鱼丝中的乳糖能够与氧化三甲胺反应并产生甲醛。李薇霞等（2011）认为奶制品中内源性甲醛的生成与美拉德反应有必然的关联。陈华（1998）推测甘氨酸和葡萄糖在加热条件下反应时 Streker 降解产生的醛类为甲醛。陈梅等（2013）研究发现酪蛋白和乳糖间发生的美拉德反应是奶糖中甲醛生成的根本原因。

不饱和脂肪酸由于受生物酶解和微生物等的作用，在贮藏过程中会分解产生游离脂肪酸（顾卫瑞等，2010）。同时，在光和水的持续作用下，脂肪继续氧化分解，不仅会减少肌肉中必需脂肪酸及脂溶性维生素的含量，还会因一些挥发性氧化产物，如醛、酮类的产生，致使肌肉产生不良风味；另外，脂肪氧化过程中不断产生的自由基与人体细胞的老化、突变和癌变息息相关，从而对食用者的健康造成潜在危害。杨红菊等（2004）研究表明单氢过氧化物分解产生烷氧基，随之脂肪链烷氧基上的 C—C 键断裂生成醛类等挥发性化合物。Careche 和 Tejada（1990）研究发现鳕鱼中脂肪氧化的发生可以抑制氧化三甲胺降解生成甲醛和二甲胺。通过研究美拉德反应和脂肪氧化对氧化三甲胺体外模拟体系中甲醛含量变化的影响，并在鱿鱼丝中加以验证，探索鱿鱼丝在贮藏过程中甲醛的生成机理，为提高秘鲁鱿鱼丝贮藏品质和安全性提供依据及参考。

3.3.1　美拉德反应对鱿鱼丝中甲醛产生的影响

1. 葡萄糖-赖氨酸反应体系褐变的变化

0.05 mol/L 葡萄糖-赖氨酸（Glc-Lys）溶液，添加 0.1%山梨酸钾，置于 28℃贮藏，每隔 24 h 测定其在 420 nm 处吸光度。葡萄糖-赖氨酸反应体系的吸光度随贮藏时间的延长呈现逐渐增大的趋势。葡萄糖-赖氨酸反应体系的初始吸光度为 0.014，贮藏前 96 h 过程中增长速度较快，到第 96 h 时增加到 0.053，较初始值增加了 0.039。96 h 之后增长较为缓慢，到第 144 h 时，吸光度为 0.059，与第 96 h 时相比，仅增加了 0.006。这表明，贮藏前 96 h 过程中随贮藏时间的延长，葡萄糖-赖氨酸反应体系褐变反应较快，96 h 之后体系褐变程度基本不变（图 3-23）。

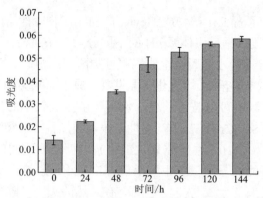

图 3-23　葡萄糖-赖氨酸反应体系的褐变程度（邹朝阳，2015）

2. 葡萄糖-赖氨酸体系对氧化三甲胺溶液和鱿鱼丝上清液中氧化三甲胺降解的影响

将葡萄糖、赖氨酸、氧化三甲胺和 $FeCl_2$ 组成反应体系，添加 0.1%山梨酸钾。28℃贮藏 96 h 后，测定体系中的甲醛含量。常温贮藏过程中氧化三甲胺自身比较稳定，不会降解产生甲醛，而分别添加赖氨酸或葡萄糖都能促进甲醛的产生，到第 4 d 时甲醛含量分别为 0.496 mg/L 和 0.076 mg/L，赖氨酸的促进效果优于葡萄糖。与添加赖氨酸或葡萄糖相比，添加葡萄糖-赖氨酸能显著促进氧化三甲胺分解产生甲醛（$P<0.05$），贮藏结束时甲醛含量为 0.835mg/L，比添加赖氨酸和葡萄糖分别增加了 0.339 mg/L 和 0.759 mg/L。从 TMAO-Fe（Ⅱ）体系可以看出，空白组甲醛含量为 0.907 mg/L，与空白相比，添加赖氨酸或葡萄糖对 TMAO-Fe（Ⅱ）体系中甲醛产生的作用不显著；而添加葡萄糖-赖氨酸能显著促进氧化三甲胺分解产生甲醛（$P<0.05$），到第 4 d 时甲醛含量增加到 3.683 mg/L（表 3-7）。以上结果表明，美拉德反应自身能够产生甲醛，且还可以促进氧化三甲胺分解产生甲醛。

表 3-7　赖氨酸和葡萄糖对两种氧化三甲胺体系及对照组甲醛产生的影响（邹朝阳，2015）

添加物质	浓度/（mol/L）	甲醛/（mg/L）		
		对照组	氧化三甲胺体系	TMAO-Fe（Ⅱ）体系
空白	—	ND	ND	0.907 ± 0.020^b
葡萄糖	0.05	ND	0.076 ± 0.037^c	0.885 ± 0.038^b
赖氨酸	0.05	ND	0.496 ± 0.036^b	0.950 ± 0.032^b
葡萄糖-赖氨酸	0.05+0.05	ND	0.835 ± 0.052^a	3.683 ± 0.311^a

注：ND 表示未检出；不同小写字母表示差异显著。

将葡萄糖、赖氨酸和葡萄糖-赖氨酸分别添加到鱿鱼丝上清液中,添加 0.1% 山梨酸钾,28℃贮藏。由于鱿鱼丝上清液易被腐败微生物污染而变质,不宜长时间贮藏,因此,只选取 0 h 和 48 h 进行氧化三甲胺、甲醛和二甲胺的含量测定。贮藏 48 h 后 4 组样品中氧化三甲胺的含量明显减少,其中添加葡萄糖-赖氨酸的鱿鱼丝上清液中氧化三甲胺的降解量最大,从初始的 123.024 mg/L 降到了 119.769 mg/L,在贮藏过程中降解了 2.65%。其后依次为赖氨酸组、葡萄糖组和对照组,分别降解了 1.14%、0.78%和 0.61%。从甲醛和二甲胺的变化可以看出,两者在贮藏过程中含量都增加。葡萄糖-赖氨酸的促进效果最为显著($P<$ 0.05),分别由初始的 0.958 mg/L、1.195 mg/L 增加到 1.382 mg/L 和 1.758 mg/L,分别增加了 0.424 mg/L 和 0.563 mg/L。对照组的甲醛和二甲胺含量增加最少,仅增加了 0.095 mg/L 和 0.131 mg/L,较葡萄糖-赖氨酸组分别少了 0.329 mg/L 和 0.432 mg/L。结果表明,美拉德反应可以促进鱿鱼丝上清液中氧化三甲胺的降解及甲醛和二甲胺的生成(图 3-24)。

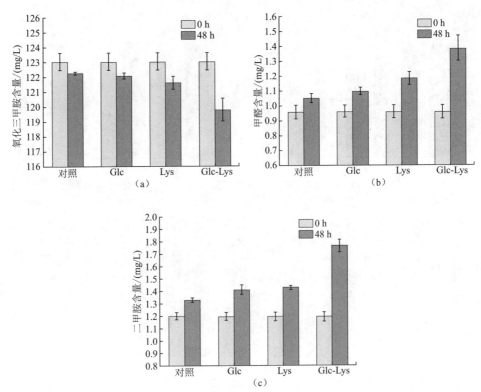

图 3-24　葡萄糖和赖氨酸对秘鲁鱿鱼丝上清液中氧化三甲胺(a)、甲醛(b)和二甲胺(c)含量的影响(邹朝阳,2015)

3. 抗褐变剂对鱿鱼丝品质的影响

1）鱿鱼丝色差的变化

将试验材料分 3 组，第 1 组为空白样品；第 2 组为 A 样品（二次调味时添加 10 mmol/kg 柠檬酸）；第 3 组为 B 样品（二次调味时添加 50 mmol/kg 柠檬酸）。3 组鱿鱼丝 L^* 值都随贮藏时间的延长呈现逐渐降低的趋势，而 a^* 值和 b^* 值则持续增加（$P<0.05$），但变化速率有所不同，其中 B 样品的 L^* 值、a^* 值和 b^* 值变化速率最为缓慢，表明 B 样品美拉德反应速率最慢。B 样品贮藏 60 d 过程中 L^* 值、a^* 值和 b^* 值分别由初始的 71.89、-2.95 和 21.17 变为 68.47、-1.83 和 25.21，L^* 值下降了 3.42，而 a^* 值和 b^* 值分别增加了 1.12 和 4.04。空白样品和 A 样品在贮藏过程中 L^* 值、a^* 值和 b^* 值没有显著差异，贮藏 60 d 后，L^* 值分别降为 66.51 和 66.66，a^* 值和 b^* 值分别上升到 -1.13、-1.12 和 27.43、27.54（图 3-25）。这表明添加 10 mmol/kg 抗褐变剂（柠檬酸）对鱿鱼丝中美拉德反应无明显抑制作用，而添加 50 mmol/kg 柠檬酸可以有效抑制美拉德反应，保持鱿鱼丝的感官色泽。

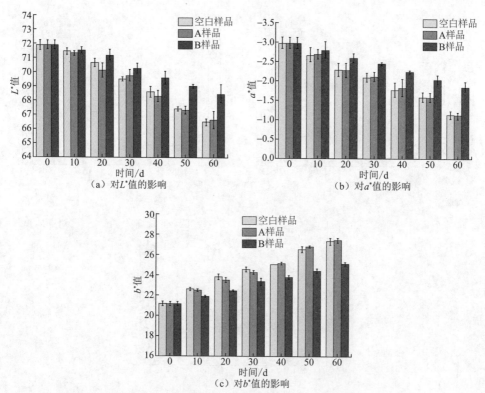

图 3-25　抗褐变剂对鱿鱼丝色差值变化的影响（邹朝阳，2015）

2）抗褐变剂对鱿鱼丝褐变的影响

随着贮藏时间的延长，鱿鱼丝的褐变程度呈现持续增大的趋势。空白样品和A样品贮藏过程中褐变程度差异不显著，吸光度初始值为 0.009，贮藏到 60 d 时分别增长到 0.041 和 0.042，分别增加了 0.032 和 0.033。B 样品的褐变明显被抑制，贮藏到 60 d 时吸光度仅为 0.027，较初始值仅增加了 0.018。与空白样品和添加 10 mmol/kg 柠檬酸的样品相比，添加 50 mmol/kg 柠檬酸可以有效抑制鱿鱼丝的褐变反应（图 3-26）。

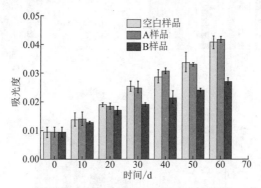

图 3-26　抗褐变剂对鱿鱼丝褐变的影响（邹朝阳，2015）

4. 抗褐变剂对鱿鱼丝甲醛等相关物质含量变化的影响

如图 3-27 所示，随贮藏时间的延长，3 组鱿鱼丝中氧化三甲胺含量都呈现逐渐降低的趋势，而甲醛和二甲胺含量则持续增加（$P<0.05$）。与空白样品和A样品相比，B 样品贮藏过程中氧化三甲胺的降解受到明显的抑制作用，含量从初始的 5626 mg/kg 降到 4573 mg/kg，降解了 18.72%。空白样品和 A 样品贮藏到60 d 时，氧化三甲胺含量分别为 4059 mg/kg 和 4160 mg/kg，分别降解了 27.85%和 26.06%。从甲醛含量变化趋势可以看出，空白样品和 A 样品在贮藏过程中甲醛含量较高，增加速率较快，且两组鱿鱼丝的甲醛含量差异不显著。B 样品的甲醛含量相对较低，增长速率比较缓慢，由初始的 15.445 mg/kg 增加到 41.827 mg/kg，60 d 贮藏过程中仅增加了 26.382 mg/kg。从二甲胺含量变化趋势可以看出，二甲胺含量的变化与甲醛的变化相似。与空白样品和 A 样品相比，B 样品中二甲胺含量较低，且增长趋势较为缓慢，由初始的 16.223 mg/kg 增加到 52.090 mg/kg，较初始值增加了 221.09%。结果表明，添加 50 mmol/kg 柠檬酸可以有效地抑制鱿鱼丝中氧化三甲胺的降解及甲醛和二甲胺的生成，这可能是因为美拉德反应是促进鱿鱼丝中甲醛产生的重要途径，而 50 mmol/kg 柠檬酸可以有效地抑制鱿鱼丝中美拉德褐变，进而抑制了甲醛的产生。而 10 mmol/kg 柠檬酸对鱿鱼丝中美拉德褐变抑制效果不显著，从而无法抑制鱿鱼丝中甲醛的产生，因此甲醛含

量与空白样品无显著差异。

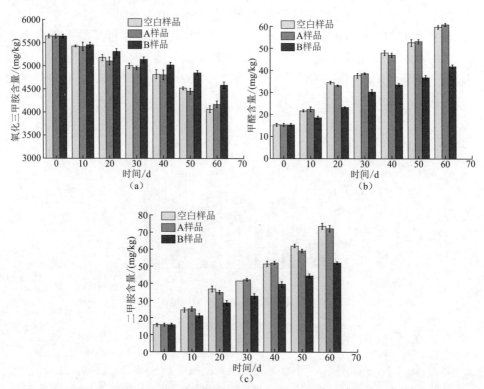

图 3-27　抗褐变剂对鱿鱼丝中氧化三甲胺（a）、甲醛（b）和二甲胺（c）含量变化的影响
（邹朝阳，2015）

3.3.2　脂肪氧化对鱿鱼丝中甲醛产生的影响

1. pH 对脂肪酶（LOX）活性的影响

　　脂肪酶催化脂肪水解，产生游离的脂肪酸，继续氧化分解，导致醛、酮类等一些挥发性氧化产物的产生。脂肪酶的活性决定脂肪的氧化程度。酶活性可通过 OD 值表现出来，OD 值越大，表明酶活性越高。当 pH 在 5.0～7.5 时，脂肪酶活性呈现逐渐增大的趋势，并且在 pH 7.5 时达到最大值；当 pH 在 7.5～10.0 范围内时，酶活性随着 pH 的升高而不断降低（图 3-28）。因此，选用 pH 为 7.5 的硼酸缓冲液作为酶反应体系。

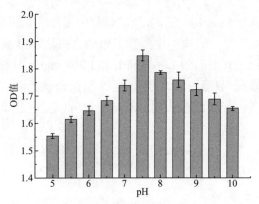

图 3-28　pH 对脂肪酶活性的影响（邹朝阳，2015）

2. 亚油酸-脂肪酶（LA-LOX）模拟体系对氧化三甲胺溶液和鱿鱼丝上清液氧化三甲胺降解的影响

　　从表 3-8 对照组可以看出，LA-LOX 脂肪氧化模拟体系反应过程中没有产生甲醛。从氧化三甲胺体系可以看出，常温贮藏过程中氧化三甲胺自身比较稳定，不易降解，LA-LOX 不能促进氧化三甲胺分解产生甲醛。从 TMAO-Fe（Ⅱ）体系可以看出，30℃水浴 6 h 后，空白的甲醛含量为 0.214 mg/L；与空白相比，添加 LOX或 LA 对 TMAO-Fe（Ⅱ）体系中甲醛产生的作用不显著；而添加 LA-LOX 能显著促进氧化三甲胺分解产生甲醛（$P<0.05$），到反应结束时甲醛含量为 0.781 mg/L，为空白的 3.65 倍。因此脂肪氧化确实能促进 TMAO-Fe（Ⅱ）体系反应产生甲醛。

表 3-8　LOX 和 LA 对两种氧化三甲胺体系及对照组中甲醛产生的影响（邹朝阳，2015）

添加物质	甲醛/(mg/L)		
	对照组	氧化三甲胺体系	TMAO-Fe（Ⅱ）体系
空白	ND	ND	0.214±0.013 [b]
LA	ND	ND	0.210±0.014 [b]
LOX	ND	ND	0.218±0.008 [b]
LA-LOX	ND	ND	0.781±0.032 [a]

注：ND 表示未检出，不同字母表示差异显著。

　　图 3-29 为添加了 LOX 和 LA 的秘鲁鱿鱼丝上清液 30℃保温 0 h 和 6 h 时氧化三甲胺、甲醛和二甲胺含量图。与 0 h 相比，30℃保温 6 h 后 4 组样品中氧化三甲胺的含量都降低。其中 LA-LOX 组鱿鱼丝上清液中氧化三甲胺降解量最多，由初始 131.032 mg/L 降到了 128.685 mg/L，降解了 1.79%。对照组、LA 组和 LOX 组鱿鱼丝上清液 30℃保温 6 h 后氧化三甲胺含量无显著差异，分别为 130.685 mg/L、

129.713 mg/L 和 130.185 mg/L。在 6 h 反应过程中甲醛和二甲胺含量都有所增加。其中 LA-LOX 组鱿鱼丝上清液中甲醛和二甲胺含量增加最显著，分别由初始的 0.838 mg/L 和 0.945 mg/L 增加到 1.061 mg/L 和 1.207 mg/L，分别增加了 0.223 mg/L 和 0.262 mg/L。与对照组相比，LA 组和 LOX 组鱿鱼丝上清液保温过程中甲醛和二甲胺含量没有显著差异。结果表明，脂肪氧化可以促进鱿鱼丝上清液中氧化三甲胺降解产生甲醛。

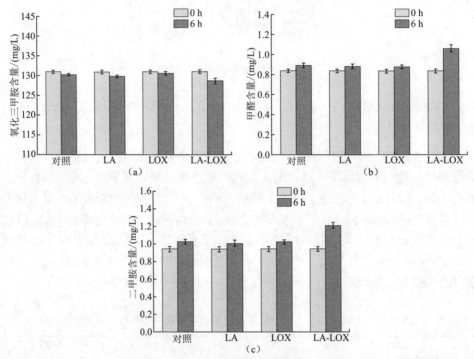

图 3-29　LOX 与 LA 对秘鲁鱿鱼丝上清液中氧化三甲胺（a）、甲醛（b）和二甲胺（c）含量变化的影响（邹朝阳，2015）

3. 抗氧化剂对鱿鱼丝酸价和过氧化值的影响

随着贮藏时间的延长，鱿鱼丝中酸价和过氧化值都呈现持续增加的趋势，且增加趋势相一致，表明鱿鱼丝贮藏过程中油脂逐渐被氧化。对照组鱿鱼丝的初始酸价和过氧化值分别为 2.76 mg/g 和 0.025 g/100g，贮藏过程中鱿鱼丝的酸价和过氧化值逐渐增大，到第 60 d 时分别为 3.12 mg/g 和 0.037 g/100g，分别增长了 0.36 mg/g 和 0.012 g/100g。与对照组相比，添加了复合抗氧化剂的鱿鱼丝贮藏过程中酸价和过氧化值都显著降低（$P < 0.05$），且增长较为缓慢，贮藏到第 60 d 时酸价和过氧化值分别为 2.88 mg/g 和 0.030 g/100g，分别增长了 0.12 mg/g 和 0.005 g/100g，仅为对照组贮藏 60 d 过程中酸价和过氧化值增加量的 33.33% 和

41.67%（图 3-30）。这表明复合抗氧化剂可以有效地抑制鱿鱼丝的酸败和过氧化物的生成，起到有效抑制油脂氧化的作用。

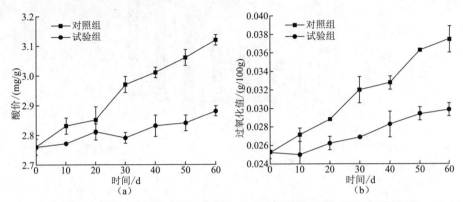

图 3-30　抗氧化剂对鱿鱼丝贮藏过程中酸价（a）和过氧化值（b）的影响（邹朝阳，2015）

4. 抗氧化剂对鱿鱼丝甲醛等相关物质含量变化的影响

随贮藏时间的延长，氧化三甲胺呈现逐渐降低的趋势，而甲醛和二甲胺含量持续增加（图 3-31）。对照组鱿鱼丝中氧化三甲胺、甲醛和二甲胺初始含量分别为 6027 mg/kg、13.678 mg/kg 和 15.172 mg/kg，贮藏到第 60 d 时含量分别为 4163 mg/kg、53.162 mg/kg 和 66.928 mg/kg。对照组鱿鱼丝贮藏过程中氧化三甲胺降解了 30.93%，而甲醛和二甲胺含量分别增加了 39.484 mg/kg 和 51.756 mg/kg。试验组鱿鱼丝在贮藏过程中氧化三甲胺、甲醛和二甲胺含量与对照组相比没有显著差异，贮藏到第 60 d 时含量分别为 4216 mg/kg、53.085 mg/kg 和 64.867 mg/kg。这表明抗氧化剂对鱿鱼丝贮藏过程中甲醛的生成无明显作用，可能是因为鱿鱼丝中油脂含量比较低，且避光常温贮藏，油脂的非酶促氧化比较缓慢，因此脂肪氧化对鱿鱼丝贮藏过程中氧化三甲胺的降解及甲醛和二甲胺的生成作用不显著。

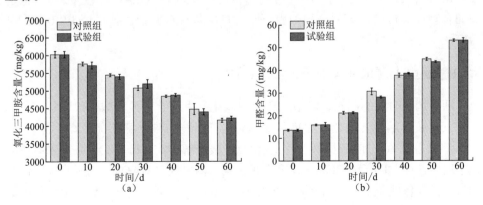

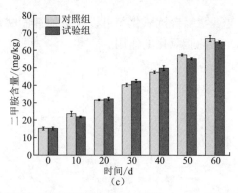

图 3-31　抗氧化剂对鱿鱼丝贮藏过程中氧化三甲胺（a）、甲醛（b）和二甲胺（c）
含量的影响（邹朝阳，2015）

3.4　鱿鱼及其制品氧化三甲胺热分解形成甲醛的

自由基机理

为了有效降低水产品中甲醛含量，对水产品内源性甲醛的控制和机理研究十分必要。有研究发现干香菇在蒸煮过程中产生的甲醛和半胱氨酸结合形成四氢噻唑-4-羧酸，这不仅减少了甲醛，且此物质能够与人体内的亚硝酸盐结合，预防和控制癌症的产生（Kurashima et al.，2002；刁恩杰，2005）。Lin 和 Hurng（1985）还发现 Fe^{2+} 对氧化三甲胺热分解的促进作用与 Fenton 反应十分相似，并推测鱼体内氧化三甲胺的非酶分解途径可能是通过自由基来实现的。氧化三甲胺化学性质稳定，加热时不会分解。Ferris 等（1967）证实氧化三甲胺在 Fe^{2+} 催化下通过 $(CH_3)_3N \cdot$ 自由基反应生成甲醛、二甲胺和三甲胺，电子自旋共振能监测自由基中的单电子自旋翻转所产生的共振现象，成为直接检测自由基的一种可靠的方法。由于自由基极不稳定，因此可利用自旋捕集剂与自由基反应生成相对稳定的加合物，通过测定该加合物来表征原有自由基，自旋捕集技术使 ESR 用途更为广泛。

3.4.1　鱿鱼上清液中氧化三甲胺热分解

随着加热时间的延长，鱿鱼上清液中氧化三甲胺含量显著减少，甲醛、二甲胺和三甲胺含量显著增加，加热温度对氧化三甲胺的热分解具有显著影响（$P<$0.05），秘鲁鱿鱼在加热过程中存在氧化三甲胺分解生成甲醛、二甲胺和三甲胺的化学反应途径。Fu 等（2006）研究发现，秘鲁鱿鱼中 TMAOase 的耐热温度仅为50℃，而秘鲁鱿鱼中甲醛含量在 130℃加热 60 min 后仍有上升趋势，说明秘鲁鱿

鱼体内存在甲醛生成的非酶途径，加热条件是影响秘鲁鱿鱼氧化三甲胺分解的重要因素，加热时间越长，温度越高，氧化三甲胺分解程度越大，生成甲醛、二甲胺和三甲胺的含量越多。电子自旋共振技术可研究鱿鱼上清液中甲醛生成相关自由基的作用。同时，大量研究结果表明，Fe^{2+}能够促进鱼体内氧化三甲胺分解。因此，TMAO-Fe（Ⅱ）体外体系和鱿鱼上清液可以为研究对象，研究不同 Fe^{2+} 浓度、不同加热时间、不同加热温度条件下氧化三甲胺热分解的自由基机理。

3.4.2　Fe^{2+}浓度对氧化三甲胺热分解产生自由基的影响

以 TMAO-Fe（Ⅱ）体系作为研究对象，研究不同浓度 Fe^{2+} 对氧化三甲胺热分解产生自由基的影响。不添加 Fe^{2+} 的 TMAO-Fe（Ⅱ）体系中无自由基产生，添加 Fe^{2+} 的 TMAO-Fe（Ⅱ）体系中有自由基产生，在 3460～3560 G 磁场下产生六重峰自由基信号，说明 Fe^{2+} 促进 TMAO-Fe（Ⅱ）体系中自由基信号的产生。添加 1 mmol/L Fe^{2+} 的 TMAO-Fe（Ⅱ）体系中自由基信号略强于添加 0.2 mmol/L Fe^{2+} 的 TMAO-Fe（Ⅱ）体系中自由基信号（图 3-32）。这表明 Fe^{2+} 促进氧化三甲胺热分解且氧化三甲胺热分解过程中产生自由基，氧化三甲胺热分解与自由基有关。Ferris 等（1967）研究表明，Fe^{2+}是促进氧化三甲胺热分解的重要因素，该过程中伴随自由基的生成。上述研究结果与 Ferris 的研究结果是一致的。

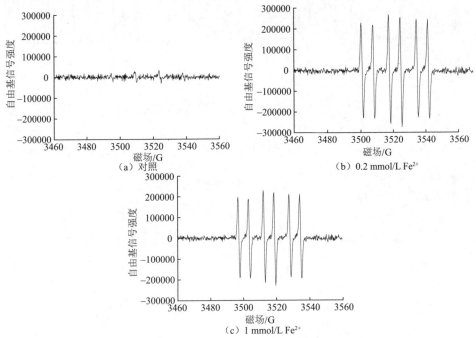

图 3-32　Fe^{2+}浓度对氧化三甲胺热分解产生自由基的影响（张笑，2015）

$1G = 10^{-4}\ T$

3.4.3　不同加热温度对氧化三甲胺热分解产生自由基的影响

　　以 TMAO-Fe（Ⅱ）体系作为研究对象，Fe^{2+}为 0.2 mmol/L，处理温度 100℃产生的自由基信号要比处理温度 80℃产生的自由基信号强度大，说明温度越高产生的自由基信号越强（图 3-33）。体系中自由基信号强度的变化与氧化三甲胺含量随温度的升高而降低、甲醛含量随温度升高而升高趋势是一致的，说明氧化三甲胺热分解在甲醛生成过程中形成自由基，该过程与温度有关。

　　以鱿鱼上清液为研究对象，随着处理温度的增加，自由基信号逐渐增强，说明产生的$(CH_3)_3N\cdot$增多。当温度为 80℃时，自由基信号比较弱；100℃时，自由基信号强度增强。这与鱿鱼上清液中氧化三甲胺含量随温度升高而降低、甲醛含量随温度升高而增加趋势相同（图 3-34）。Lin 和 Hurng（1985）对干鱿鱼进行加热发现，温度越高，氧化三甲胺分解成三甲胺、二甲胺和甲醛比例越高；温度超过 200℃，大约 90%的氧化三甲胺都进行了热分解。这说明氧化三甲胺分解产生甲醛和$(CH_3)_3N\cdot$自由基的产生与温度有关。鱿鱼上清液在 80℃时自由基信号较 TMAO-Fe（Ⅱ）体系的自由基信号弱，这可能与鱿鱼上清液中 Fe^{2+}含量低有关。

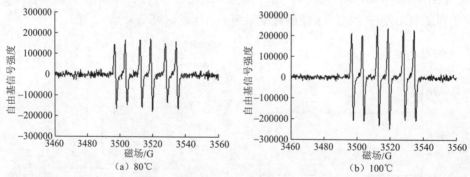

图 3-33　温度对 TMAO-Fe（Ⅱ）体系中氧化三甲胺热分解产生自由基的影响（张笑，2015）

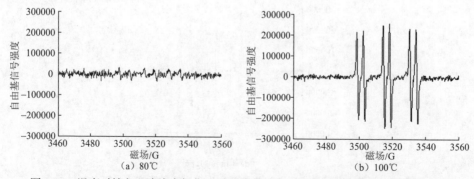

图 3-34　温度对鱿鱼上清液中氧化三甲胺热分解产生自由基的影响（张笑，2015）

3.4.4　不同加热时间对氧化三甲胺热分解产生自由基的影响

在 TMAO-Fe（Ⅱ）体系中，Fe^{2+} 为 0.2 mmol/L，处理时间 75 min 产生自由基信号相对处理时间 15 min 产生自由基信号强度大，说明热处理时间越长，产生的自由基信号越强（图 3-35）。这与 TMAO-Fe（Ⅱ）体系中氧化三甲胺含量随着时间的延长而降低、甲醛含量随时间的延长而升高是一致的，进一步说明甲醛的形成与自由基有关，该自由基的生成与加热时间有关。

在鱿鱼上清液中，随着加热时间的增加，自由基的信号逐渐增强（图 3-36），产生的 $(CH_3)_3N\cdot$ 增多，这与鱿鱼上清液中氧化三甲胺含量随着时间的增加而降低的现象一致，进一步说明 $(CH_3)_3N\cdot$ 的生成与时间有关。

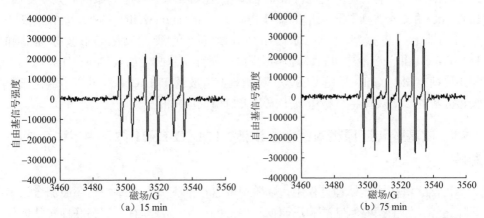

图 3-35　不同加热时间对 TMAO-Fe（Ⅱ）体系中氧化三甲胺热分解产生自由基的影响（张笑，2015）

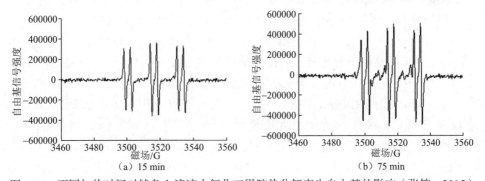

图 3-36　不同加热时间对鱿鱼上清液中氧化三甲胺热分解产生自由基的影响（张笑，2015）

3.5　氨基酸和还原糖对鱿鱼高温条件下内源性甲醛形成的影响

鱿鱼丝在加工过程中要经过蒸煮、焙烤等高温过程，在甲醛含量升高的同时，氨基酸、还原糖等营养物质也存在一定损失。Vaisey（1956）报道了体外存在 Cys 和 Fe^{2+} 或 Cys 和血红蛋白能催化氧化三甲胺分解产生三甲胺、少量二甲胺和甲醛。Spinelli 和 Koury（1981）研究发现在热风干燥或冻干的鳕鱼中，二甲胺生成速率非常快，但此过程与酶催化途径无关，同时在体外化学体系中几种还原性物质（如 Fe^{2+}、Sn^{2+} 和 SO_2）能使氧化三甲胺分解为二甲胺。李丰（2010）研究发现，乳糖可以与氧化三甲胺发生美拉德反应生成甲醛、二甲胺、三甲胺和半乳糖（Gal），添加牛磺酸（Tau）可以促进该反应的进行，鱿鱼丝贮藏过程中甲醛含量的增加与美拉德反应有关。Tsai 和 Kong（1991）对模拟体系及鱿鱼干制品中 Tau 和 Pro 的褐变情况进行了研究，结果发现温度对褐变反应的影响比水分活度更显著，温度低于 25℃时模拟体系中褐变反应进行得非常缓慢。在对北大西洋枪乌贼的研究中发现，Tau、Met 和 Lys 是美拉德反应的前体物质（Haard and Arcilla，1985）。在前期研究的基础上，将氨基酸和还原糖添加到鱿鱼上清液、氧化三甲胺标准品和 TMAO-Fe（Ⅱ）溶液中进行体外模拟反应，研究氨基酸（Lys、Arg、His、Cys）和还原糖［Glc、Gal、果糖（Lev）］对鱿鱼上清液及 TMAO-Fe（Ⅱ）中氧化三甲胺热分解的影响规律，分析甲醛生成与美拉德反应的相关性。

3.5.1　氨基酸和还原糖对鱿鱼上清液、TMAO-Fe(II)体系中甲醛生成的影响

秘鲁鱿鱼在加热处理过程中，随着甲醛含量的上升，氨基酸与还原糖含量呈下降趋势，为了探究氨基酸和还原糖与甲醛的产生是否具有一定关联性，从体外添加氨基酸和还原糖到鱿鱼上清液中，分析甲醛产生的主要促进因子和抑制因子，并在 TMAO-Fe（Ⅱ）体系中进一步验证，并探究添加因子本身能否产生甲醛。

100℃反应 60 min 以后，氨基酸和还原糖对鱿鱼上清液、TMAO-Fe（Ⅱ）体系和氧化三甲胺标准品溶液中高温甲醛生成的影响存在显著性差异。在鱿鱼上清液中，还原糖的促进作用普遍大于氨基酸，低浓度氨基酸中只有少部分表现出促进作用，其中 Ser 促进作用最强，甲醛含量达到 20.96 mg/L，但大多数氨基酸表现出抑制作用，其中 Cys 和 His 抑制作用最明显，甲醛含量分别为 3.75 mg/L 和 6.30 mg/L。高浓度氨基酸大部分表现出促进作用，其中 Ile 和 Met 促进作用最显著，甲醛含量分别达到 21.20 mg/L 和 18.51 mg/L，而 Arg、Lys、Cys 和 His 则表现出明显的抑制作用，甲醛含量仅为 1.34 mg/L、0.99 mg/L、0.024 mg/L 和 0.32 mg/L（表 3-9）。

还原糖对甲醛的产生普遍具有促进作用，且浓度越大，促进作用越强。例如，在鱿鱼上清液中添加高浓度的核糖（Rib）和乳糖（Lac）之后，甲醛含量分别达到 23.12 mg/L 和 27.86 mg/L。将氨基酸或还原糖进一步添加到 TMAO-Fe（Ⅱ）模拟体系中，100℃反应 60 min 后发现，大部分氨基酸或还原糖对模拟体系中甲醛生成的影响规律类似于鱿鱼上清液，而添加到氧化三甲胺标准溶液中，只有微

表 3-9　氨基酸和还原糖对鱿鱼上清液、TMAO-Fe（Ⅱ）模拟体系中甲醛生成的影响（蒋圆圆，2014）

添加物		鱿鱼上清液的甲醛含量/（mg/L）			TMAO-Fe（Ⅱ）的甲醛含量/（mg/L）		
		2 mmol/L	20 mmol/L	100 mmol/L	2 mmol/L	20 mmol/L	100 mmol/L
空白	水	10.19 ± 0.20^e	10.19 ± 0.20^{fg}	10.19 ± 0.20^i	25.10 ± 0.41^{kl}	25.10 ± 0.41^{ij}	25.10 ± 0.41^j
氨基酸	赖氨酸（Lys）	10.24 ± 0.15^e	8.32 ± 0.28^i	0.99 ± 0.10^{lm}	31.95 ± 1.09^{cd}	7.02 ± 0.09^m	1.37 ± 0.06^m
	精氨酸（Arg）	8.63 ± 0.27^i	7.61 ± 0.60^i	1.34 ± 0.08^l	30.68 ± 0.34^{de}	9.42 ± 0.24^m	0.36 ± 0.02^m
	半胱氨酸（Cys）	3.75 ± 0.14^k	0.20 ± 0.09^l	0.024 ± 0.015^n	32.77 ± 0.75^c	51.08 ± 3.11^b	1.01 ± 0.06^m
	牛磺酸（Tau）	9.91 ± 0.10^{ef}	10.33 ± 0.35^{fg}	12.66 ± 0.39^g	24.98 ± 0.13^{kl}	25.05 ± 0.24^{ij}	27.79 ± 0.21^j
	甘氨酸（Gly）	12.61 ± 0.46^c	13.94 ± 0.45^{bc}	13.20 ± 0.18^g	27.19 ± 1.02^{ij}	22.38 ± 0.21^k	23.23 ± 2.52^{jk}
	谷氨酸（Glu）	8.48 ± 0.45^i	20.27 ± 1.10^a	—	30.37 ± 1.26^{ef}	35.91 ± 2.06^e	—
	脯氨酸（Pro）	10.41 ± 0.09^e	11.49 ± 0.10^e	11.24 ± 0.79^h	28.02 ± 0.19^{hi}	29.28 ± 0.22^{gh}	25.19 ± 0.11^j
	甲硫氨酸（Met）	12.68 ± 0.18^c	7.62 ± 0.12^i	18.51 ± 0.13^d	24.70 ± 0.09^l	19.02 ± 0.12^l	37.83 ± 1.69^g
	天冬氨酸（Asp）	8.78 ± 0.42^{hi}	3.21 ± 0.24^j	—	29.87 ± 1.21^{ef}	84.07 ± 4.01^a	—
	苏氨酸（Thr）	12.75 ± 0.05^c	14.42 ± 0.09^b	11.05 ± 0.31^h	26.22 ± 0.34^{jk}	22.32 ± 0.24^k	42.99 ± 2.54^f
	亮氨酸（Leu）	10.45 ± 0.11^e	10.89 ± 0.16^{ef}	2.40 ± 0.30^k	30.29 ± 1.15^{ef}	31.85 ± 0.57^f	28.49 ± 1.44^i
	丝氨酸（Ser）	20.96 ± 0.99^a	10.83 ± 0.35^{ef}	11.17 ± 0.13^h	28.76 ± 0.53^{gh}	30.88 ± 1.21^{fg}	50.53 ± 2.66^e
	组氨酸（His）	6.30 ± 0.17^j	1.56 ± 0.08^k	0.32 ± 0.03^{mn}	11.08 ± 0.07^n	1.92 ± 0.04^o	1.32 ± 0.02^m
	异亮氨酸（Ile）	9.96 ± 0.15^{ef}	11.53 ± 0.47^e	21.20 ± 0.27^c	26.76 ± 0.65^{ij}	22.64 ± 0.23^{jk}	21.50 ± 0.48^{kl}
	缬氨酸（Val）	8.67 ± 0.075^i	10.71 ± 0.20^{ef}	18.32 ± 0.17^{de}	26.59 ± 0.95^{ij}	23.29 ± 1.16^{jk}	24.12 ± 0.13^{jk}
	丙氨酸（Ala）	9.49 ± 0.20^{fg}	9.88 ± 0.93^h	7.83 ± 0.43^j	27.31 ± 0.21^{ij}	24.13 ± 0.67^{ik}	19.46 ± 0.64^l
	苯丙氨酸（Phe）	9.31 ± 0.57^{gh}	9.98 ± 0.30^{gh}	10.62 ± 0.54^{hi}	24.04 ± 0.68^l	17.80 ± 0.32^l	28.33 ± 0.24^i
	色氨酸（Trp）	8.47 ± 0.36^i	3.83 ± 0.69^i	—	17.02 ± 0.92^m	3.69 ± 0.11^o	—
还原糖	果糖（Lev）	12.63 ± 0.18^c	20.37 ± 0.24^c	21.27 ± 0.11^c	53.78 ± 0.26^a	85.43 ± 1.19^a	87.70 ± 2.37^b
	核糖（Rib）	12.79 ± 0.30^c	20.32 ± 1.27^c	23.12 ± 1.56^b	51.05 ± 1.53^b	85.33 ± 2.65^a	103.01 ± 3.54^a
	乳糖（Lac）	14.23 ± 0.07^b	14.58 ± 0.38^b	27.86 ± 0.43^a	27.00 ± 0.20^{ij}	28.63 ± 0.38^{gh}	34.50 ± 0.39^h
	蔗糖（Sac）	11.96 ± 0.13^d	12.80 ± 0.29^d	17.05 ± 0.15^f	26.56 ± 0.08^{ij}	27.08 ± 0.16^{hi}	28.21 ± 0.20^i
	葡萄糖（Glc）	9.46 ± 0.33^{fg}	13.14 ± 0.06^{fg}	17.59 ± 0.11^{ef}	28.98 ± 1.30^{fg}	39.37 ± 0.57^d	63.15 ± 2.18^d
	半乳糖（Gal）	9.95 ± 0.16^{ef}	13.31 ± 0.28^{ef}	21.72 ± 0.32^c	29.67 ± 0.56^{ef}	44.56 ± 2.28^c	74.95 ± 1.79^c

注：各组因素同一列中数据右上角字母不同表示差异显著（$P<0.05$）；—表示因不溶解而无法配制。

量的甲醛产生，这可能是因为氧化三甲胺化学性质稳定，高温条件下很难分解，而鱿鱼上清液中存在某种因子可以促进氧化三甲胺热分解产生甲醛。

3.5.2 氨基酸对氧化三甲胺高温热分解的影响

由表 3-9 可以看出，Lys、Arg、His、Cys 四种氨基酸对鱿鱼上清液和 TMAO-Fe（Ⅱ）模拟体系中甲醛的产生都具有明显的抑制作用。因此，选取 Lys、Arg、His、Cys 作为甲醛抑制因子，制备不同浓度添加到鱿鱼上清液中，探究其对氧化三甲胺热分解产生甲醛、二甲胺和三甲胺的影响，并将其与甲醛标准溶液反应，探究其与甲醛的作用机理。

1. Lys、Arg、His、Cys 对鱿鱼上清液氧化三甲胺高温热分解的影响

100℃高温加热条件下，随着 Lys 浓度的增大，鱿鱼上清液中氧化三甲胺含量呈下降趋势，由初始值 2724.05 mg/L 下降至 2507.05 mg/L。当 Lys 浓度较低时，产物三甲胺含量变化不明显，高于 20 mmol/L 时，三甲胺含量显著增加（$P<0.05$），80 mmol/L 时达到 90.81 mg/L（图 3-37）。二甲胺含量随 Lys 浓度增大先呈下降趋势，当 Lys 浓度为 5 mmol/L 时，二甲胺含量突然增大，随后又逐渐下降，80 mmol/L 时降至 53.07 mg/L。相比未加 Lys 的鱿鱼上清液，添加 1 mmol/L 的 Lys 后，甲醛含量下降极显著（$P<0.01$），随着添加浓度的增加，甲醛含量呈先增加后下降的趋势，当 Lys 浓度为 40 mmol/L 时，甲醛含量仅有 0.81 mg/L，与未加 Lys 的鱿鱼上清液相比减少了 94.46%，高浓度的 Lys 能显著降低甲醛含量（图 3-38）。可见，Lys 对氧化三甲胺热分解反应具有略微的促进作用，却能显著降低甲醛和二甲胺含量，当 Lys 浓度较大时，能促进氧化三甲胺热分解产生三甲胺。

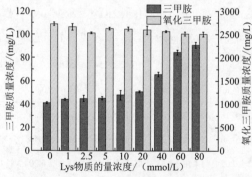

图 3-37 高温条件下 Lys 对鱿鱼上清液三甲胺和氧化三甲胺含量的影响（蒋圆圆，2014）

随着 Arg 浓度的增加，鱿鱼上清液中氧化三甲胺含量变化趋势平缓，相比未加 Arg 的鱿鱼上清液，80 mmol/L 时仅减少了 4.54%。低浓度的 Arg 对产物三甲胺的生成量影响不大，高于 40 mmol/L 时三甲胺含量显著增加（$P<0.05$），80 mmol/L

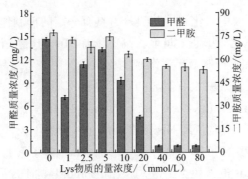

图 3-38　高温条件下 Lys 对鱿鱼上清液甲醛和二甲胺含量的影响（蒋圆圆，2014）

时达到 78.01 mg/L（图 3-39）。当 Arg 浓度较低时，产物二甲胺含量变化趋势不明显，高于 10 mmol/L 时，二甲胺含量显著下降（$P<0.05$）。相比未加 Arg 的鱿鱼上清液，添加 1 mmol/L 的 Arg 后，甲醛含量下降极显著（$P<0.01$），随着添加浓度的增加，甲醛含量呈先增加后下降的趋势，到 40 mmol/L 时甲醛含量降至 1.02 mg/L，与未加 Arg 的鱿鱼上清液相比减少了 93.02%（图 3-40）。可见，Arg 对氧化三甲胺热分解并没有明显的作用效果，但高浓度时能显著降低甲醛和二甲胺含量。

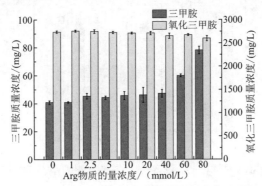

图 3-39　高温条件下 Arg 对鱿鱼上清液三甲胺和氧化三甲胺含量的影响（蒋圆圆，2014）

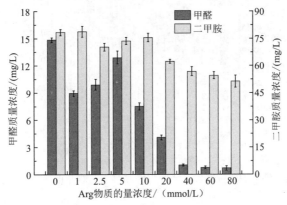

图 3-40　高温条件下 Arg 对鱿鱼上清液甲醛和二甲胺含量的影响（蒋圆圆，2014）

　　His 对鱿鱼上清液中氧化三甲胺热分解具有一定的抑制作用，在 His 浓度为 1～5 mmol/L 时，氧化三甲胺含量显著高于未加 His 的鱿鱼上清液（$P < 0.05$），随着 His 浓度的增加，抑制效果逐渐减弱，氧化三甲胺含量呈下降趋势。产物三甲胺含量随 His 浓度增加并没有明显的变化趋势，其中当 His 浓度为 2.5 mmol/L 时，三甲胺含量出现最大值 49.56 mg/L，与未加 His 的鱿鱼上清液相比增加了 18.00%（图 3-41）。甲醛含量随 His 浓度增加显著减少（$P < 0.05$），80 mmol/L 时甲醛含量减少到最小值 0.39 mg/L，与未加 His 的鱿鱼上清液相比减少率为 97.33%。相比未加 His 的鱿鱼上清液，添加 1 mmol/L 的 His 后，二甲胺含量先显著降低（$P < 0.05$），但随着 His 添加浓度的增加，二甲胺含量逐渐增大，到 5 mmol/L 时达到最大值 84.65 mg/L，随后二甲胺含量又逐渐降低，高于 20 mmol/L 时趋于平缓（图 3-42）。可见，His 对氧化三甲胺热分解生成二甲胺和三甲胺没有明显的作用效果，但能显著降低甲醛含量。

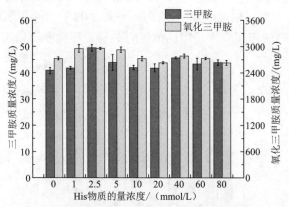

图 3-41　高温条件下 His 对鱿鱼上清液三甲胺和氧化三甲胺含量的影响（蒋圆圆，2014）

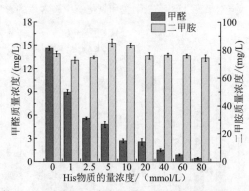

图 3-42　高温条件下 His 对鱿鱼上清液甲醛和二甲胺含量的影响（蒋圆圆，2014）

　　Cys 浓度在 0～10 mmol/L 范围内，随着 Cys 浓度的增加，氧化三甲胺含量呈下降趋势，10 mmol/L 时由初始值 2724.82 mg/L 下降至 2310.12 mg/L；相应地，产物二甲胺和三甲胺生成量显著增加（$P<0.05$），10 mmol/L 时其含量分别达到 159.41 mg/L 和 111.26 mg/L，与未加 Cys 的鱿鱼上清液相比，分别增加了 82.21 mg/L 和 70.29 mg/L；甲醛含量随 Cys 浓度的增加呈先降低后升高的趋势，到 10 mmol/L 时达到最大值 50.14 mg/L，为未加 Cys 的鱿鱼上清液的 3.43 倍。当 Cys 浓度由 10 mmol/L 增加到 20 mmol/L 时，氧化三甲胺含量显著增加（$P<0.05$），由 2310.12 mg/L 增加到 2706.34 mg/L，增加量为 396.22 mg/L；产物甲醛、二甲胺和三甲胺生成量极显著降低（$P<0.01$），分别减少了 46.25 mg/L、25.98 mg/L 和 60.58 mg/L。当 Cys 浓度高于 20 mmol/L 时，随着 Cys 浓度的增加，氧化三甲胺和二甲胺含量均呈下降趋势，三甲胺含量先增加后降低，甲醛含量最终低于检出限（图 3-43 和图 3-44）。可见，低浓度的 Cys 能促进氧化三甲胺热分解生成甲醛、二甲胺和三甲胺，10 mmol/L 时促进作用最强，而高浓度的 Cys 可能与甲醛发生了结合作用，能将生成的甲醛完全结合。

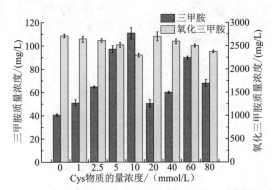

图 3-43　高温条件下 Cys 对鱿鱼上清液三甲胺和氧化三甲胺含量的影响（蒋圆圆，2014）

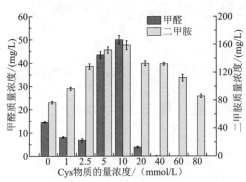

图 3-44　高温条件下 Cys 对鱿鱼上清液甲醛和二甲胺含量的影响（蒋圆圆，2014）

2. Lys、Arg、His、Cys 高温条件下与甲醛的结合作用

将不同浓度的 Lys、Arg、His、Cys 分别与甲醛标准溶液于 100℃反应 60 min，

考察高温条件下氨基酸与甲醛的结合作用。四种氨基酸均具有一定程度的甲醛结合能力，且浓度越大，甲醛减少量越显著（图 3-45）。当 Lys、Arg、His 浓度为 1 mmol/L 时，甲醛含量均显著降低（$P<0.05$），减少率分别为 5.02%、7.89%、16.17%；当 Lys、Arg、His 浓度为 80 mmol/L 时，甲醛减少率分别达到 96.85%、98.73%、98.01%。当 Cys 浓度为 1 mmol/L 和 5 mmol/L 时，甲醛减少率分别达到 85.87% 和 99.01%，可见，Cys 对甲醛的结合能力强于另外三种氨基酸。

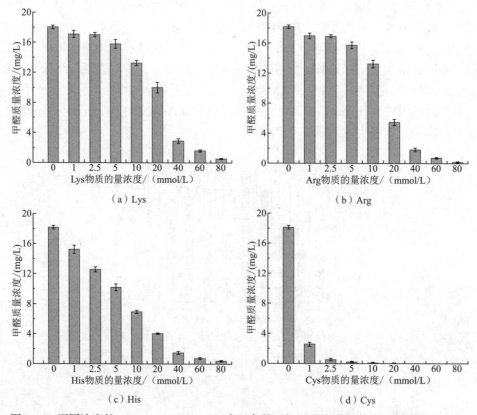

图 3-45　不同浓度的 Lys、Arg、His、Cys 高温条件下与甲醛的结合作用（蒋圆圆，2014）

3.5.3　不同反应条件对还原糖与 TMAO-Fe（Ⅱ）模拟体系反应产生甲醛的影响

由表 3-9 可以看出，还原糖对鱿鱼上清液和 TMAO-Fe（Ⅱ）模拟体系中甲醛的产生具有明显的促进作用。推测其原因可能有两个方面：一方面，还原糖的存在可以防止 Fe^{2+} 被氧化从而起到促进氧化三甲胺分解的作用；另一方面，还原糖可以直接与氧化三甲胺发生美拉德反应产生甲醛。因此，选取 Glc、Gal、Lev 作为甲醛促进因子，分别从反应温度、加热时间、量比、pH 四个方面探究其对

TMAO-Fe（Ⅱ）模拟体系中氧化三甲胺热分解产生甲醛、二甲胺和三甲胺的影响。

1. 温度对还原糖与 TMAO-Fe（Ⅱ）体系反应的影响

温度对各还原糖与 TMAO-Fe（Ⅱ）体系的反应有较大影响，随着加热温度的升高，氧化三甲胺降解程度逐渐增大，相对于 Gal-TMAO-Fe（Ⅱ）和 Lev-TMAO-Fe（Ⅱ）反应体系，Glc-TMAO-Fe（Ⅱ）体系中氧化三甲胺降解量较少。各反应体系中甲醛和三甲胺生成量均随温度的升高显著增加（$P < 0.05$），其中以 Lev-TMAO-Fe（Ⅱ）体系中变化趋势最明显。然而各反应体系中二甲胺生成量变化趋势略有不同，Lev-TMAO-Fe（Ⅱ）体系中二甲胺含量随温度升高先上升后变平缓，Gal-TMAO-Fe（Ⅱ）体系中二甲胺含量变化并不明显，而 Glc-TMAO-Fe（Ⅱ）体系中二甲胺生成量呈下降趋势（图 3-46），这可能是因为随着反应温度的升高，体系中其他反应产物浓度越来越大，影响了二甲胺在反应体系中的溶解度。

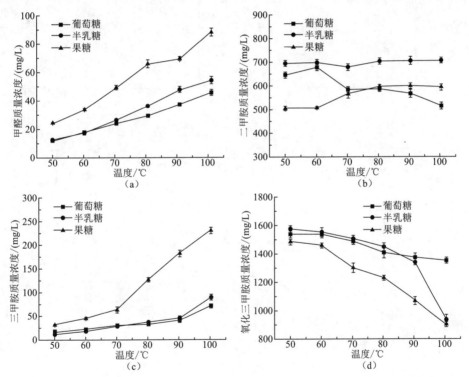

图 3-46　温度对还原糖-TMAO-Fe（Ⅱ）体系中甲醛（a）、二甲胺（b）、三甲胺（c）和氧化三甲胺（d）含量变化的影响（蒋圆圆，2014）

2. 加热时间对还原糖与 TMAO-Fe（Ⅱ）体系反应的影响

随着加热时间的延长，各体系中氧化三甲胺的降解程度呈增大趋势，其中

Lev-TMAO-Fe（Ⅱ）体系中氧化三甲胺含量减少极为显著（$P<0.01$），100℃反应 20 min 后氧化三甲胺含量为 1057.91 mg/L，反应 120 min 后仅剩 223.72 mg/L，减少率达到 78.85%，相应地其分解产物甲醛、二甲胺、三甲胺的生成量最多。这可能是因为三者中 Lev 还原性最强，更容易与氧化三甲胺发生美拉德反应。随着加热时间的延长，Gal-TMAO-Fe（Ⅱ）和 Glc-TMAO-Fe（Ⅱ）两个反应体系中甲醛和三甲胺含量变化趋势相同，都逐渐上升，但二甲胺生成量变化趋势不同，Glc-TMAO-Fe（Ⅱ）体系中二甲胺含量逐渐上升，而 Gal-TMAO-Fe（Ⅱ）体系中二甲胺含量呈先上升后下降趋势（图 3-47）。

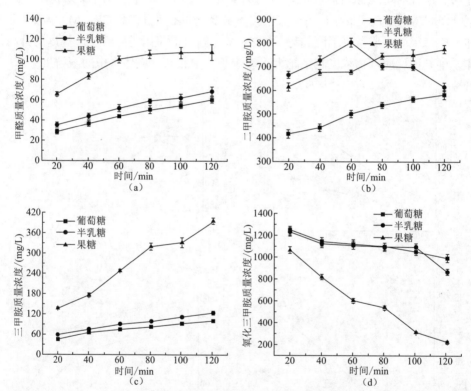

图 3-47　时间对还原糖-TMAO-Fe（Ⅱ）体系中甲醛（a）、二甲胺（b）、三甲胺（c）和氧化三甲胺（d）含量变化的影响（蒋圆圆，2014）

3. 量比对还原糖与 TMAO-Fe（Ⅱ）体系反应的影响

随着还原糖浓度的增大，各体系中氧化三甲胺降解量显著增加（$P<0.05$），产物甲醛、二甲胺、三甲胺生成量均逐渐增加（图 3-48）。但不同还原糖-TMAO-Fe（Ⅱ）体系中氧化三甲胺降解程度不同，相对于 Gal-TMAO-Fe（Ⅱ）和 Glc-TMAO-Fe（Ⅱ）两个反应体系，Lev-TMAO-Fe（Ⅱ）体系中氧化三甲胺降解量最多，当 Lev 与氧

化三甲胺的物质的量比值为 5 时，氧化三甲胺含量仅为 539.55 mg/L，相应地，产物甲醛、二甲胺、三甲胺生成量最多，这主要是因为高浓度的 Lev 还原力极强，可以阻止 Fe^{2+} 被氧化从而不断促进氧化三甲胺分解。

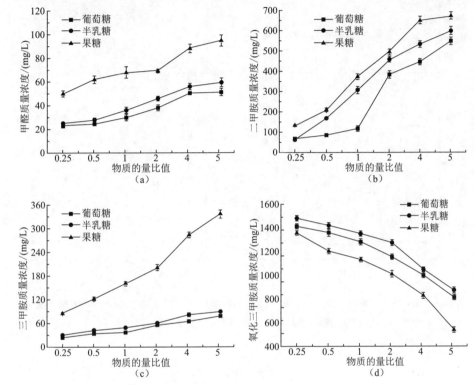

图 3-48　量比对还原糖-TMAO-Fe（Ⅱ）体系中甲醛（a）、二甲胺（b）、三甲胺（c）和氧化三甲胺（d）含量变化的影响（蒋圆圆，2014）

4. pH 对还原糖与 TMAO-Fe（Ⅱ）体系反应的影响

各反应体系中氧化三甲胺降解程度随 pH 增加呈增大趋势，产物三甲胺生成量逐渐增多，其中 Lev-TMAO-Fe（Ⅱ）体系中氧化三甲胺降解量最大，生成三甲胺量最多（图 3-49）。随着 pH 增加，各反应体系中二甲胺含量均呈下降趋势，Glc-TMAO-Fe（Ⅱ）体系中二甲胺含量下降最多。不同 pH 对各反应体系中甲醛含量影响较小，100℃反应 60 min 后甲醛含量均略微下降。这可能与各生成物在溶液中的溶解度及饱和度有关，也可能是因为产生的甲醛和二甲胺又与其他产物发生了反应。

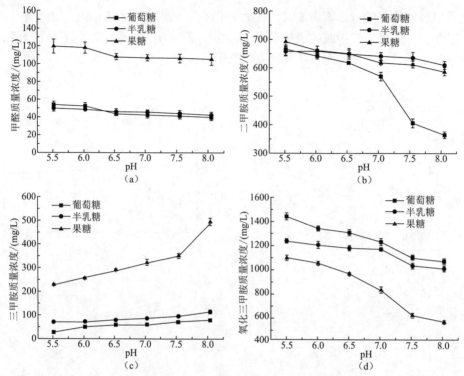

图 3-49　pH 对还原糖-TMAO-Fe（Ⅱ）体系中甲醛（a）、二甲胺（b）、三甲胺（c）和
氧化三甲胺（d）含量变化的影响（蒋圆圆，2014）

3.6　本　章　小　结

秘鲁鱿鱼肝脏、肾脏、心脏等内脏和肌肉的 TMAOase 酶活性不高，酶活性低于 2.5 U/g 组织，其中肝脏酶活最高，而肌肉酶活性很低，不同鱿鱼个体的酶活性有很大的差异。TMAOase 具有催化氧化三甲胺生成甲醛的特性，肝脏和肌肉中该酶最佳作用温度分别为 40℃和 50℃，表现不耐热性，最佳作用 pH 分别为 4.5 和 7.0。Na_2SO_3 和柠檬酸能明显促进酶活，而茶多酚和 Na_2S 对酶活有较强的抑制作用。肝脏纯化酶的性质与粗酶性质基本相似，TMAOase 催化生成等比例甲醛和二甲胺，纯化酶分子质量为 27.0 kDa，最佳 pH 为 7.0，最佳反应温度为 40℃，表现热不稳定性，K_m 为 20.35 mmol/L。该酶需要 Fe^{2+}、Asc 等辅助因子才能发挥催化活性，金属离子 Mg^{2+}、Ca^{2+} 具有稳定酶活作用，乙酸、Na_2S、茶多酚和 Zn^{2+} 抑制酶活，Na_2SO_3 和柠檬酸促进酶活。鱿鱼肌肉体外重组冷冻过程甲醛变化显示，肝脏-肌肉重组体在冻藏过程中甲醛和二甲胺含量增加显著，肝脏 TMAOase-肌肉重组体在冻藏后甲醛和二甲胺含量增加明显，而肌肉组变化不明显，表明肝

脏具有较高含量的 TMAOase，生成高含量的甲醛并能促进鱼肉蛋白质间的交联，使空间结构变得致密。茶多酚、蔗糖和乙酸三种添加物能显著减少酶-肌肉重组体中甲醛和二甲胺含量，其中茶多酚抑制甲醛效果最好，蔗糖还有微弱抑制三甲胺的作用，添加物均能延缓氧化三甲胺分解和减缓蛋白可溶性的下降趋势，但是对蛋白分布无影响。

秘鲁鱿鱼丝在贮藏过程中共分离出 110 株细菌和 5 株霉菌，其中能分解氧化三甲胺产生甲醛的菌共有 16 株，全部为异常球菌属。将异常球菌反接至鱿鱼丝及其提取液中发现甲醛含量都明显升高（$P < 0.05$），表明异常球菌确能促进秘鲁鱿鱼丝中甲醛的产生。

葡萄糖-赖氨酸能促进氧化三甲胺溶液和鱿鱼丝上清液中氧化三甲胺降解生成二甲胺和甲醛。50 mmol/kg 柠檬酸可以有效地抑制鱿鱼丝美拉德褐变并显著抑制甲醛的生成（$P < 0.05$）。LA-LOX 体系可以促进氧化三甲胺溶液和鱿鱼丝上清液中氧化三甲胺降解生成二甲胺和甲醛。

Fe^{2+} 对鱿鱼上清液 $(CH_3)_3N\cdot$ 自由基的产生有促进作用；在 TMAO-Fe（Ⅱ）体系和鱿鱼上清液中氧化三甲胺高温热分解过程中产生了 $(CH_3)_3N\cdot$ 自由基。自由基的产生与加热温度和加热时间有关，温度越高，加热时间越长，$(CH_3)_3N\cdot$ 自由基信号强度增加。这与 TMAO-Fe(II) 体系和鱿鱼上清液中甲醛的产生与加热温度和加热时间有关相一致，初步证明鱿鱼上清液中甲醛产生的非酶途径中存在自由基反应。

通过在高温过程中添加氨基酸和还原糖到鱿鱼上清液、TMAO-Fe（Ⅱ）模拟体系和氧化三甲胺标准品溶液中，发现在鱿鱼上清液中，不同浓度的同一添加物作用效果不同，其中高浓度的 Arg、Lys、His 和 Cys 对甲醛的产生表现出明显的抑制作用，还原糖对甲醛的产生普遍具有促进作用；大部分氨基酸或还原糖对 TMAO-Fe（Ⅱ）模拟体系中甲醛生成的影响类似于鱿鱼上清液，但是对氧化三甲胺标准品溶液中甲醛的产生影响甚微。进一步研究了不同浓度甲醛抑制因子（Arg、Lys、His 和 Cys）对鱿鱼上清液中氧化三甲胺热分解的影响，发现 Lys、Arg 和 His 对鱿鱼上清液中氧化三甲胺热分解并没有明显的作用效果，却能显著抑制甲醛的生成；低浓度的 Cys 能促进氧化三甲胺热分解生成甲醛、二甲胺、三甲胺，10 mmol/L 时促进作用最强，而高浓度的 Cys 对甲醛的生成具有非常强的抑制作用。四种氨基酸（Arg、Lys、His、Cys）均能与甲醛发生结合反应，其中 Cys 与甲醛的结合能力要强于另外三种氨基酸。可见，Arg、Lys、His、Cys 降低鱿鱼高温甲醛含量主要是通过与甲醛发生结合反应来实现的。通过考察不同量比、温度、时间、pH 对 Glc、Gal、Lev 与 TMAO-Fe（Ⅱ）模拟体系反应的影响，发现三种还原糖均可以与 TMAO-Fe（Ⅱ）体系反应生成甲醛、二甲胺和三甲胺，同样条件下 Lev 与 TMAO-Fe（Ⅱ）体系反应程度更高一些。推测其原因可能是 Glc、Gal、Lev 作为还原剂能促进氧化三甲胺的热分解，也可能是直接与氧化三甲胺发生了美拉德反应产生甲醛。

参 考 文 献

陈华. 1998. 影响食品中美拉德反应的因素[J]. 四川食品与发酵, 3: 21-23.

陈梅, 吕春华, 朱晓雨, 等. 2013. 甘油体系研究奶糖内源性甲醛的生成机理[J]. 食品科学, 34(5): 81-85.

刁恩杰. 2005. 香菇中甲醛影响因素及在加工中控制措施研究[D]. 重庆: 西南农业大学.

顾卫瑞, 郭姗姗, 熊善柏, 等. 2010. 不同减菌方式对冰温贮藏草鱼片品质的影响[J]. 华中农业大学学报, (2): 236-240.

贾佳, 朱军莉, 励建荣. 2009. 气相色谱-氢火焰离子检测器检测海产品中的二甲胺[J]. 食品科学, 30(6): 167-170.

贾佳. 2009. 秘鲁鱿鱼中氧化三甲胺热分解生成甲醛和二甲胺机理的初步研究[D]. 杭州: 浙江工商大学.

蒋圆圆. 2014. 秘鲁鱿鱼内源性甲醛非酶途径产生规律及控制研究[D]. 锦州: 渤海大学.

李丰. 2010. 水产品中氧化三甲胺、三甲胺、二甲胺检测方法及鱿鱼丝中甲醛控制研究[D]. 保定: 河北农业大学.

李薇霞, 朱军莉, 励建荣, 等. 2011. 奶糖中内源性甲醛关键形成物质的初步研究[J]. 食品工业科技, 32(6): 179-181, 328.

励建荣, 朱军莉. 2006. 秘鲁鱿鱼丝加工过程甲醛产生控制的研究[J]. 中国食品学报, 6(1): 200-203.

唐森, 李军生, 胡金鑫, 等. 2015. 抗坏血酸和半胱氨酸对大菱鲆肌肉中氧化三甲胺热分解的影响及其动力学研究[J]. 中国饲料, (9): 35-40.

薛长湖, 冯慧, 付雪艳, 等. 2008. 印度洋鸢乌贼氧化三甲胺脱甲基酶的分离纯化及生化特性的研究[J]. 食品与发酵工业, 34(9): 27-32.

杨红菊, 乔发东, 马长伟, 等. 2004. 脂肪氧化和美拉德反应与肉品风味质量的关系[J]. 肉类研究, 1: 10, 25-28.

张笑. 2015. 蓝莓叶多酚对鱿鱼内源性甲醛形成的调控作用[D]. 锦州: 渤海大学.

朱军莉, 苗林林, 李学鹏, 等. 2012. TG-DSC 分析氯化钙抑制鱿鱼氧化三甲胺的热分解作用[J]. 中国食品学报, 12(12): 148-154.

朱军莉. 2009. 秘鲁鱿鱼内源性甲醛生成机理及其控制技术研究[D]. 杭州: 浙江工商大学.

Amano K, Yamada K. 1965. Studies on biological formation of formaldehyde and dimethylamine in fish and shell fish-Ⅶ[J]. Nippon Suisan Gakkaishi, 31(12): 1030-1037.

Arab-Tehrany E, Jacquot M, Gaiani C, et al. 2012. Beneficial effects and oxidative stability of ω-3 long-chain polyunsaturated fatty acids[J]. Trends in Food Science and Technology, 25(1): 24-33.

Benjakul S, Visessanguan W, Tanaka M. 2003. Patical purication and characterization of trimthylamine N-oxide demethylase from lizardfish kidney[J]. Comparative Biochemistry and Physiology Part B: Comparative Biochemistry, 135: 359-371.

Benjakul S, Visessanguanb W, Tanakae M. 2004. Induced formation of dimethylamine and formaldehyde by lizardfish (*Saurida micropectoralis*) kidney trimethylamine-N-oxide demethylase[J]. Food Chemistry, 84: 297-305.

Careche M, Tejada M. 1990. The effect of neutral and oxidized lipids on functionality in hake (*Merluccius merluccius* L.): a dimethylamine- and formaldehyde-forming species during frozen storage[J]. Food Chemistry, 36(2): 113-128.

Ferris J P, Gerwe R D, Gapski G R. 1967. Detoxication mechanisms iron-catalyzed dealkylation of trimethylamine oxide[J]. Journal of the American Chemical Society, 89(20): 5270-5275.

Fu X Y, Xue C H, Miao B C, et al. 2006. Purification and characterization of trimethylamine-*N*-oxide demethylase from jumbo squid (*Dosidicus gigas*)[J]. Journal of Agricultural and Food Chemistry, 54: 968-972.

Fu X Y, Xue C H, Miao B C, et al. 2007. Effect of processing steps on the physico-chemical properties of dried-seasoned squid[J]. Food Chemistry, 103(2): 287-294.

Gill T A, Paulson A T. 1982. Localization, characterization and partial purification of TMAO-ase[J]. Comparative Biochemistry and Physiology Part B: Comparative Biochemistry, 71(1): 49-56.

Haard N F, Arcilla R. 1985. Precursors of maillard browning in atlantic short finned squid[J]. Canadian Institute of Food Science and Technology Journal, 18(4): 326-331.

Kimura M, Seki N, Kimura I. 2000. Purificatiojn and characterization of TMAOase from walleye pollack muscle[J]. Fisheries Science, 66: 967-973.

Kurashima Y, Tsuda M, Sugimura T. 2002. Marked formation of thiazolidine-4-carboxylic acid an effective nitrite trapping agent *in vivo* on boiling of dried shiitake mushroom (*Lentinus edodes*)[J]. Journal of Agricultural and Food Chemistry, 38(10): 1945-1949.

Lin J K, Hurng D C. 1985. Thermal conversion of trimethylamine-*N*-oxide to trimethylamine and dimethylamine in squids[J]. Food and Chemical Toxicology, 23(6): 579-583.

Mackie L M, Thomson B W. 1974. Decomposition of trimethylamine oxide during iced and frozen storage of whole and comminuted tissue of fish[J]. Food Science and Technology, 1: 243-250.

Nielsen M K, Jorgensen B M. 2004. Quantitative relationship between trimethylamine oxide aldolase activity and formaldehyde accumulation in white muscle from gadifrom fish during frozen storage[J]. Journal of Agricultural and Food Chemistry, 52(12): 3814-3822.

Parkin K L, Hultin H O. 1982. Fish muscle microsome catalyze the conversion of trimethylamine oxide to dimethylamine and formaldehyde[J]. FEBS Letters, 139(1): 61-64.

Rehbein H, Schreber W. 1984. TMAO-ase activity in tissues of fish species from the Northeast Altantic[J]. Comparative Biochemistry and Physiology Part B: Comparative Biochemistry, 79(3): 447-452.

Spinelli J, Koury B J. 1981. Some new observations on the pathways of formation of dimethylamine in fish muscle and liver[J]. Journal of Agricultural and Food Chemistry, 29(2): 327-331.

Tokunaga T. 1964. Studies on the development of dimethylamine an FA in Alaska pollack muscle during frozen storge[J]. Bulletin of the Hokkkaido Regional Fisheries Research Laboratory, 29: 108-122.

Tsai C H, Kong M S, Pan B S. 1991. Browning behavior of taurine and proline in model and dried squid systems[J]. Journal of Food Biochemistry, 15(1): 67-77.

Vaisey E B. 1956. The non-enzymatic reduction of trimethylamine oxide to trimethylamine, dimethylamine, and formaldehyde[J]. Canadian Journal of Physiology and Pharmacology, 34(6): 1085-1090.

第 4 章　鱿鱼及其制品中内源性甲醛的控制技术

近年来，鱿鱼及其制品检测出大量甲醛（吴富忠和黄丽君，2006；朱军莉等，2010），引起人们的广泛关注。目前研究认为其主要为水产品内源性甲醛（朱军莉等，2010）。内源性甲醛是指水产品及其制品存放和加工过程中自身存在的以及产生的甲醛，并非人为添加或者来自原辅料、容器及环境污染的甲醛。水产品中内源性甲醛的产生有两条途径：酶途径和非酶途径，酶途径主要是由于酶和微生物的作用；非酶途径，即热分解途径，是氧化三甲胺在高温作用下裂解为三甲胺、二甲胺和甲醛（马敬军等，2004；俞其林和励建荣，2007；贾佳，2009；朱军莉等，2010；励建荣和朱军莉，2011；Sibirny et al.，2011）。氧化三甲胺存在于大多数海洋动物中，具有调节渗透压的作用，也是水产品鲜美味道的主要来源，但是氧化三甲胺化学性质稳定，在高温下不会分解，推测水产品中存在一些物质可能导致氧化三甲胺热分解。Spinelli 和 Koury（1981）研究发现，Fe^{2+} 和抗坏血酸等可以促进鱼体内氧化三甲胺非酶途径分解。陈帅等（2017）研究发现，还原糖可以促进氧化三甲胺热分解。Zhu 等（2013）和励建荣等（2009）研究表明，秘鲁鱿鱼加热过程中伴随甲醛的生成，产生了自由基，证明秘鲁鱿鱼中甲醛产生的非酶途径中存在自由基反应，内源性甲醛的产生与自由基的形成有关。李颖畅等（2016b）研究也表明，鱿鱼上清液加热过程中产生了自由基，蓝莓叶多酚具有清除自由基作用，通过清除自由基控制甲醛的生成。为了有效降低水产品中甲醛含量，对内源性甲醛的控制和机理研究十分必要。励建荣等（2008）研究也表明，茶多酚对甲醛的捕获效果显著。朱军莉等（2013）研究发现，柠檬酸、柠檬酸钠、氯化钙、茶多酚和白藜芦醇对鱿鱼提取物氧化三甲胺分解有抑制作用。李颖畅等（2015）和蒋圆圆等（2014）研究发现，蓝莓叶总多酚和苹果多酚能抑制鱿鱼丝加工过程氧化三甲胺分解，降低鱿鱼丝中甲醛。仪淑敏等（2015）发现，明胶具有捕获甲醛的作用。王岽等（2015）发现，半胱氨酸盐酸盐对甲醛具有很好的捕获效果。

4.1　多酚类物质对鱿鱼甲醛形成的控制

4.1.1　茶多酚对鱿鱼甲醛形成的控制

茶多酚又称茶单宁、茶鞣质，是茶叶中多酚类物质的总称，包括黄烷醇类（儿茶素）、花色苷类、黄酮类、黄酮醇类、酚酸类及缩酚酸类物质等，其中黄烷醇类中的儿茶素类化合物是茶多酚的主要活性成分，占茶多酚总量的 60%～80%。茶多酚是一种混合物，有涩味，略带茶香，有回味感，并略有吸潮性；具有淡黄至茶褐色的水溶液、白色无定形粉末、粗晶体三种形态；易溶于水、乙醇、乙酸乙酯、丙酮等，微溶于油脂，不溶于氯仿，水溶液 pH 为 3.0～4.0。茶多酚对热和酸比较稳定，碱性条件下容易发生聚合和氧化褐变。近年来的研究表明，茶多酚具有抗氧化、清除自由基、抑制微生物生长、抑制肿瘤细胞生长等多种生理活性（毕彩虹和杨坚茶，2006；Khan and Mukhtar，2007；李学鸣等，2008），其研究范围已涉及食品、医药、日用化学品等许多领域。茶多酚具有安全性高、无毒副作用等优点，而且抗氧化能力也优于维生素 C 和维生素 E 等同类天然抗氧化剂；茶多酚对引起食源性疾病的细菌，如金黄色葡萄球菌、沙门氏菌、大肠杆菌、弧菌等有抑制作用。将其添加到食品中，不失为一种良好的天然抑菌剂。不同的细菌对茶多酚的耐受力不同，取决于细菌的种类、茶多酚的浓度、茶多酚的结构。因为茶多酚具有抑菌活性和抗氧化活性，目前广泛用于水产品保鲜（李颖畅等，2013）。朱军莉和励建荣（2010）证实茶多酚具有抑制氧化三甲胺的热分解、清除甲醛的特性。

1. 不同多酚提取物对鱿鱼上清液甲醛形成的影响

在鱿鱼上清液中分别添加 0.1% 的多酚提取物溶液（甘草提取物、白藜芦醇提取物、蜂胶提取物、葡萄籽提取物和茶多酚），蒸馏水作为空白对照，在 100℃水浴锅中处理 0 min、15 min 和 30 min，观察不同多酚提取物对鱿鱼上清液甲醛和二甲胺的影响。随着处理时间的延长，各组鱿鱼上清液中甲醛和二甲胺含量显著增加（$P < 0.05$），且甲醛和二甲胺增加趋势基本一致；其中对照组的甲醛和二甲胺含量增加最为明显（$P < 0.05$），分别从 2.13 mg/L 和 6.99 mg/L 上升至 15.12 mg/L 和 26.53 mg/L。这是因为在高温处理下鱿鱼上清液中的氧化三甲胺发生热分解，生成了大量的甲醛和二甲胺。相比对照组，添加多酚提取物的处理组中甲醛和二甲胺的增加显著低于对照组（$P < 0.05$），表明多酚提取物在一定程度上可以抑制氧化三甲胺的热分解，从而减少甲醛和二甲胺的生成量。在 5 种多酚提取物中，抑制氧化三甲胺分解的效果排序是白藜芦醇提取物、茶多酚、葡萄籽提取物、蜂胶提取物、甘草提取物（图 4-1 和图 4-2。）

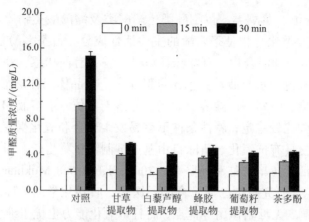

图 4-1　不同加热时间下多酚提取物对鱿鱼上清液甲醛的影响（董靓靓，2012）

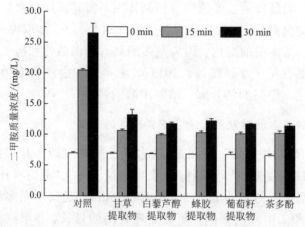

图 4-2　不同加热时间下多酚提取物对鱿鱼上清液二甲胺的影响（董靓靓，2012）

2. 茶多酚对鱿鱼上清液氧化三甲胺高温热分解的影响

在鱿鱼上清液中分别添加不同浓度的茶多酚溶液，在 100℃处理 15 min，考察不同浓度茶多酚对鱿鱼上清液 TMAO 高温热分解的影响。随着茶多酚浓度（质量分数）的增加，鱿鱼上清液中甲醛和二甲胺的含量不断减少（$P<0.05$），从初始的 9.51 mg/L 和 22.31 mg/L 分别降至 2.32 mg/L 和 9.37 mg/L；而氧化三甲胺含量的变化趋势却相反，从初始的 6301.58 mg/L 升至 6455.75 mg/L（图 4-3），其分解量逐渐减少（$P<0.05$）。茶多酚浓度在 0.15%～0.2%，甲醛、二甲胺生成量及氧化三甲胺分解量无显著性差别（$P>0.05$），可推断甲醛、二甲胺生成量及氧化三甲胺分解量趋于平衡。由此可见，茶多酚溶液能抑制鱿鱼上清液氧化三甲胺的热分解，且当茶多酚浓度≥0.15%时抑制效果较佳。

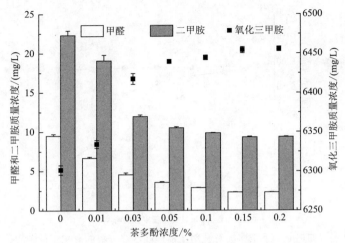

图 4-3　不同浓度茶多酚对鱿鱼上清液高温热分解的影响（董靓靓，2012）

　　在鱿鱼上清液中添加 0.15%茶多酚溶液，以蒸馏水作为空白对照，在 100℃分别处理 0 min、5 min、10 min、15 min、30 min、45 min 和 60 min，考察茶多酚在不同处理时间下对鱿鱼上清液高温热分解的影响。随着处理时间的延长，对照组中甲醛、二甲胺和氧化三甲胺含量发生了明显的变化（$P<0.05$），甲醛和二甲胺含量分别从最初的 2.31 mg/L 和 8.85 mg/L 上升至 54.51 mg/L 和 83.13 mg/L，而氧化三甲胺含量则从 6459.45 mg/L 分解至 5495.46 mg/L。相比对照组，茶多酚组三个指标的变化趋势平缓，其甲醛和二甲胺含量只上升了 1.68 mg/L 和 2.14 mg/L，且氧化三甲胺仅分解了 25.55 mg/L（图 4-4）。由此可知，随着加热处理时间的延长，0.15%茶多酚溶液始终能抑制鱿鱼上清液氧化三甲胺的热分解，控制鱿鱼甲醛的生成。

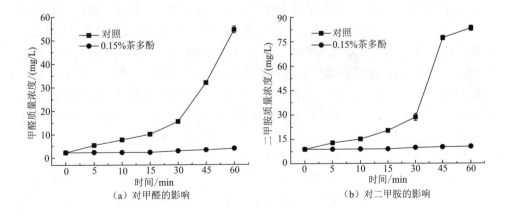

（a）对甲醛的影响　　　　　　　　　　（b）对二甲胺的影响

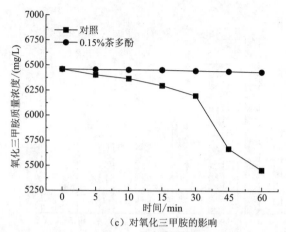

（c）对氧化三甲胺的影响

图4-4　不同加热时间下茶多酚对鱿鱼上清液高温热分解的影响（董靓靓，2012）

　　0.15%茶多酚的添加明显降低了高温处理后鱿鱼上清液的甲醛含量，产生这一效果的原因有两个。第一，茶多酚能通过酚醛反应结合已生成的甲醛来降低最终甲醛含量。第二，氧化三甲胺是一种十分稳定的化合物，只有在促进物质的存在下才会发生大量的热分解，例如，贾佳（2009）发现 Fe^{2+} 的存在是鱿鱼氧化三甲胺高温热分解的重要因素之一，而 George 等（1999）研究发现茶多酚可以清除 Fe^{2+}。因此，可以推断茶多酚通过清除某些氧化三甲胺促进物质来抑制氧化三甲胺的热分解。

　　众多研究证实了氧化三甲胺热分解是大量甲醛和二甲胺产生的原因。而 Lin 和 Hurng（1985）研究发现氧化三甲胺高温分解途径可能是由自由基机理来实现的；且 Ferris 等（1985）通过丁二烯围捕试验证实了 Fe^{2+} 催化氧化三甲胺化学体系可通过 $(CH_3)_3N·$ 自由基反应最终生成甲醛、二甲胺和三甲胺。因此，董靓靓（2012）在前人的基础上，探索了茶多酚对鱿鱼高温氧化三甲胺热分解的抑制作用是否是通过自由基反应实现的。在鱿鱼上清液中分别添加 0.15%茶多酚溶液，以蒸馏水作为空白对照，100℃加热 15 min，利用 ESR 技术分析茶多酚对鱿鱼高温自由基形成的影响。对照组鱿鱼上清液经过高温处理后产生了明显的自由基信号，为典型的六重峰自由基信号。励建荣等（2009）利用 ESR 捕捉到了相同的秘鲁鱿鱼上清液自由基信号，并验证了在热处理中秘鲁鱿鱼甲醛的生成与自由基的存在有密切关系，而添加了茶多酚的鱿鱼上清液高温处理后自由基信号明显减弱，基本为基线杂峰。Guo 等（1999）在茶多酚及其单体抗氧化特性研究中也发现其具有强烈清除自由基的能力。此外，Martin 等（2003）通过 EPR 技术证实茶多酚可以高效清除自由基，如·OH、·CH_3 等。由此可知，茶多酚对鱿鱼上清液高温中氧化三甲胺热分解的抑制可能是通过清除自由基途径实现的。

3. 茶多酚单体化合物对鱿鱼上清液高温氧化三甲胺热分解的影响

茶多酚中以儿茶素（C）为主的黄烷醇类化合物占其总量的 60%～80%（王佩华等，2011）。儿茶素类中含量较高的主要有以下几种：表没食子儿茶素没食子酸酯（EGCG），占 50%～60%；表儿茶素没食子酸酯（ECG），占 15%～20%；表没食子儿茶素（EGC），占 10%～15%；表儿茶素（EC），占 5%～10%（毕彩虹和杨坚茶，2006）。儿茶素类化合物结构如图 4-5 所示。

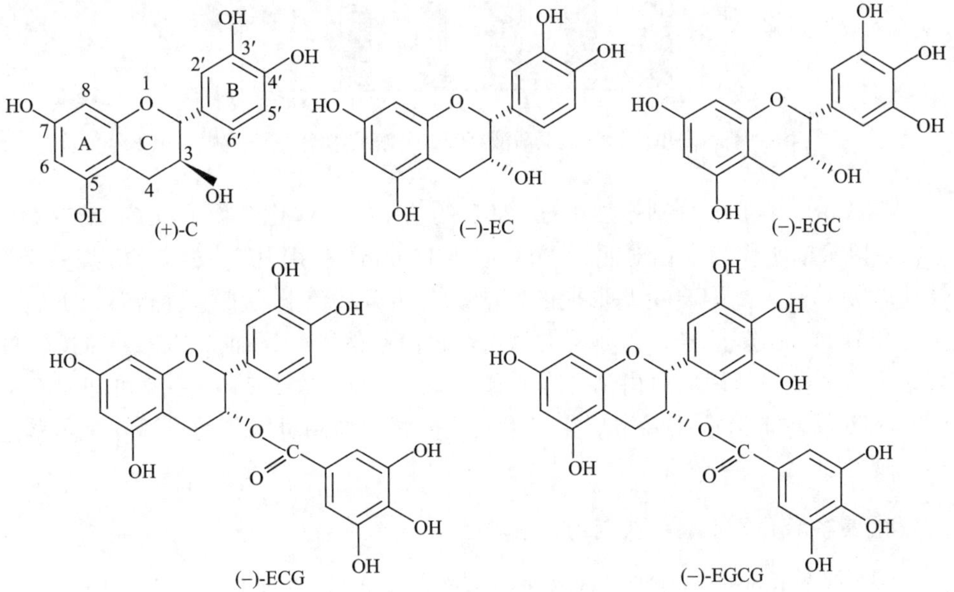

图 4-5　儿茶素类化合物结构图（励建荣等，2008）

为了进一步分析茶多酚对鱿鱼高温甲醛的控制机理，特此选取了 5 种茶多酚中的代表性单体，即 C、EC、EGC、ECG 和 EGCG，研究其对鱿鱼上清液高温甲醛生成的影响。加热温度为 100℃，加热时间为 15 min。对照组鱿鱼上清液加热处理后甲醛和二甲胺分别上升至 9.52 mg/L 和 20.95 mg/L，而其氧化三甲胺分解至 6374.15 mg/L。但添加茶多酚单体化合物的 5 组中甲醛含量未检出，且二甲胺和氧化三甲胺变化小，可知这 5 种茶多酚单体对鱿鱼上清液甲醛控制效果十分显著，5 种单体的作用无显著性差别（$P > 0.05$），且优于茶多酚，可能是因为该试验使用的茶多酚（纯度≥60%）含有其他非儿茶素类物质，而儿茶素类化合物 A 环中存在间苯三酚型结构是使其与甲醛具有较强反应活性的关键所在。因此，茶多酚能控制高温处理鱿鱼上清液甲醛含量主要是其含有的大量儿茶素类单体发挥的作用。同时，二甲胺生成量和氧化三甲胺分解量明显低于对照组（$P < 0.05$）（图 4-6），因此可推断茶多酚单体不仅具有极强的甲醛捕获效果，还能在一定程度上抑制氧化三甲胺的热分解。

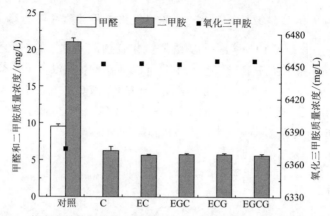

图 4-6　茶多酚单体对鱿鱼上清液高温热分解的影响（董靓靓，2012）

在鱿鱼上清液中分别添加 1 mmol/L 的茶多酚单体化合物（ECG、EGCG）溶液，以蒸馏水作为空白对照，100℃加热 15 min，利用 ESR 技术分析茶多酚单体化合物对鱿鱼高温自由基形成的影响。对照组鱿鱼上清液经过高温处理后产生了明显的自由基信号，为典型的六重峰自由基信号。添加了 ECG、EGCG 的鱿鱼上清液高温处理后自由基信号明显减弱，基本为基线杂峰。由此可知，ECG、EGCG 对鱿鱼上清液高温中氧化三甲胺热分解的抑制可能是通过清除自由基途径实现的。

4. 茶多酚作为甲醛捕获剂的反应特性

国外学者在研究植物单宁代替苯酚生产黏合剂时，发现儿茶素能与甲醛反应，随后重点研究了两者间的反应（Herrick and Bock，1958）。研究发现，儿茶素能与甲醛在 C6 和 C8 位上发生亲核反应，并利用儿茶素作为甲醛捕获剂进行了初步应用（Fechtald et al.，1993；Saito et al.，2001）。茶多酚是以儿茶素类为主的黄烷醇类化合物，为了更好地利用茶多酚作为甲醛捕获剂，励建荣等（2008）对茶多酚与甲醛反应的条件进行了研究，并初步研究了儿茶素类单体化合物与甲醛反应的特性。

在单因素条件下，茶多酚与甲醛的反应在不同的条件下差异显著。pH 3.0～4.0，茶多酚与甲醛反应的活性最低；在碱性条件下，茶多酚与甲醛的反应活性高，甲醛减少量显著（$P < 0.05$）。在不同反应温度下，茶多酚与甲醛的反应活性随着反应温度的升高而增大，反应活性显著增强（$P < 0.05$）。甲醛含量随着反应时间的增加显著减少（$P < 0.05$）；甲醛含量随着茶多酚浓度的增高显著减少。

1）温度、时间和 pH 对茶多酚与甲醛反应的影响

设计 3 因素 3 水平的组合试验，考察 pH（A）、温度（B）和时间（C）3 个因素对茶多酚与甲醛反应的影响（表 4-1）。由方差分析结果（表 4-2）可知，$F_{模型}$=338.73，$P<0.0001$，表明模型显著，不同条件间的差异显著；失拟项不显著（$P=0.0657<0.1$），可能是由于其他因素影响响应值或因素水平太宽；确定系数 R^2=0.9977，调整确定系数 R^2_{Adj}=0.9948，说明在试验范围内能很好地解释响应值的变化，其中 A、B、C、A^2、B^2、BC 项显著。从 F 值可以看出，pH、温度、时间对试验结果的影响趋势为 $A>B>C$，即 pH 对茶多酚与甲醛反应的影响最大，温度次之，时间的影响最小。在 pH 9.0、反应温度 60℃、反应时间 180 min 时，茶多酚捕获甲醛的效果最好，而 pH 9.0、反应温度 60℃、反应时间 20 min 组次之。茶多酚与甲醛的反应若在碱性、较高温度、较短时间条件下进行，其反应程度远远大于弱酸性、低温、长时间条件下的反应程度。茶多酚与甲醛反应的最优条件为：在一定的边界条件下，采用高 pH、高温度及较长的反应时间。

表 4-1　Box-Behnken 试验设计与结果（励建荣等，2008）

试验号	A	B/℃	C/min	甲醛减少率/%
1	5	60	20	5.65
2	7	60	100	27.05
3	7	20	180	14.42
4	5	60	180	14.04
5	7	60	100	29.25
6	9	100	100	86.1
7	7	60	100	27.15
8	7	20	20	10.88
9	7	60	100	27.62
10	9	20	100	53.05
11	9	60	20	59.89
12	7	100	180	59.71
13	7	100	20	35.93
14	5	100	100	29.21
15	9	60	180	75.43
16	5	20	100	1.07
17	7	60	100	28.95

表 4-2　方差分析结果（励建荣等，2008）

方差来源	自由度	平方和	均方和	F 值	P 值	显著性
模型	9	9515.07	1057.23	338.73	<0.0001	**
A	1	6300.03	6300.03	2018.47	<0.0001	**
B	1	2162.52	2162.52	692.85	<0.0001	**
C	1	328.32	328.32	105.19	<0.0001	**
A^2	1	550.61	550.61	176.41	<0.0001	**
B^2	1	35.85	35.85	11.49	0.0116	*
C^2	1	1.99	1.99	0.64	0.4511	
AB	1	6.03	6.03	1.93	0.2072	
AC	1	12.78	12.8	4.09	0.0827	
BC	1	102.41	102.41	32.81	0.0007	*
残差	7	21.85	3.12			
失拟项	4	17.61	5.87	5.55	0.0657	
纯误差	3	4.23	1.06			
总和	16	9536.92				
		$R^2=0.9977$		$R_{\text{Adj}}^2 = 0.9948$		

注：**表示差异极显著（$P<0.01$）；*表示差异显著（$P<0.05$）。

2）儿茶素类单体和简单酚类物质与甲醛的反应

选择 5 种儿茶素类单体与甲醛反应，比较它们的反应特性（表 4-3）。儿茶素、表儿茶素、表没食子儿茶素三者与甲醛反应的活性差异不显著，表明 B 环上的羟基数目基本不影响它们与甲醛反应。相反，表儿茶素没食子酸酯、表没食子儿茶素没食子酸酯与甲醛的反应活性较高，它们与儿茶素、表儿茶素、表没食子儿茶素的不同之处在于 C3 位上的 H 被没食子酰基取代（图 4-5）。酰基的存在可能是表儿茶素没食子酸酯、表没食子儿茶素没食子酸酯与甲醛的反应具有较高活性的原因。

表 4-3　儿茶素类与甲醛的反应（励建荣等，2008）

儿茶素类单体	甲醛减少率/%
儿茶素	12.97 ± 0.81^{b}
表儿茶素	12.12 ± 1.08^{b}
表儿茶素没食子酸酯	22.56 ± 0.67^{a}
表没食子儿茶素	13.52 ± 0.93^{b}
表没食子儿茶素没食子酸酯	21.57 ± 0.51^{a}

注：不同字母表示差异显著。

为进一步了解儿茶素类与甲醛的反应特性，将和儿茶素类部分结构相似的 6 种简单酚类物质（没食子酸、焦性没食子酸、邻苯二酚、对苯二酚、间苯二酚、间苯三酚）与甲醛进行了反应（表 4-4）。结果显示，6 种酚类能显著降低反应液中的甲醛含量；间苯三酚与甲醛的反应活性最高，甲醛减少率达 34.24%；没食子酸次之（8.49%），而间苯二酚最低（1.98%）；焦性没食子酸、邻苯二酚、对苯二酚三者之间的差异不显著。这说明反应活性的差异与环上酚羟基数目及其所在位置有关。

表 4-4 简单酚类物质与甲醛的反应（励建荣等，2008）

化合物	甲醛减少率/%
没食子酸	8.49 ± 1.18^{b}
焦性没食子酸	3.01 ± 0.73^{cd}
邻苯二酚	3.23 ± 1.18^{cd}
对苯二酚	4.37 ± 0.32^{c}
间苯二酚	1.98 ± 0.62^{d}
间苯三酚	34.24 ± 1.09^{a}

注：不同字母表示差异显著。

4.1.2 蓝莓叶多酚对鱿鱼甲醛形成的控制

蓝莓，属于杜鹃花科越橘属植物，是常绿或落叶灌木。我国有着丰富的蓝莓资源，其分布于全国各地，主产于西南、华南和东北，大兴安岭是中国蓝莓产量最多的地方。蓝莓叶片互生，椭圆形至长圆形，长 1～2.8 cm，宽 0.6～1.5 cm，顶端圆形，基部宽楔形或楔形，全绿，可以药食两用。蓝莓叶含有粗蛋白、粗纤维、脂肪酸、甾醇、萜类、矿质元素、氨基酸、有机酸、维生素、糖类和大量多酚类化合物。多酚，又名单宁、鞣质，是一类广泛存在于植物体内的次生代谢物质的混合物，是分子中具有多个羟基的酚类植物成分的总称，表现出强大的抑酶性和抑菌性，多酚包括花色苷类、黄酮类、黄酮醇类、酚酸等（张清安和范学辉，2011）。蓝莓中的多酚类化合物是一种重要的生物活性成分，具有抗氧化、抗肿瘤、抗溃疡、抑菌、改善血液循环、生物防御等生物活性（魏振承和张名位，2001）。以鱿鱼上清液为研究对象，研究蓝莓叶多酚对鱿鱼中甲醛的控制。

1. 蓝莓叶多酚对氧化三甲胺高温热分解的影响

蓝莓叶多酚单体具有抗菌消炎、清除自由基等生物活性，能与甲醛发生反应，降低甲醛含量。本节首先研究了蓝莓叶多酚对鱿鱼上清液中氧化三甲胺热分解的影响。

　　在没有加入蓝莓叶多酚的鱿鱼上清液中甲醛含量是最高的。随着蓝莓叶多酚浓度的增加，上清液中甲醛、二甲胺和三甲胺的含量不断减少，而氧化三甲胺含量的变化却呈相反趋势，随蓝莓叶多酚浓度的增加，氧化三甲胺含量逐渐增加，分解量逐渐减少。蓝莓叶多酚浓度为 50 mg /L 的时候，甲醛的减少量和氧化三甲胺的增加量趋于平衡。蓝莓叶多酚溶液对鱿鱼上清液氧化三甲胺的热分解反应有抑制效果，显著降低鱿鱼上清液中甲醛含量，当蓝莓叶多酚的浓度≥50 mg /L 时抑制效果比较好。Ferris 等（1967）研究发现氧化三甲胺在 Fe^{2+} 的催化下通过 $(CH_3)_3N \cdot$ 自由基生成甲醛、二甲胺和三甲胺。因此，蓝莓叶多酚能够抑制氧化三甲胺的分解和甲醛的生成，原因可能是蓝莓叶多酚中的单宁酸类物质与 Fe^{2+} 生成某种物质抑制了自由基生成，从而导致上清液中氧化三甲胺的分解受到抑制；或者蓝莓叶多酚可能与甲醛发生酚醛反应使甲醛的最终含量减少，达到抑制的效果。加热时间对氧化三甲胺的热分解有显著影响。温度对鱿鱼上清液中氧化三甲胺热分解影响极显著，当温度为 90～130℃，热分解增强，产生大量甲醛、二甲胺和三甲胺；蓝莓叶多酚抑制不同加热温度下氧化三甲胺的分解，甲醛、二甲胺和三甲胺含量显著低于对照组。蓝莓叶多酚在不同 pH 时对氧化三甲胺的分解影响效果显著，当 pH 为 7.0 时，甲醛、二甲胺和三甲胺的生成受到明显的抑制，氧化三甲胺含量保留更多。

　　以 2-苯叔丁基硝酮（PBN）为自由基捕获剂利用 ESR 技术分别对不同浓度蓝莓叶多酚与鱿鱼上清液反应样品中的自由基进行检测。不添加蓝莓叶多酚的鱿鱼上清液经过高温处理后产生了明显的六重峰自由基信号。励建荣等（2009）在鱿鱼上清液中捕捉到相同的自由基信号并验证了鱿鱼中甲醛的产生与自由基存在密切的关系。随着蓝莓叶多酚浓度的增加，处理后鱿鱼上清液的自由基信号逐渐减弱，当浓度达到 0.1 g/L 时自由基信号基本为基线杂峰（图 4-7）。蓝莓叶多酚对鱿鱼上清液高温热分解途径的抑制可能通过对自由基的清除途径来实现。

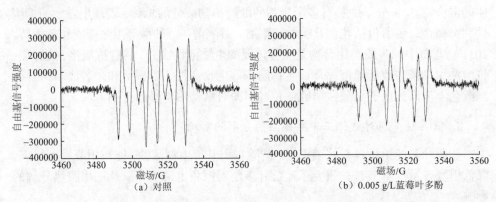

（a）对照　　　　　　　　　　　　　（b）0.005 g/L蓝莓叶多酚

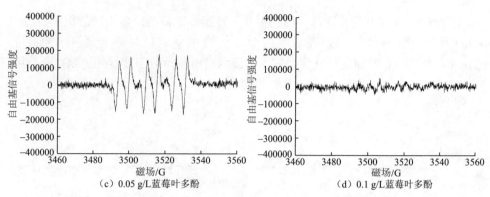

图 4-7　不同浓度蓝莓叶多酚对鱿鱼上清液中自由基的影响（张笑，2015）

随着加热时间的增加，自由基信号逐渐增强，产生的(CH$_3$)$_3$N·增多，而添加蓝莓叶多酚能抑制自由基信号的增强（图 4-8）。这与鱿鱼上清液中氧化三甲胺含量随着时间的增加而降低以及添加蓝莓叶多酚后鱿鱼上清液中氧化三甲胺含量升高的现象一致，进一步说明(CH$_3$)$_3$N·的生成与时间有关，且蓝莓叶多酚可通过控制鱿鱼体内的自由基变化而阻止鱿鱼体内氧化三甲胺分解生成甲醛。

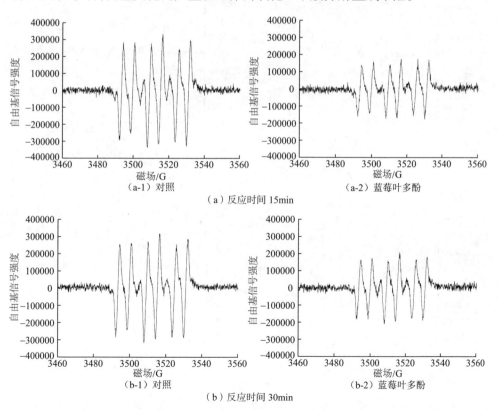

图 4-8　不同反应时间下蓝莓叶多酚对鱿鱼上清液中自由基的影响（张笑，2015）

　　以 PBN 为自由基捕获剂，研究不同处理温度下蓝莓叶多酚对鱿鱼上清液中 $(CH_3)_3N\cdot$ 的影响，随着处理温度的增加，自由基的信号逐渐增强，产生的 $(CH_3)_3N\cdot$ 增多，而添加蓝莓叶多酚后上清液的自由基信号强度受到抑制（图 4-9）。

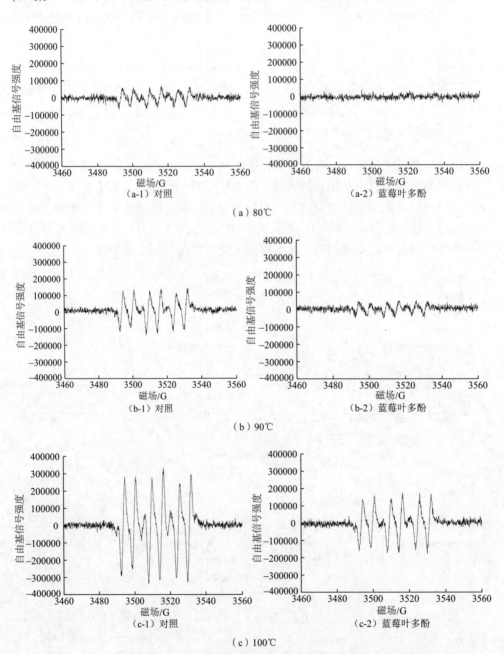

图 4-9　不同反应温度下蓝莓叶多酚对鱿鱼上清液中自由基的影响（张笑，2015）

上清液自由基的变化与鱿鱼上清液中氧化三甲胺含量随着温度的增加而降低的结果相一致，而添加蓝莓叶多酚后鱿鱼上清液中自由基的变化与氧化三甲胺含量升高的现象一致，进一步说明$(CH_3)_3N\cdot$的生成与温度有关，且蓝莓叶多酚对鱿鱼内源性甲醛的控制可能与自由基变化有关。

2. 蓝莓叶多酚对甲醛的捕获作用

甲醛具有强烈的致癌、促癌作用，严重危害人体健康。2012 年欧洲化学品管理局发表声明，2 ppm 甲醛足以对肿瘤、组织性损伤、细胞增殖治疗产生副作用（Bolt and Morfeld，2013）。Tong 等（2015）研究发现，甲醛能够引起阿尔茨海默病患者记忆消失。近年来研究发现，部分食品中含大量甲醛。奶糖、香菇、啤酒、海产品等在生产过程及贮藏过程中都有甲醛的产生（林树钱等，2002；刘金峰等，2010；苗林林等，2010；李薇霞等，2011）。目前，国内外学者致力于内源性甲醛产生的研究，但适用于食品的甲醛捕获剂不多见。白藜芦醇、苹果多酚也被认为是良好的甲醛捕获剂（Tyihak et al.，1998；蒋圆圆等，2014）。

蓝莓叶多酚是蓝莓叶中含有的大量多酚类物质的总称，主要成分为绿原酸及其衍生物山奈酚苷、槲皮素苷及低聚原花青素等（Harris et al.，2007；Yosuke et al.，2010）。蓝莓叶多酚具有抗菌、抗炎症、抗氧化、降血糖、保护酶活性等作用（Moreira et al.，2000；Andrade-Cetto and Wiedenfeld，2001；Li and Steffens，2002；Cardoso et al.，2006），广泛应用于医学领域，在食品领域还未见报道。

对蓝莓叶多酚与甲醛的反应特性进行研究。通过响应面试验设计 3 因素 3 水平的组合试验，考察 pH（X_1）、温度（X_2）和时间（X_3）对蓝莓叶多酚与甲醛反应的影响，见表 4-5，响应面方差分析结果见表 4-6。由方差分析结果可知，$F_{模型}=36.43$，$P<0.0001$，确定系数 $R^2=0.9791$，调整确定系数 $R^2_{Adj}=0.9522$，说明该模型试验误差小，拟合程度良好，不同变量与响应值之间的线性关系显著，其中 X_1、X_2、X_3、X_1X_3、X_2X_3 极显著（$P<0.01$），X_2^2、X_3^2 项显著（$P<0.05$），说明 pH、温度和时间都对该模型有显著影响，而 pH 与时间、温度与时间之间的交互作用影响显著，用这种方法研究蓝莓叶多酚控制甲醛是可靠的。从方差分析结果中还可看出，失拟项不显著（$P=0.1039>0.05$），从而说明该模型稳定，能够很好地预测蓝莓叶多酚对甲醛减少率的影响。各因子拟合得到的二次回归方程为

$$Y = 33.13 + 9.84X_1 + 7.23X_2 + 9.45X_3 - 0.17X_1X_2 + 5.09X_1X_3 + 5.90X_2X_3 + 2.32X_1^2 - 3.40X_2^2 + 4.28X_3^2。$$

表 4-5　响应面法设计与试验结果（张笑，2015）

编号	X_1	X_2/℃	X_3/min	甲醛减少率/%
1	6	80	60	16.71

续表

编号	X_1	X_2/℃	X_3/min	甲醛减少率/%
2	8	80	60	35.93
3	6	100	60	28.51
4	8	100	60	47.05
5	6	90	30	23.64
6	8	90	30	33.95
7	6	90	90	35.33
8	8	90	90	65.99
9	7	80	30	23.22
10	7	100	30	28.88
11	7	80	90	27.35
12	7	100	90	56.60
13	7	90	60	34.88
14	7	90	60	32.32
15	7	90	60	30.81
16	7	90	60	34.82
17	7	90	60	32.82

表 4-6　方差分析结果（张笑，2015）

方差来源	自由度	平方和	均方和	F 值	P 值	显著性
模型	9	2292.99	254.78	36.43	<0.0001	**
X_1	1	774.80	774.80	110.79	<0.0001	**
X_2	1	418.04	418.04	59.78	0.0001	**
X_3	1	714.04	714.04	102.10	<0.0001	**
$X_1 X_2$	1	0.12	0.12	0.017	0.9013	
$X_1 X_3$	1	103.53	103.53	14.80	0.0063	**
$X_2 X_3$	1	139.12	139.12	19.89	0.0029	**
X_1^2	1	22.61	22.61	3.23	0.1152	
X_2^2	1	48.60	48.60	6.95	0.0336	*
X_3^2	1	77.13	77.13	11.03	0.0127	*
残差	7	48.95	6.99			
失拟项	3	36.90	12.30	4.08	0.1039	
纯误差	4	12.05	3.01			
总和	16	2341.94				
		$R^2=0.9791$		$R_{\text{Adj}}^2 = 0.9522$		

注：**表示差异极显著（$P<0.01$）；*表示差异显著（$P<0.05$）。

从 F 值可以看出，对于该模型来说，蓝莓叶多酚控制甲醛反应的影响趋势为 $X_1>X_3>X_2$，即 pH 对反应的影响最大，温度的影响最小。

根据所建立的模型进行参数最优化分析，得到使甲醛减少率最高的蓝莓叶多酚与甲醛反应的条件为 pH 7.86，温度 99.86℃，时间 87.90 min。在此条件下，甲醛的减少率预测值为 68.87%。按照上述条件进行蓝莓叶多酚对甲醛减少率影响的验证试验，实测甲醛减少率为(66.44±0.57)%，基本和预测值保持一致。

通过单因素试验和 Box-Behnken 试验，得到的最佳工艺参数为蓝莓叶多酚浓度为 0.2%，pH 7.90，温度 100℃，时间 88 min。在此条件下，甲醛的减少率最大，达到 66.44%。其中，pH 与时间、温度与时间的交互作用明显。对此模型来说，蓝莓叶多酚与甲醛反应的影响趋势为 pH＞时间＞温度。

4.1.3 其他多酚类物质与甲醛反应特性

苹果是我国产量最多的水果，有很高的营养价值和很好的保健功能。苹果提取物中富含多酚类物质，其含量在一些酿酒苹果品种中高达 7 g/kg（鲜重计），其主要成分为黄烷-3-醇类、黄酮醇类、羟基苯甲酸类、二氢查耳酮类和花色苷类等（庞伟，2007）。苹果多酚具有很强的清除自由基、抗氧化、抑菌、抗衰老、抗肿瘤及抗过敏等功能，因此广泛应用于医学、食品和日用化工等领域。目前，苹果多酚在水产品中的主要应用是保鲜。鱼的腥臭味成分主要来源于三甲胺，研究发现，将三甲胺和苹果多酚混合进行反应，随着苹果多酚浓度的增大，三甲胺的含量不断减少，当苹果多酚添加量为 200 μg/mL 时，三甲胺含量可减少一半。将经过苹果多酚溶液浸渍处理的青鱼肉和红鱼肉在 4℃贮藏 2 d，结果发现对照组鱼肉明显变黄，而经苹果多酚处理的鱼肉在贮藏 10 d 后仍保持良好的新鲜度（赵京矗，2010）。

我国有丰富的葡萄资源，葡萄籽是葡萄酒和葡萄饮料生产中的副产物。葡萄籽提取物（GSE）是从葡萄籽中提取的多酚类物质，主要成分为酚酸类、花色苷类、黄酮类和缩聚单宁等。葡萄籽提取物具有抗氧化、清除自由基、抗菌等生物学功能，在医学上它还具有抗癌、预防高血压、抗动脉硬化、抗病毒、抗炎、降血脂等作用（王燕和王贤勇，2007）。葡萄多酚的主要活性成分为原花青素，原花青素分子中含有大量的酚羟基，使葡萄多酚具有显著的清除自由基和抗氧化功能。葡萄多酚也是一种良好的天然抗菌剂。李建慧等（2008）对葡萄多酚的抑菌效果进行了研究，结果发现葡萄多酚对金黄色葡萄球菌、枯草芽孢杆菌、大肠杆菌等8 种致病菌都有明显的抑制作用。

越橘，果实近圆形或椭圆形，肉质细腻，营养丰富，被誉为"浆果之王"。越橘提取物是以成熟的越橘浆果或其加工余料为原料，提取得到的一种多酚类物质，主要包括花色苷、花青素、黄酮类、酚酸类和单宁等。越橘提取物具有降低胆固醇、抗衰老、抗突变、抑制肿瘤、抗病毒等生理功能，另外因其含有丰富的花色苷色素，对缓解视疲劳具有显著功效（王鑫，2013）。

白藜芦醇学名为芪三酚，化学式 $C_{14}H_{12}O_3$，为无色针状结晶，是一种主要存在于葡萄、虎杖和藜芦等植物中的多酚类化合物。法国人的饮食中含有较高的胆固醇，然而法国人心血管疾病的发病率和死亡率均较低，研究发现这一现象与法国人爱喝葡萄酒有关，葡萄酒中含有丰富的白藜芦醇，具有明显的抗脂质氧化和抗高血脂作用，能显著降低血清胆固醇和甘油三酯含量，并保护血管内皮细胞。此后人们对白藜芦醇进行了更为全面的研究，结果发现白藜芦醇具有显著的抗氧化、抗自由基作用，从而使其具有抗肿瘤、保护心血管系统、雌激素作用、抗菌、抗衰老和保护肝脏等生理活性（孙传艳，2011）。

我国素有"竹子王国"之称，竹类资源极为丰富。竹叶抗氧化物是从竹子的干青叶中提取的酚类物质，包括黄酮类、酚酸、香豆素类内酯、蒽醌类、活性多糖、特种氨基酸等，其中黄酮类化合物是主要功能因子，具有抗氧化、抗衰老、降低血脂、抗菌抑菌、抗辐射、增强免疫力等多种生理活性。大量研究表明，竹叶黄酮具有清除自由基、抗氧化等生物活性，并对常见的食品腐败菌（如金黄色葡萄球菌、大肠杆菌、青霉菌、枯草芽孢杆菌等）有良好的抑菌活性（王文渊，2012）。

芦丁又称芸香苷，化学式 $C_{27}H_{30}O_{16}$，为浅黄色针状结晶，是一种主要存在于芸香科植物芸香和豆科植物槐中的黄酮类化合物，槐米中芦丁含量高达20%以上，是工业上提取芦丁的主要来源。芦丁由于具有抗氧化、清除自由基、抗炎、抗肿瘤、抗辐射、抗血小板凝集、抗病毒等多种药理活性，临床上主要用于治疗高血压、急性出血性肾炎、心血管疾病、慢性支气管炎和糖尿病等（王亚男，2013）。

不同浓度的 6 种植物提取物与甲醛的反应结果如图 4-10 所示，底物浓度对越橘提取物、葡萄籽提取物和苹果提取物与甲醛的反应具有显著性影响。随着越橘提取物、葡萄籽提取物和苹果提取物浓度的增大，甲醛捕获率显著增加（$P<0.05$），当浓度为 1.0%时，甲醛捕获率分别达到 95.32%、72.76%、71.03%。这是因为底物浓度的增大可以增加单位体积内活化分子数目，增加有效碰撞次数，从而提高反应速率。随着竹叶抗氧化物浓度的增大，甲醛捕获率呈增加趋势，当竹叶抗氧化物浓度为 1.0%时，甲醛捕获率达到最大值 9.26%。但随着浓度的增大，白藜芦醇和芦丁对甲醛的捕获效果不明显，甲醛捕获率一直低于 6.00%，这可能与它们在水中的溶解度不高有关。

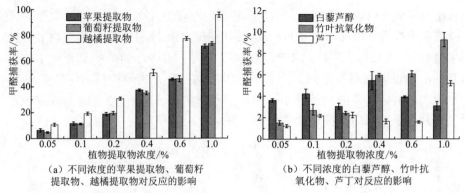

(a) 不同浓度的苹果提取物、葡萄籽
提取物、越橘提取物对反应的影响

(b) 不同浓度的白藜芦醇、竹叶抗
氧化物、芦丁对反应的影响

图 4-10　植物提取物浓度对植物提取物与甲醛反应的影响（蒋圆圆等，2014）

随着 pH 的变化，6 种植物提取物对甲醛的捕获率具有基本一致的变化趋势，pH 为 4.0 时，甲醛捕获率均最低，其中葡萄籽提取物 7.84%、苹果提取物 4.96%、白藜芦醇 3.75%、竹叶抗氧化物 2.78%，添加越橘提取物或芦丁后甲醛捕获率为 0%（图 4-11）。这可能是因为 pH 为 4.0 时影响了植物多酚的构象，使多酚中的酚羟基不易与甲醛结合，从而影响了多酚与甲醛的酚醛缩合反应。在 pH 2.0～4.0 范围内，随着 pH 的减小，甲醛捕获率呈增加趋势；在 pH 4.0～10.0 范围内，随着 pH 的增加，6 种植物提取物对甲醛的捕获率均显著增加（$P<0.05$），说明植物多酚与甲醛的反应受到酸或碱的影响，当 pH 为 10.0 时达到最大值，其中葡萄籽提取物 98.92%、苹果提取物 97.10%、白藜芦醇 93.16%、越橘提取物 89.49%、芦丁 89.38%、竹叶抗氧化物 63.55%。这是因为在浓碱作用下，除了与植物多酚发生酚醛缩合反应，甲醛自身可能发生了歧化反应，导致其含量大幅度减少。

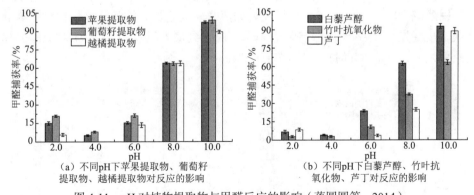

(a) 不同pH下苹果提取物、葡萄籽
提取物、越橘提取物对反应的影响

(b) 不同pH下白藜芦醇、竹叶抗
氧化物、芦丁对反应的影响

图 4-11　pH 对植物提取物与甲醛反应的影响（蒋圆圆等，2014）

不同温度下 6 种植物提取物与甲醛的反应结果如图 4-12 所示，在考察的温度范围内，4℃时 6 种植物提取物与甲醛的反应活性最低，甲醛捕获率最小，其中葡萄籽提取物 11.67%、白藜芦醇 10.95%、苹果提取物 6.62%、芦丁 1.02%、竹叶抗氧化物 0.37%、越橘提取物 0.27%。随着反应温度的升高，有 5 种植物提取物的甲醛捕获率均显著增加（$P<0.05$），100℃达到最大值，其中葡萄籽提取物 65.61%、苹果提取物 53.32%、芦丁 23.49%、越橘提取物 17.21%、竹叶抗氧化物 10.82%。与其他植物提取物略有不同，随着反应温度的升高，白藜芦醇对甲醛的捕获率先呈增大趋势，60℃时突然减小，随后又逐渐增大，100℃达到最大值 37.93%。可见，升高温度可以提高植物多酚与甲醛的反应速率，促进该反应的进行。

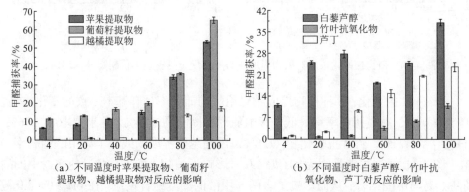

（a）不同温度时苹果提取物、葡萄籽提取物、越橘提取物对反应的影响　　（b）不同温度时白藜芦醇、竹叶抗氧化物、芦丁对反应的影响

图 4-12　温度对植物提取物与甲醛反应的影响（蒋圆圆等，2014）

　　不同加热时间下 6 种植物提取物与甲醛的反应结果如图 4-13 所示，越橘提取物、葡萄籽提取物和苹果提取物对甲醛具有较好的捕获效果，随着加热时间的延长，甲醛减少量显著增加（$P<0.05$），反应时间为 8 h 时，甲醛减少率分别达到 35.86%、35.83%、33.22%。白藜芦醇对甲醛的捕获率随加热时间的延长逐渐增加，8 h 时达到最大值 9.58%。加热时间对竹叶抗氧化物或芦丁与甲醛的反应影响不明显，甲醛减少率一直低于 5.00%，随着加热时间的延长，竹叶抗氧化物对甲醛的捕获率呈现先增加后降低的趋势，反应 1 h 时达到最大值 4.30%；芦丁对甲醛的捕获效果最差，反应 8 h 时捕获率仅有 1.57%。

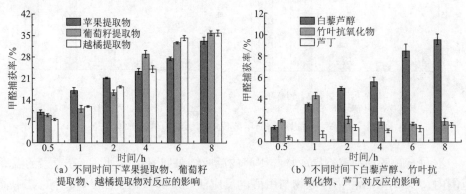

（a）不同时间下苹果提取物、葡萄籽提取物、越橘提取物对反应的影响　　（b）不同时间下白藜芦醇、竹叶抗氧化物、芦丁对反应的影响

图 4-13　时间对植物提取物与甲醛反应的影响（蒋圆圆等，2014）

4.2　柠檬酸等有机酸对鱿鱼上清液中氧化三甲胺热分解的抑制作用

有机酸是一些呈酸性的有机化合物的统称。羧酸作为常见的有机酸，在自然界中常以游离状态或以盐的形式广泛存在。因此，有机酸又可以称为分子结构中含有羧基的化合物。有机酸广泛分布于中草药的叶、根，特别是果实中，常见的植物中的有机酸有柠檬酸、酒石酸、草酸、苹果酸、抗坏血酸等。除少数有机酸以游离状态存在外，一般都与钾、钠、钙等结合成盐。

柠檬酸，即 2-羟基丙烷-1,2,3-三羧酸，又称枸橼酸，为无色透明或半透明晶体，或微粒状粉末，无臭，极易溶于水或乙醇。在温暖空气中渐渐风化，在潮湿空气中微有潮解性。根据结晶形态不同，其分为一水柠檬酸和无水柠檬酸（王博彦和金其荣，2000）。柠檬酸的酸味纯正，是所有有机酸中最可口的，且能与多种香料混合产生清爽的酸味，故适用于众多食品的加工。柠檬酸有以下主要用途：①风味调节剂，柠檬酸作为酸味剂具有圆润、味美、爽快的特点，因而广泛用于汽水、果汁等饮料中；②pH 的调节剂，柠檬酸可使罐头、果酱、果冻等制品中的 pH 降低，从而抑制腐败微生物的繁殖，当 pH 小于 5.5 时，大部分腐败细菌可被抑制；③抗氧化剂的增效剂（Buchanan and Golden，1994；Andreja et al.，2000；马艳丽等，2005）。众所周知，将去皮后的果蔬原料浸泡在抗坏血酸溶液中可防止氧化变褐；而在抗坏血酸中添加少量柠檬酸，可以控制酚酶的活性，防止酶褐变。柠檬酸不仅在果蔬加工食品中有较好的效果，在油脂类食品中也有广阔的前景。此外，也有个别报道将其应用于鱿鱼甲醛抑制中，如朱军莉等（2010）在筛选鱿鱼高温甲醛抑制剂中发现柠檬酸能减少鱿鱼上清液中的甲醛，可作为一种有效的甲醛抑制剂。遗憾的是关于柠檬酸如何减少鱿鱼上清液甲醛含量的机理尚未阐明。因此，董靓靓（2012）选用了几种常见的有机酸——丁二酸、草酸、苹果酸、酒石酸、柠檬酸和柠檬酸三钠，研究其对鱿鱼高温甲醛生成的影响，着重探讨了柠檬酸对鱿鱼高温热分解和高温自由基形成的影响，并将其与茶多酚复合，在保证与高浓度茶多酚同等甲醛抑制效果的前提下，改善鱿鱼制品感官，降低商业成本。

苹果酸又名 2-羟基丁二酸，通常为白色结晶体或结晶状粉末，易溶于水、乙醇，且具有较强的吸湿性。因分子中有一个不对称碳原子，苹果酸分为 D-苹果酸和 L-苹果酸，其中后者最常见，主要存在于不成熟的山楂、苹果和葡萄果实的浆汁中。苹果酸作为人体内部循环的重要中间产物，易被人体吸收；同时，苹果酸口感接近天然果汁并具有天然香味，且相比柠檬酸产生更低的热量，不损伤口腔和牙齿，因此广泛应用于酒类、饮料、果酱、口香糖等多种食品中，是当今食品工业中用量最多和发展前景最好的有机酸之一，并有逐渐替代柠檬酸的势头（吴清平和周小燕，1999）。

草酸又名乙二酸，通常为无色单斜片状、棱柱体结晶或白色粉末透明结晶，且常以草酸盐形式存在于植物中，如伏牛花、羊蹄草的细胞膜。低浓度的草酸具有较强的抗氧化性，是一种良好的天然食品抗氧化剂（Kayashima and Katayama，2002）。郑小林（2010）将低浓度的草酸应用于水果保鲜中，发现草酸能通过提高抗氧化能力、抑制呼吸强度等有效延缓果实的成熟衰老进程，且有效减少采后果实的腐烂及褐变现象。

酒石酸属于 α-羧酸，存在于多种植物中，如葡萄和罗望子，也是葡萄酒中重要的有机酸之一，通常为无色透明结晶或白色结晶粉末。酒石酸含有两个相互对称的手性碳，可分为三种旋光异构体，即右旋酒石酸、左旋酒石酸、内消旋酒石酸，其中以右旋体最为常见。与柠檬酸相比，酒石酸有稍涩的收敛味，是柠檬酸酸度的 $1.2 \sim 1.3$ 倍，常用于葡萄类饮品中。陈琼（1994）将酒石酸添加于清酒等饮料中，发现饮料的口感与风味有所改善。此外，酒石酸不易吸潮，特别适用于固体饮料中。

丁二酸为无色或白色棱柱状或片状结晶；广泛存在于多种植物中，如未成熟的葡萄、甜菜和大黄等。作为重要的 C_4 化合物，丁二酸在食品、医药、香料等方面发挥了重要的作用。金英实等（2003）在研究越橘色素稳定性时发现丁二酸、阿魏酸、对羟基苯甲酸等能有效提高其色素稳定性，且组合使用效果更佳。之后，褚彦茹等（2007）在桑葚果渣中发现，添加丙二酸和丁二酸可以大大提高其红色素的稳定性。因此，丁二酸在食品加工中是一种优良的辅色剂。

4.2.1　有机酸对鱿鱼上清液高温甲醛和二甲胺生成的影响

在鱿鱼上清液中分别添加有机酸溶液（丁二酸、草酸、苹果酸、酒石酸、柠檬酸和柠檬酸三钠），蒸馏水作为空白对照，在 100℃水浴锅中处理 0 min、15 min 和 30 min，观察不同有机酸对鱿鱼上清液甲醛和二甲胺的影响。由于高温处理会使鱿鱼上清液发生热分解生成大量甲醛和二甲胺（贾佳，2009），随着处理时间的延长，鱿鱼上清液中甲醛和二甲胺含量急剧增加（$P < 0.05$），且两者增加趋势基本一致，其中对照组的甲醛和二甲胺含量分别从 2.17 mg/mL 和 8.70 mg/mL 上升至 14.46 mg/mL 和 27.26 mg/mL。相比对照组，添加有机酸溶液的处理组中甲醛和二甲胺的增加显著被抑制（$P < 0.05$），特别是柠檬酸溶液（图 4-14）。这表明有机酸溶液在一定程度上可以抑制氧化三甲胺的热分解，从而减少甲醛和二甲胺含量的生成。结果可见，柠檬酸和柠檬酸三钠溶液在抑制氧化三甲胺热分解作用方面表现相似的效果，这表明在分解中起作用的成分并不是钠离子，而是柠檬酸根

离子，同时酸碱度也不是影响鱿鱼中氧化三甲胺热分解的主要因素。在上述有机酸溶液中，抑制氧化三甲胺热分解的效果分别是柠檬酸＞酒石酸＞柠檬酸三钠＞苹果酸＞草酸＞丁二酸。

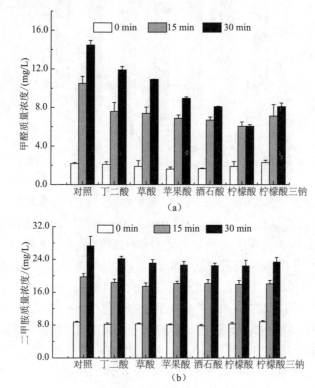

图 4-14 有机酸对鱿鱼上清液甲醛（a）、二甲胺（b）的影响（董靓靓，2012）

4.2.2 柠檬酸对鱿鱼上清液高温热分解的影响

在鱿鱼上清液中分别添加不同浓度的柠檬酸溶液，以蒸馏水作为空白对照，在 100℃水浴锅中处理 15 min，考查不同浓度柠檬酸对鱿鱼上清液高温热分解的影响。随着柠檬酸浓度的增加，鱿鱼上清液中甲醛和二甲胺的含量显著下降（$P < 0.05$），从初始的 9.37 mg/L 和 22.57 mg/L 分别降至 5.46 mg/L 和 18.75 mg/L；而氧化三甲胺含量的变化趋势却相反，从初始的 6302.51 mg/L 上升至 6350.19 mg/L，其分解量逐渐减小，且当柠檬酸浓度≥5 mmol/L 时，氧化三甲胺热分解明显被抑制，且各组间已无明显差异（$P > 0.05$）（图 4-15）。可见，柠檬酸溶液能抑制氧化三甲胺的热分解，且当柠檬酸浓度≥5 mmol/L 时抑制效果较好。

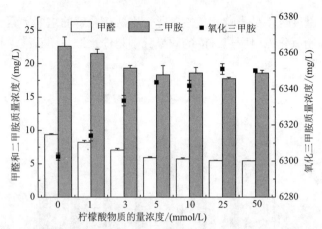

图 4-15　不同浓度柠檬酸对鱿鱼上清液高温热分解的影响（董靓靓，2012）

在鱿鱼上清液中添加 5 mmol/L 柠檬酸溶液，以蒸馏水作为空白对照，在 100℃水浴锅中处理 0 min、5 min、15 min、30 min、45 min 和 60 min，考查处理时间对柠檬酸抑制鱿鱼上清液高温热分解的影响。随着处理时间的延长，对照组中甲醛、二甲胺和氧化三甲胺含量发生了显著的变化（$P < 0.05$）；当加热处理 60 min 时，甲醛和二甲胺含量比最初增加了 52.18 mg/L 和 70.27 mg/L，而氧化三甲胺含量减少了 1002.77 mg/L。柠檬酸组在加热前 30 min 的氧化三甲胺仍不断分解，直至 30 min 后氧化三甲胺分解才趋于平衡。相比对照组，柠檬酸组三个指标的变化趋势减弱，其中加热处理 60 min 后的甲醛和二甲胺含量仅为 6.02 mg/L 和 21.28 mg/L，且氧化三甲胺含量只减少了 62.83 mg/L（图 4-16）。因此可知，5 mmol/L 柠檬酸溶液能长时间抑制鱿鱼上清液高温热分解，从而达到控制鱿鱼甲醛含量的目的。

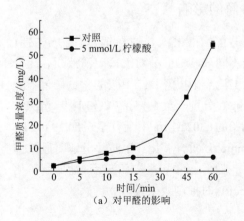

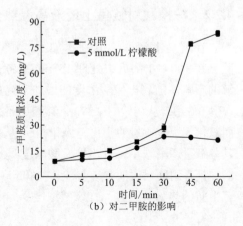

（a）对甲醛的影响　　　　　　　　　　（b）对二甲胺的影响

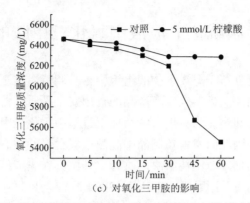

（c）对氧化三甲胺的影响

图 4-16 不同加热时间下柠檬酸对鱿鱼上清液高温热分解的影响（董靓靓，2012）

研究表明，热处理中秘鲁鱿鱼甲醛的生成与自由基的存在具有密切关系；通过添加茶多酚及其单体发现鱿鱼上清液的自由基大量减少，可推断多酚提取物对鱿鱼上清液高温甲醛的控制很有可能是通过清除自由基途径进行的。但关于有机酸对鱿鱼高温自由基的影响未见研究。因此，董靓靓（2012）以柠檬酸为代表初步探究有机酸是否是通过自由基途径控制鱿鱼上清液高温甲醛的生成。在鱿鱼上清液中添加 5 mmol/L 柠檬酸溶液，以蒸馏水作为空白对照，在 100℃水浴锅中处理 15 min，以 PBN 为捕获剂，利用 ESR 技术检测鱿鱼上清液中的自由基，观察柠檬酸对鱿鱼高温自由基形成的影响。经过高温处理后对照组鱿鱼上清液出现了信号较强的六重峰，而同等检测条件下处理组高温后鱿鱼上清液的自由基信号明显减弱（图 4-17），这表明柠檬酸溶液可以抑制自由基的生成。因此可推断有机酸能通过自由基途径控制鱿鱼上清液高温甲醛的生成。

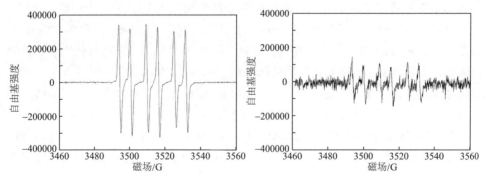

（a）鱿鱼上清液体系产生的自由基 ESR 图　　（b）鱿鱼上清液体系与柠檬酸作用产生的自由基 ESR 图

图 4-17 柠檬酸对鱿鱼上清液中自由基生成的影响（董靓靓，2012）

4.3　氯化钙抑制鱿鱼上清液中氧化三甲胺的热分解作用

氧化三甲胺广泛分布于海洋生物的组织中，有调节渗透压、稳定蛋白质和抗氧化等多种生物学功能。近年来，海产品的食用安全品质日益受到关注，其中鱿鱼制品等产品中甲醛问题尤为突出。鱿鱼加工过程中氧化三甲胺热分解途径是甲醛形成的重要途径，因此研发鱿鱼制品中高温甲醛含量的控制技术，提高食用安全性，已成为海产品加工业亟待解决的难题。外源钙在农产品贮藏保鲜中应用广泛，具有改善果实品质及耐贮性（Sorkel，2004）、参与植物逆境胁迫的信号转导（Serrano et al.，2004）、提高肉品成熟中的嫩度（汤晓艳等，2004）等多种功能，而外源钙抑制海产品中氧化三甲胺热分解生成甲醛的反应及其作用机理目前未见报道。

4.3.1　Ca^{2+}对鱿鱼上清液与 TMAO-Fe（Ⅱ）体系高温生成甲醛和二甲胺的影响

分析 Ca^{2+}对鱿鱼上清液与 TMAO-Fe（Ⅱ）体系高温中甲醛和二甲胺含量的影响，结果见表 4-7 和表 4-8。氯化钙与乳酸钙均能显著降低鱿鱼上清液中甲醛和二甲胺的含量，其含量分别下降 72%、25%和 68%、22%，氯化钙和乳酸钙表现的抑制作用无显著差异。低浓度 Fe^{2+}能显著促进鱿鱼上清液中甲醛和二甲胺的生成（$P<0.05$），同时添加 Fe^{2+}和 Ca^{2+}时，甲醛和二甲胺的生成量显著低于对照组但高于 Ca^{2+}处理组（$P<0.05$）。可见 Ca^{2+}能显著抑制鱿鱼中氧化三甲胺和 TMAO-Fe(Ⅱ)模拟体系分解生成甲醛和二甲胺，即使存在促进剂 Fe^{2+}时，Ca^{2+}仍能表现明显的抑制作用。研究表明，氧化三甲胺是海产品内源性甲醛生成的前体物质，氧化三甲胺在高温条件下稳定，甲醛和二甲胺生成量很低，而加入低浓度的 Fe^{2+}后，Fe^{2+}显著促进氧化三甲胺转化为甲醛和二甲胺，生成量分别为 13.82 mg/L 和 24.21 mg/L，因此将 TMAO-Fe（Ⅱ）作为鱿鱼高温甲醛生成的模拟体系。添加氯化钙和乳酸钙后，明显抑制 TMAO-Fe（Ⅱ）体外体系的热分解，其甲醛和二甲胺含量分别降低为原来的 45%、43%和 62%、61%，与在鱿鱼上清液中的表现相似。某些还原性离子（如 Fe^{2+}、Sn^{2+}）能加快氧化三甲胺分解为二甲胺（Spinelli and Koury，1979），其中鱿鱼中 Fe^{2+}对二甲胺形成是必要的（Zhu et al.，2012）。有研究发现，Fe^{2+}与细胞组分抗坏血酸、半胱氨酸、金属结合蛋白等对氧化三甲胺的分解具有重要作用（Lin and Hurng，1989）。

表 4-7　Ca²⁺对鱿鱼上清液高温甲醛和二甲胺含量的影响（朱军莉等，2012）

添加物	浓度/（mmol/L）	甲醛含量/（mg/L）	二甲胺含量/（mg/L）
对照（H_2O）	—	14.96 ± 1.37^b	43.32 ± 2.41^b
$C_6H_{10}CaO_6$	10	4.86 ± 0.15^d	33.88 ± 2.08^d
$CaCl_2$	10	4.19 ± 0.09^d	32.50 ± 1.03^d
$FeCl_2$	0.2	45.65 ± 1.56^a	79.18 ± 3.89^a
$CaCl_2+FeCl_2$	10+0.2	7.56 ± 0.84^c	38.39 ± 1.46^c

注：不同字母间表示差异显著（$P < 0.05$），下同。

表 4-8　Ca²⁺对氧化三甲胺热分解生成甲醛和二甲胺含量的影响（朱军莉等，2012）

添加物	浓度/（mmol/L）	甲醛含量/（mg/L）	二甲胺含量/（mg/L）
氧化三甲胺	200	0.32 ± 0.08^c	1.06 ± 0.25^c
氧化三甲胺+$FeCl_2$	200+2	13.82 ± 1.06^a	24.21 ± 1.85^a
氧化三甲胺+$FeCl_2$+$C_6H_{10}CaO_6$	200+2+10	5.91 ± 0.86^b	14.77 ± 0.95^b
氧化三甲胺+$FeCl_2$+$CaCl_2$	200+2+10	6.25 ± 0.57^b	14.98 ± 1.04^b

4.3.2　氯化钙对鱿鱼上清液和 TMAO-Fe（Ⅱ）体系中氧化三甲胺热分解的影响

随着氯化钙浓度的升高，对鱿鱼上清液中氧化三甲胺热分解表现显著的抑制作用（$P < 0.05$），产物三甲胺、二甲胺和甲醛的生成量显著下降，其中当 Ca^{2+}浓度高于 10 mmol/L 时，鱿鱼上清液中氧化三甲胺热转化生成 3 种产物的生成量趋于稳定（图 4-18）。氯化钙对 TMAO-Fe（Ⅱ）体系中氧化三甲胺的热分解反应抑制作用与鱿鱼上清液中相似。低浓度 Ca^{2+}表现明显的抑制作用，随着添加量的增加，抑制氧化三甲胺热分解生成三甲胺、二甲胺和甲醛程度明显增加（$P < 0.05$）。当 Ca^{2+}浓度为 40 mmol/L 时，氧化三甲胺表现出较高的稳定性，产物浓度很低（图 4-19）。与鱿鱼上清液相比，Ca^{2+}对 TMAO-Fe（Ⅱ）体系中氧化三甲胺热分解的抑制作用更显著，这可能是由于鱿鱼作为生物体系，存在金属元素等多种物质干扰（Zhu et al.，2012）。可见，氯化钙降低鱿鱼中甲醛含量是通过抑制氧化三甲胺的热分解反应实现的。

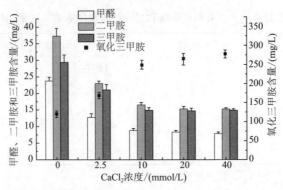

图 4-18　氯化钙浓度对鱿鱼上清液中氧化三甲胺热分解的影响（朱军莉等，2012）

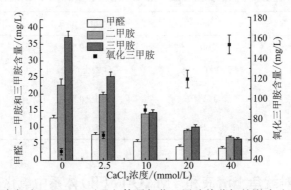

图 4-19　氯化钙浓度对 TMAO-Fe（Ⅱ）体系氧化三甲胺热分解的影响（朱军莉等，2012）

4.3.3　Ca^{2+}对 TMAO-Fe（Ⅱ）体系和鱿鱼上清液中产生自由基信号的影响

　　研究以 5,5-二甲基-1-吡咯啉-N-氧化物（DMPO）为自由基捕获剂，确定了鱿鱼经过加热所产生的$(CH_3)_3N \cdot$信号。又由于可溶性钙盐能够抑制氧化三甲胺的热分解，分别在上清液和 TMAO-Fe（Ⅱ）体系中添加了不同浓度的 Ca^{2+}，研究 Ca^{2+}能否减弱自由基的信号，从而抑制氧化三甲胺在高温时分解为甲醛的途径。配制 10 mmol/L 的 Ca^{2+}分别添加到鱿鱼上清液和 TMAO-Fe（Ⅱ）中，观测自由基的信号强度。从图 4-20 中可以看出，在 TMAO-Fe（Ⅱ）标准体系中，Ca^{2+}的添加对自由基的信号有减弱的作用，这说明 Ca^{2+}确实能够减少$(CH_3)_3N \cdot$的生成从而达到对氧化三甲胺热分解的抑制作用。从图 4-21 中可以看出相对于对照，添加 Ca^{2+}的上清液自由基的信号减弱，表明 Ca^{2+}可以抑制自由基的生成，进而抑制氧化三甲胺的分解。

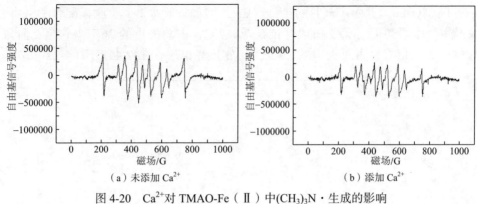

图 4-20　Ca^{2+} 对 TMAO-Fe（Ⅱ）中 $(CH_3)_3N·$ 生成的影响

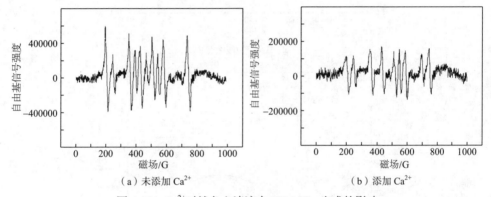

图 4-21　Ca^{2+} 对鱿鱼上清液中 $(CH_3)_3N·$ 生成的影响

4.3.4　氯化钙对 TMAO-Fe(Ⅱ)体系 TG-DSC 曲线的影响

　　3 个样品氧化三甲胺、TMAO-Fe（Ⅱ）和 TMAO-Fe（Ⅱ）-$CaCl_2$ 在 N_2 气氛中的热重-差示扫描量热（TG-DSC）曲线如图 4-22 所示。随着温度的升高，氧化三甲胺呈现均匀失重。氧化三甲胺的熔点为 96℃，沸点 225～257℃。从 70℃开始，氧化三甲胺挥发出气体，可能是由于氧化三甲胺标准品纯度是 98%，其所含杂质挥发；同时 N_2 气氛会影响其熔点和沸点，如 270℃时氧化三甲胺已全部挥发。而 DSC 曲线呈均匀向下，为吸热状态，无吸热和放热峰，表明氧化三甲胺没有发生分解反应，挥发过程中需要吸收热量[图 4-22（a）]。

　　TMAO-Fe（Ⅱ）的失重分为 3 个阶段，配合 DSC 曲线产生 3 个吸热峰。第 1 阶段峰位在 68.53℃，区间失重占总失重的 26.70%；第 2 阶段峰位在 146.69℃，占总失重的 16.12%；第 3 阶段峰位在 310.23℃，占总失重的 9.62%。添加亚铁离子促进了氧化三甲胺高温热分解，使主要的分解反应在较低温度下发生。图 4-22（b）中显示在 117.80℃出现明显的放热峰，这是由于 Fe^{2+} 在高温下氧化为 Fe^{3+} 产生的。

TMAO-Fe（Ⅱ）-CaCl$_2$ 的热分解由 3 个阶段变成 2 个阶段，配合 DSC 曲线产生 2 个吸热峰。第 1 阶段峰位在 79.57℃，占总失重的 26.73%；第 2 阶段峰位在 240.14℃，占总失重的 20.33%，放热峰出现在 142.44℃[图 4-22（c）]。

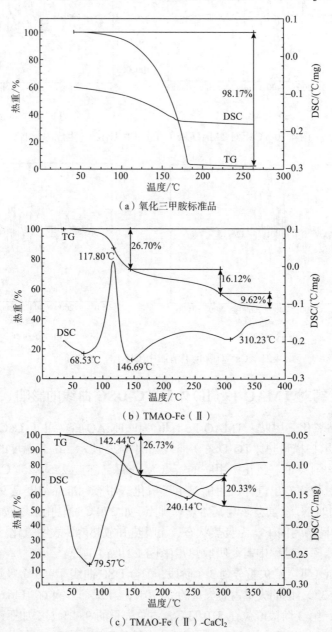

（a）氧化三甲胺标准品

（b）TMAO-Fe（Ⅱ）

（c）TMAO-Fe（Ⅱ）-CaCl$_2$

图 4-22　氧化三甲胺、TMAO-Fe（Ⅱ）和 TMAO-Fe（Ⅱ）-CaCl$_2$ 热分解的 TG-DSC 曲线
（苗林林，2011）

与 TMAO-Fe（Ⅱ）的 TG-DSC 曲线相比，添加 CaCl₂ 使吸热峰和放热峰的位置都出现明显的后移。由于处理条件相同，因此认为 CaCl₂ 使氧化三甲胺分解由 3 个阶段变为 2 个阶段，吸热峰温度明显提高，延缓和抑制了氧化三甲胺的高温分解。

4.3.5　氯化钙对 TMAO-Fe（Ⅱ）体系热分解动力学的影响

由于 Kissinger 法和 Ozawa 法能在不涉及动力学模式函数的前提下获得较为可靠的活化能（E），所以通过比较不同升温速率（β）下的 E，探讨其反应机理。

TMAO-Fe（Ⅱ）和 TMAO-Fe（Ⅱ）-CaCl₂ 在升温速率分别为 10 K/min、15 K/min、20 K/min、30 K/min 时的 TG-DSC 曲线和动力学参数分别见图 4-23 和表 4-9。以 $\ln(\beta_i / T_i^2)$ 与 $1/T_i$ 作图，根据直线斜率得到 Kissinger 方程，计算室温～350℃范围 TMAO-Fe（Ⅱ）吸热峰的平均活化能（$\overline{E}$）和指前因子（$\ln A$）分别为 81.14 kJ/mol 和 0.66 min⁻¹，相关系数（r）为 0.995。根据 Ozawa 的计算公式，以 $\ln\beta$ 与 $1/T$ 作图，由斜率得到 TMAO-Fe（Ⅱ）吸热峰的平均活化能为 83.73 kJ/mol，相关系数为 0.993。在相同处理条件下，根据 Kissinger 方程计算 TMAO-Fe（Ⅱ）-CaCl₂ 热分解的平均活化能为 3259.78 kJ/mol，指前因子为 7.24 min⁻¹，相关系数为 0.994。根据 Ozawa 的计算公式，得出 TMAO-Fe（Ⅱ）-CaCl₂ 热分解的平均活化能为 3275.11 kJ/mol，相关系数为 0.994。

可见，采用 Kissinger 和 Ozawa 法获得的氧化三甲胺热分解活化能相似，相关系数均高于 0.99。在 TMAO-Fe（Ⅱ）体系中添加氯化钙使吸热分解反应的活化能由 81.14 kJ/mol 增加到 3259.78 kJ/mol。这表明 TMAO-Fe（Ⅱ）-CaCl₂ 体系中氧化三甲胺的分解需要更多的能量，在相同条件下氧化三甲胺变得更稳定。因此，氯化钙能显著提高氧化三甲胺分解反应的活化能，从而抑制其分解。

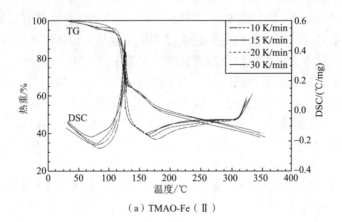

（a）TMAO-Fe（Ⅱ）

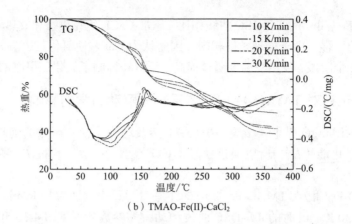

（b）TMAO-Fe(II)-CaCl₂

图 4-23　不同加热速率下 TMAO-Fe（Ⅱ）和 TMAO-Fe（Ⅱ）-CaCl₂ 热分解的 TG-DSC 曲线
（见彩插；苗林林，2011）

表 4-9　TMAO-Fe（Ⅱ）和 TMAO-Fe（Ⅱ）-CaCl₂ 热分解反应的动力学参数（苗林林，2011）

体系	Kissinger 法			Ozawa 法	
	$\overline{E}$ /(kJ/mol)	ln$A$/min^{-1}	r	$\overline{E}$ /(kJ/mol)	r
TMAO-Fe（Ⅱ）	81.14	0.66	0.995	83.73	0.993
TMAO-Fe（Ⅱ）-CaCl₂	3259.78	7.24	0.994	3275.11	0.994

4.4　明胶和明胶水解物对甲醛的捕获作用

一种良好的甲醛捕获剂应该具备以下条件：高效且用量小；无二次污染，添加后不影响产品品质；其主要成分与甲醛反应后生成的化合物具有很好的稳定性；具有良好的水溶性；成本低（张换换等，2010）。氨基类物质用于甲醛的捕获具有明显的效果，且不会对人体健康造成威胁（刘浪浪等，2009）。

明胶属于氨基类甲醛捕获剂，此类甲醛捕获剂具有去醛率高、水溶性好、使用量少和无毒等优点。丁晓雯和刁恩杰（2006）发现半胱氨酸能显著降低香菇中的甲醛含量，延长保鲜期。陈帅（2013）发现低浓度的半胱氨酸促进鱿鱼上清液中氧化三甲胺的热分解，高浓度的半胱氨酸对鱿鱼上清液中氧化三甲胺分解无明显的促进作用，而具有较强的甲醛结合作用，使甲醛含量下降。任龙芳（2011）以明胶为原料，通过将其水解、氨基衍生化改性等一系列的措施制备出了甲醛捕获剂，发现其能有效降低皮革中的甲醛，但是其衍生过程中用到了乙二胺和二乙烯三胺作为氨基供给体，不适合在食品中应用。这些氨基类甲醛捕获剂与甲醛发生加成缩合反应，生成稳定的化合物是消除甲醛比较彻底的办法。优化明胶捕获甲醛的条件，可为开发出适用于食品行业的甲醛捕获剂提供理论依据。

4.4.1　明胶对甲醛的捕获作用

在反应时间（A）为 6 h、反应温度（B）为 40℃、pH（C）为 8.0、明胶浓度（D）为 1.0%的组合条件下明胶捕获甲醛的效果最好。综合整个试验过程，明胶与甲醛反应的最优条件为：明胶浓度为 1.0%左右，弱碱性条件下，尽可能采用室温，延长反应时间（表 4-10）。

表 4-10　**Box-Behnken 试验设计与结果（杨立平，2015）**

试验号	A/h	B/℃	C	D/%	甲醛捕获率/%
1	12	20	7.0	1.0	40.17±1.13
2	6	40	7.0	0.5	62.58±0.62
3	6	40	8.0	1.0	82.12±1.97
4	9	20	6.0	1.0	29.58±1.38
5	9	20	8.0	1.0	70.27±0.21
6	12	40	8.0	1.0	75.03±0.48
7	9	60	6.0	1.0	8.58±1.87
8	9	60	7.0	0.5	25.31±2.04
9	12	40	6.0	1.0	47.05±1.39
10	9	40	7.0	1.0	73.39±2.39
11	9	20	7.0	1.5	50.69±1.67
12	12	40	7.0	0.5	32.23±2.46
13	9	40	7.0	1.0	60.36±1.67
14	9	40	7.0	1.0	70.12±1.01
15	12	60	7.0	1.0	24.97±0.91
16	9	40	8.0	0.5	56.14±0.39
17	6	20	7.0	1.0	36.84±2.61
18	12	40	7.0	1.5	69.77±2.46
19	9	40	8.0	1.5	76.22±1.79
20	6	40	6.0	1.0	41.14±1.11
21	9	40	7.0	1.0	64.97±2.34
22	9	40	7.0	1.0	65.95±2.21

试验号	A/h	B/℃	C	D/%	甲醛捕获率/%
23	9	60	8.0	1.0	12.13±0.49
24	9	40	6.0	1.5	67.95±0.21
25	6	40	7.0	1.5	61.36±1.07
26	9	60	7.0	1.5	10.97±0.12
27	9	20	7.0	0.5	24.06±2.08
28	9	40	6.0	0.5	51.82±0.11
29	6	60	7.0	1.0	23.91±2.72

由方差分析结果（表 4-11）可知，模型 F 值为 11.19，$P<0.0001$，表明模型极显著，说明使用该方程模拟 4 因素 3 水平的分析是可行的。这个模型的 F 值是在允许只有 0.01%的噪声下发生的，在这个模型中 B、C、D、AD、BD、B^2 对甲醛的捕获影响显著，说明温度、pH、浓度、浓度与时间、温度与浓度的交互作用对明胶与甲醛反应的影响较大。在 4 种因素的交互作用下，各因素对甲醛捕获率的影响顺序是 $B>C>D>A$，即温度>pH>浓度>时间。失拟项 F 值为 4.08，表明失拟项与净误差的发生是不显著的，其中 9.38%的发生机会是由噪声引起的，失拟项不显著表明这个模型是合理的；回归方程的相关系数 $R^2=0.9180$，说明响应值的变化有 91.80%来源于所选取变量，即甲醛捕获率的变化有 91.80%的原因来源于时间、温度、pH、浓度。因此，该回归方程能较好地描述各因素与响应值之间的真实关系，可以用其确定最优捕获条件。

表 4-11　方差分析结果（杨立平，2015）

方差来源	平方和	自由度	均方和	F 值	P 值	显著性
模型	12529.31	14	894.95	11.19	< 0.0001	**
A	29.19	1	29.19	0.36	0.5554	
B	1769.77	1	1769.77	22.13	0.0003	**
C	1318.59	1	1318.59	16.49	0.0012	**
D	599.75	1	599.75	7.50	0.0160	*
AB	1.29	1	1.29	0.02	0.9006	
AC	42.22	1	42.22	0.53	0.4795	
AD	375.68	1	375.68	4.70	0.0479	*
BC	344.75	1	344.75	4.31	0.0568	
BD	419.64	1	419.64	5.25	0.0380	*
CD	3.90	1	3.90	0.05	0.8284	

续表

方差来源	平方和	自由度	均方和	F 值	P 值	显著性
A^2	97.24	1	97.24	1.22	0.2888	
B^2	7425.23	1	7425.23	92.83	< 0.0001	**
C^2	10.36	1	10.36	0.13	0.7243	
D^2	154.51	1	154.51	1.93	0.1863	
残差	1119.76	14	79.98			
失拟项	1019.79	10	101.98	4.08	0.0938	
纯误差	99.98	4	24.99			
总和	13649.08	28				
		$R^2=0.9180$			$R^2_{\text{Adj}}=0.8359$	

注：**表示差异极显著（$P<0.01$）；*表示差异显著（$P<0.05$）。

时间对甲醛捕获率的影响不显著；温度对甲醛捕获率的影响是随着温度的升高，先升高再降低，在 30～40℃时达到最大值；明胶浓度在中心组合选取的范围内随着浓度的增加对甲醛捕获率的影响增加。经过软件优化和实际因素分析，试验最终的优化条件为：捕获时间 9 h、捕获温度 30℃、pH 8.0、明胶浓度 0.8%，甲醛捕获率为 79.99%。

4.4.2　明胶水解物对甲醛的捕获作用

影响氨基类甲醛捕获剂与甲醛反应进程的原因很多。室温条件下，甲醛与氨基类甲醛捕获剂主链上的亚胺基团发生亲核加成反应（刘军海等，2008），与有机胺及至少含有一个活性氢的化合物进行缩合反应，即曼尼希反应，生成稳定的曼尼希碱；曼尼希反应可有两个发展方向，一个是甲醛与胺先缩合成 N-羟甲基胺；另一个是甲醛与酸组分生成甲醇基化合物（王学川等，2010）。

明胶分子中含有氨基、羧基，有的还有疏水基团、亲水基团、胍基、直链烷基、酸性基团、碱性基团、分子间氢键和分子内氢键（张宏森等，2010），决定了其易与甲醛发生反应，由于其溶液中的氨基数量有限，反应一段时间后，达到饱和状态，即甲醛去除率达到最大值。为解决这一问题，让其暴露出更多的活性基团，提高去除甲醛的效果，需对其进行水解。考虑到明胶作为甲醛捕获剂将应用于食品中，传统的酸法和碱法水解都不适合，故研究选用酶法水解明胶。任龙芳（2011）用酸法、碱法、酶法水解胶原蛋白，发现复合酶水解的产物甲醛去除率效果最好。根据水解程度的不同，酶法水解可分为深度水解、适度水解、限制性水解。Vioque 等（2000）发现水解程度在 1%～10%，可以改善原始蛋白质的功能性质，而水解程度的加大，容易形成较多的小分子肽或氨基酸，不利于改善蛋白质的某些功能性质，甚至会使原始蛋白的某些性质丧失。而明胶水解是为了提高甲醛捕获率，因此需要深度水解。

1. 明胶水解酶的选择

不同酶水解明胶产生的酶解产物成分和性质会有很大不同，图 4-24 是 5 种酶（碱性蛋白酶、风味蛋白酶、木瓜蛋白酶、中性蛋白酶、胰酶）的明胶水解度和其与甲醛捕获率的对比情况。明胶胰酶水解物的水解度和对甲醛捕获率显著高于其他酶（$P<0.01$），其次是碱性蛋白酶；中性蛋白酶与碱性蛋白酶的明胶水解度没有显著差异，但其水解明胶产物的甲醛捕获率显著低于碱性蛋白酶（$P<0.01$）；风味蛋白酶和木瓜蛋白酶的明胶水解度比其他酶低，甲醛捕获率与中性蛋白酶接近。由此可知，不同酶对明胶的水解程度不同，这可能是因为酶的活性不同和酶具有专一性；而相同水解度的明胶水解物捕获甲醛能力的不同是因为不同的酶对明胶的切割部位不同，水解物成分的不同决定了其与甲醛反应的能力。胰酶是一种混合酶，包含有胰淀粉酶、胰脂肪酶和胰蛋白酶，是一种肽链内切酶，属于丝氨酸蛋白酶之一，可水解具有酯键和酰胺键的小分子化合物，所以水解物的氨基氮含量较多（董春华，2007）；而其水解物存在环境及其成分使其适宜与甲醛发生反应，故其甲醛捕获率也相应较高，所以选择胰酶为水解剂。

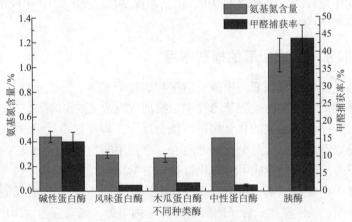

图 4-24　不同酶对明胶水解的效果（杨立平，2015）

2. 析因试验设计

析因试验设计是一种从大量因素中快速、有效筛选出有效变量的试验设计方案，可节省大量的试验时间（Roopa and Bhattacharya，2010）。为进一步研究时间（A）、温度（B）、pH（C）、加酶量（D）和明胶浓度（E）对胰酶水解明胶能力及明胶水解物与甲醛反应显著性效果的影响，设计了 5 因素 3 水平的析因组合试验。试验设计及结果见表 4-12，从中可知当序号为 3 时，明胶的水解度和甲醛捕获率为最大值。

表 4-12　**Plackett-Burman** 试验设计及结果（杨立平，**2015**）

序号	A/h	B/℃	C	D/%	E/%	氨基氮含量/%	甲醛捕获率/%
1	6	50	7.5	0.8	25	0.98±0.010	37.76±1.438
2	4	50	8.5	0.15	25	0.47±0.015	29.73±3.305
3	6	35	8.5	0.8	15	1.03±0.025	46.35±3.026
4	4	50	7.5	0.8	25	0.76±0.025	15.49±2.963
5	4	35	8.5	0.15	25	0.48±0.017	10.99±0.003
6	4	35	7.5	0.8	15	0.79±0.020	12.64±0.911
7	6	35	7.5	0.15	25	0.56±0.016	30.55±0.711
8	6	50	7.5	0.8	15	0.76±0.015	10.67±2.120
9	6	50	8.5	0.15	15	0.71±0.021	10.21±0.136
10	4	50	8.5	0.8	15	0.94±0.008	30.16±2.384
11	6	35	8.5	0.8	25	0.83±0.020	18.02±2.184
12	4	35	7.5	0.15	15	0.83±0.012	9.63±1.264

氨基氮含量方差分析见表 4-13，可知 5 个变量对响应值（氨基氮含量）模拟的模型是极显著的（$P<0.01$），模型回归方程的相关系数为 0.9641，说明响应值变化有 96.41% 来源于所选取的变量。5 个变量中有 3 个对氨基氮含量影响是极显著的（$P<0.01$），分别是水解时间、加酶量、底物浓度，各因素对胰酶水解明胶的影响顺序是 $D>A>E>B>C$，即加酶量>水解时间>底物浓度>水解温度>pH。

表 4-13　氨基氮含量方差分析（杨立平，**2015**）

方差来源	平方和	自由度	均方和	F 值	P 值	显著性
模型	0.4	5	0.080	32.19	0.0003	**
时间	0.069	1	0.069	27.76	0.0019	**
温度	0.014	1	0.014	5.63	0.0553	
pH	0.000675	1	0.000675	0.27	0.6210	
加酶量	0.28	1	0.28	112.25	<0.0001	**
底物浓度	0.037	1	0.037	15.05	0.0082	**
残差	0.015	6	0.002486			
总和	0.42	11				
	$R^2=0.9641$			$R^2_{\text{Adj}}=0.9341$		

注：**表示差异极显著（$P<0.01$）；*表示差异显著（$P<0.05$）。

从甲醛捕获率的方差分析可知，析因试验设计的 5 因素 3 水平试验对模型的响应值甲醛捕获率影响是极显著的（$P<0.01$），模型回归方程的相关系数为 0.8929，说明响应值的变化有 89.29% 来源于所选变量。5 个变量中有 1 个对响应值影响是极显著的（$P<0.01$），即加酶量；有 1 个对响应值影响是显著的（$P<0.05$），即水解时间。各因素对明胶水解物与甲醛反应的影响顺序是加酶量＞水解时间＞底物浓度＞pH＞水解温度（表 4-14）。

表 4-14　甲醛捕获率方差分析（杨立平，2015）

方差来源	平方和	自由度	均方和	F 值	P 值	显著性
模型	1292.36	5	258.47	10.00	0.0071	**
时间	279.56	1	279.56	10.82	0.0166	*
温度	13.74	1	13.74	0.53	0.4934	
pH	20.59	1	20.59	0.8	0.4064	
加酶量	928.98	1	928.98	35.98	0.0010	**
底物浓度	48.48	1	48.48	1.88	0.2199	
残差	155.07	6	25.84			
总和	1447.43	11				
	$R^2=0.8929$			$R^2_{\mathrm{Adj}}=0.8036$		

注：**表示差异极显著（$P<0.01$）；*表示差异显著（$P<0.05$）。

通过 Plackett-Burman 设计，对影响明胶水解度和明胶水解物与甲醛反应的诸多相关因子进行评价，成功筛选出加酶量、水解时间、底物浓度是影响明胶水解度的主要因子，加酶量、水解时间是影响甲醛捕获率的主要因子，为进一步优化工艺参数提供了重要的理论依据与实践基础。

3. 最佳酶解条件的确定

响应面法是一个通过评估有效因素、建立模型以研究独立变量相互作用的方法来描述整个试验过程的试验方案（Shao et al., 2007）。在单因素和析因试验的基础上，选取的影响明胶水解度和甲醛捕获率较大的 3 个因素，分别是水解时间（A）、加酶量（B）、底物浓度（C），设计了 3 因素 3 水平的响应面组合试验，水解温度和 pH 选取单因素甲醛捕获率最大值对应条件，分别是 35℃和 7.5。试验设计及结果见表 4-15，从中可知试验序号 17 的氨基氮含量和甲醛捕获率为试验的最大值。

从响应面氨基氮含量方差分析（表 4-16）可知，响应面模拟的模型是极显著的（$P<0.01$），且失拟项不显著，模型回归方程的相关系数为 0.9266，说明响应值的变化有 92.66%来源于所选变量。3 个变量对氨基氮含量的影响是显著的（$P<0.05$），水解时间与加酶量的交互作用、加酶量与底物浓度的交互作用分别对响应值氨基氮含量影响是显著的（$P<0.05$）。

从响应面甲醛捕获率方差分析（表 4-17）可知，响应面模拟的模型是极显著的（$P<0.01$），且失拟项不显著，说明回归方程对试验结果拟合较好，模型回归方程的相关系数为 0.8769，说明响应值的变化有 87.69%来源于所选变量。加酶量与底物浓度的交互作用对甲醛捕获率的影响是显著的（$P<0.05$）。

通过 Design expert 8.0 软件综合 3 个指标的影响，对回归方程在试验范围内进行适当调整，得到最佳水解条件：温度 35℃，pH 7.5，水解时间 5 h，加酶量 0.8%，底物浓度 25%，氨基氮含量 1.45%，该条件下的甲醛捕获率为 60.58%。

表 4-15　Box-Behnken 试验设计与结果（杨立平，2015）

序号	A/h	B/%	C/%	氨基氮含量/%	甲醛捕获率/%
1	4	0.2	20	0.574±0.103	19.985±0.089
2	4	0.8	20	0.914±0.121	42.912±0.087
3	4	0.5	15	0.724±0.030	28.448±1.020
4	4	0.5	25	0.798±0.085	30.355±0.296
5	5	0.2	15	0.698±0.085	25.847±3.438
6	5	0.8	15	0.850±0.037	29.599±0.335
7	5	0.2	25	0.698±0.047	25.237±0.335
8	5	0.8	25	1.444±0.173	57.562±1.852
9	5	0.5	20	0.815±0.054	30.47±0.863
10	5	0.5	20	0.764±0.021	28.786±0.876
11	5	0.5	20	0.807±0.031	31.179±0.846
12	5	0.5	20	0.875±0.101	35.630±0.279
13	5	0.5	20	0.899±0.018	37.719±6.709
14	6	0.2	20	0.591±0.018	20.180±1.456
15	6	0.8	20	1.438±0.309	56.746±0.806
16	6	0.5	15	0.968±0.269	38.521±2.396
17	6	0.5	25	1.438±0.086	59.473±2.366

表 4-16　氨基氮方差分析结果（杨立平，2015）

方差来源	平方和	自由度	均方和	F 值	P 值	显著性
模型	1.15	6	0.19	21.05	<0.0001	**
A	0.088	1	0.088	9.69	0.011	*
B	0.19	1	0.19	20.34	0.0011	**
C	0.16	1	0.16	17.77	0.0018	**
AB	0.064	1	0.064	7.05	0.0241	*
AC	0.039	1	0.039	4.3	0.0648	
BC	0.088	1	0.088	9.68	0.011	*
残差	0.091	10	0.091			
失拟项	0.079	6	0.013	4.45	0.0851	
纯误差	0.012	4	0.00297			
总和	1.24	16				

$$R^2 = 0.9266 \qquad R^2_{Adj} = 0.8826$$

注：**表示差异极显著（$P<0.01$）；*表示差异显著（$P<0.05$）。

表 4-17　甲醛捕获率方差分析结果（杨立平，2015）

方差来源	平方和	自由度	均方和	F 值	P 值	显著性
模型	2152.20	6	358.70	11.87	0.0005	**
A	97.33	1	97.33	3.22	0.1030	
B	374.05	1	374.05	12.38	0.0056	**
C	315.16	1	315.16	10.43	0.0090	**
AB	46.50	1	46.50	1.54	0.2432	
AC	90.67	1	90.67	3.00	0.1140	
BC	204.11	1	204.11	6.75	0.0266	*
残差	302.26	10	30.23			
失拟项	245.89	6	40.98	2.91	0.1604	
纯误差	56.36	4	14.09			
总和	2454.46	16				

$$R^2 = 0.8769 \qquad R^2_{Adj} = 0.8030$$

注：**表示差异极显著（$P<0.01$）；*表示差异显著（$P<0.05$）。

4.5　本章小结

（1）茶多酚、甘草提取物、白藜芦醇、蜂胶提取物和葡萄籽提取物都能有效减少鱿鱼上清液在 100℃条件下甲醛和二甲胺的形成，并且多酚提取物均表现良好的甲醛结合作用。随着茶多酚浓度的增加和处理时间的延长，茶多酚抑制鱿鱼中氧化三甲胺热转化甲醛和二甲胺形成的作用显著增强，其中高于 0.15% 茶多酚效果较佳。5 种儿茶素单体与茶多酚对鱿鱼上清液氧化三甲胺热分解表现相似的抑制作用，并且茶多酚和儿茶素单体（表儿茶素没食子酸酯和表没食子儿茶素没食子酸酯）能显著降低鱿鱼上清液高温自由基信号的形成。

（2）蓝莓叶总多酚能抑制鱿鱼上清液中氧化三甲胺的分解，使鱿鱼上清液中甲醛、二甲胺和三甲胺含量降低，浓度越大，效果越显著。鱿鱼上清液加热过程中产生了 $(CH_3)_3N \cdot$ 自由基，随加热温度的升高和处理时间的延长产生大量 $(CH_3)_3N \cdot$。鱿鱼上清液中加入蓝莓叶多酚后，$(CH_3)_3N \cdot$ 自由基信号减弱，蓝莓叶多酚浓度越高，$(CH_3)_3N \cdot$ 自由基信号越弱。蓝莓叶多酚与 $(CH_3)_3N \cdot$ 自由基发生化学反应，使甲醛生成量降低。

（3）丁二酸、草酸、苹果酸、酒石酸、柠檬酸和柠檬酸三钠都能在 100℃条件下有效减少鱿鱼上清液中甲醛和二甲胺的形成，抑制效果顺序是柠檬酸＞酒石酸＞柠檬酸三钠＞苹果酸＞草酸＞丁二酸；且有机酸对甲醛无任何结合作用。随着柠檬酸浓度增加和处理时间延长，柠檬酸抑制鱿鱼中氧化三甲胺热转化形成甲醛和二甲胺的作用增强，且浓度高于 5 mmol/L 时抑制效果较好，柠檬酸能显著降低鱿鱼高温自由基信号的形成。因此柠檬酸降低鱿鱼高温甲醛含量主要是通过抑制氧化三甲胺热分解来实现。

（4）钙离子能显著抑制鱿鱼上清液高温过程中甲醛和二甲胺的形成，并干扰亚铁离子的促进作用。通过 TMAO-Fe（Ⅱ）模拟体系验证，氯化钙主要通过抑制鱿鱼中氧化三甲胺的热分解来降低甲醛含量。应用 ESR 技术在秘鲁鱿鱼上清液和 TMAO-Fe（Ⅱ）体系中均检测到了相似的自由基信号，通过分析捕获，推测该自由基为 $(CH_3)_3N \cdot$ 信号。可溶性钙盐能显著降低鱿鱼上清液和 TMAO-Fe（Ⅱ）体系高温氧化三甲胺分解生成甲醛、二甲胺和三甲胺的反应，同时两种反应体系中自由基信号均减弱，并且随着添加浓度的增加抑制三甲胺分解和自由基形成能力增强。进一步利用 TG-DSC 分析，结果表明钙离子能够显著增加 TMAO-Fe（Ⅱ）在吸热分解时的活化能，减缓了氧化三甲胺的分解进程。

（5）考察了不同反应时间、温度、pH 和明胶浓度对明胶与甲醛反应的影响，结果表明，在 30℃、pH 8.0、明胶浓度 0.8%，甲醛捕获率为 79.99%，其中温度对反应影响最显著，其次是 pH 和明胶浓度，时间影响最小。对明胶进行深度水解，发现胰酶水解效果最好；优化了胰酶水解明胶及其捕获甲醛的最佳条件，发现加酶量、底物浓度、水解时间对反应影响显著；确定了甲醛捕获率与氨基氮含量呈正相关性。

参 考 文 献

毕彩虹, 杨坚茶. 2006. 茶多酚的保健作用研究进展[J]. 西南园艺, 34(2): 37-39.

陈琼. 1994. 酸味料及其在食品中的应用[J]. 广州化工, 2(4): 3940.

陈帅, 朱军莉, 潘伟春. 2017. 乳糖对鱿鱼中氧化三甲胺热分解反应动力学研究[J]. 现代食品科技, 33(3): 1-6.

陈帅. 2013. 赖氨酸和半乳糖对鱿鱼氧化三甲胺热分解的影响及体外模拟体系动力学研究[D]. 杭州: 浙江工商大学.

褚彦茹, 张文娜, 何建军, 等. 2007. 桑椹果渣中红色素的稳定性研究[J]. 食品研究与开发, 11: 59-64.

丁晓雯, 刁恩杰. 2006. 半胱氨酸对香菇甲醛含量控制及控制机理[J]. 食品科学, 27 (8): 133-137.

董春华. 2007. 酪蛋白-胰酶水解动力学模型及反冲与膜表面改性提高酶膜反应器性能的研究[D]. 天津: 天津大学.

董靓靓. 2012. 茶多酚和柠檬酸对秘鲁鱿鱼高温甲醛的抑制作用及其在鱿鱼丝中的应用[D]. 杭州: 浙江工商大学.

高伟, 罗建举, 屈春意. 2013. 甲醛捕捉剂在胶合板涂饰中的应用[J]. 林业科技开发, 27 (1): 89-93.

韩冬娇, 李敬, 刘红英. 2016. 不同贮藏温度对南美白对虾中甲醛含量变化的影响[J]. 食品工业科技, 37(2): 335-338.

贾佳. 2009. 秘鲁鱿鱼中氧化三甲胺热分解生成甲醛和二甲胺机理的初步研究[D]. 杭州: 浙江工商大学.

蒋圆圆, 李学鹏, 邹朝阳, 等. 2014. 苹果多酚与甲醛的反应特性及在鱿鱼丝加工中的应用效果研究[J]. 食品工业科技, 35(6): 90-93.

金英实, 朱蓓薇, 张彧. 2003. 提高越橘天然色素稳定性方法的研究[J]. 食品科学, 24(5): 81-84.

李建慧, 马会勤, 陈尚武. 2008. 葡萄多酚抑菌效果的研究[J]. 中国食品学报, 8(2): 100-107.

李薇霞, 朱军莉, 励建荣. 2011. 奶糖中内源性甲醛关键形成物质的初步研究[J]. 食品工业科技, 31(6): 179-181.

李学鸣, 孟宪军, 彭杰. 2008. 茶多酚生物学功能及应用的研究进展[J]. 中国酿造, (24): 13-16.

李颖畅, 王玉华, 韩美洲, 等. 2016a. 蓝莓叶多酚组成成分分析[J]. 食品科学, 37(6): 106-110.

李颖畅, 朱学文, 白杨, 等. 2016b. 蓝莓叶多酚对鱿鱼上清液中甲醛生成相关自由基的影响[J]. 食品工业科技, 37(11): 103-108.

李颖畅, 张笑, 仪淑敏, 等. 2013. 茶多酚对水产品的保鲜机理及其应用研究进展[J]. 食品工业科技, 34(8): 365-368.

李颖畅, 张笑, 张芝秀, 等. 2015. 蓝莓叶多酚对鱿鱼丝加工过程中内源性甲醛产生的抑制作用[J]. 食品与发酵工业, 41(7): 70-74.

李颖畅, 朱军莉, 励建荣. 2012. 水产品中内源性甲醛的产生和控制研究进展[J]. 食品工业科技, 33(8): 406-408.

励建荣, 曹科武, 贾佳, 等. 2009. 利用电子自旋共振(ESR)技术对秘鲁鱿鱼中甲醛生成非酶途径中相关自由基的研究[J]. 中国食品学报, 9(1): 16-20.

励建荣, 俞其林, 胡子豪, 等. 2008. 茶多酚与甲醛的反应特性研究[J]. 中国食品学报, 8(2): 52-57.

励建荣, 朱军莉. 2011. 食品中内源性甲醛的研究进展[J]. 中国食品学报, 11(9): 247-257.

林树钱, 王赛贞, 林志杉. 2002. 香菇生产发育和加工贮存中甲醛含量变化的初步研究[J]. 中国食用菌, 21(3): 26-28.

刘金峰, 钱家亮, 武光明. 2010. 啤酒生产中甲醛残留量控制[J]. 酿酒, 37(5): 57-59.

刘军海, 杨海涛, 刁宇清, 等. 2008. 甲醛捕获剂捕获性能的研究[J]. 林业科技, (4): 49-53.

刘浪浪, 刘伦, 郝建明, 等. 2009. 皮革用甲醛捕捉剂[J]. 西部皮革, (11): 13-16.

马敬军, 周德庆, 张双灵. 2004. 水产品中甲醛本底含量与产生机理的研究进展[J]. 海洋水产研究, 25(4): 85-89.

马艳丽, 齐树亭, 樊盛菊. 2005. 柠檬酸对 3 种常见水产病原菌的抑菌作用[J]. 城市环境与城市生态, 18(3): 14-16.

苗林林, 朱军莉, 励建荣. 2010. 梭子蟹贮藏和加工过程中内源性甲醛含量的变化[J]. 食品科学, 35(5): 1-4.

苗林林. 2011. 秘鲁鱿鱼复合甲醛抑制剂的研发及其应用[D]. 杭州: 浙江工商大学.

庞伟. 2007. 苹果多酚的分离纯化及抗氧化性研究[D]. 西安: 西北大学.

任龙芳. 2011. 基于废弃皮胶原改性的甲醛捕获剂的制备及其捕获行为的研究[D]. 西安: 陕西科技大学.

孙传艳. 2011. 葡萄组织中白藜芦醇提取工艺优化及含量差异性分析[D]. 济南: 山东轻工业学院.

汤晓艳, 周光宏, 徐幸莲, 等. 2004. 钙离子溶液浸泡处理对牛肉肌原纤维的影响[J]. 南京农业大学学报, 27(3): 95-98.

王博彦, 金其荣. 2000. 发酵有机酸生产及应用手册[M]. 北京: 中国轻工业出版社.

王佩华, 赵大伟, 迟彩霞, 等. 2011. 天然抗氧化剂茶多酚在食品贮藏保鲜中的应用[J]. 贵州农业科学, 39(3): 210-213.

王嵬, 杨立平, 仪淑敏, 等. 2015. 9 种氨基酸对甲醛捕获能力的研究[J]. 氨基酸和生物资源, 37(2): 10-13.

王文渊. 2012. 竹叶黄酮的功能研究进展[J]. 中国食物与营养, 18(6): 71-74.

王鑫. 2013. 蓝莓提取物及应用研究[J]. 高师理科学刊, 33(6): 63-66.

王学川, 赵宇, 强涛涛, 等. 2010. 甲醛捕获剂去除栲胶-噁唑烷鞣革中游离甲醛的研究[J]. 皮革科学与工程, 20 (3): 6-10.

王亚男. 2013. 芦丁对金黄色葡萄球菌 Sortase A 抑制作用的初步研究[D]. 长春: 吉林大学.

王燕, 王贤勇. 2007. 葡多酚的生物学功能及其应用前景[J]. 江西饲料, (6): 27-29.

魏振承, 张名位. 2001. 乌饭树属植物资源的营养功能及其开发应用[J]. 中国野生植物资源, 20(2): 21-23.

吴富忠, 黄丽君. 2006. 鱿鱼及制品中甲醛来源与产生规律探索[J]. 中国公共卫生管理, 22(3): 256-268.

吴清平, 周小燕. 1999. L-苹果酸研究进展[J]. 微生物学通报, 3: 30-33.

杨立平. 2015. 明胶水解物对甲醛的捕获特性及其在秘鲁鱿鱼丝中的应用[D]. 锦州: 渤海大学.

仪淑敏, 杨立平, 李学鹏, 等. 2015. 明胶对甲醛捕获条件的研究[J]. 食品工业科技, 36(22): 227-230.

俞其林, 励建荣. 2007. 食品中甲醛的来源与控制[J]. 现代食品科技, 23(10): 76-78.

张宏森, 周扬, 张钢. 2010. 精氨酸的电子结构和光谱性质[J]. 黑龙江科技学院学报, 20(3):

207-215.

张换换, 刘浪浪, 刘军海. 2010. 甲醛捕捉剂的研究热点和发展方向[J]. 中国环保产业, (1): 51-54.

张清安, 范学辉. 2011. 多酚类物质抗氧化活性评价方法研究进展[J]. 食品与发酵工业, 37(11): 169-172.

张笑. 2015. 蓝莓叶多酚对鱿鱼内源性甲醛形成的调控作用[D]. 锦州: 渤海大学.

赵京矗. 2010. 苹果多酚的特性及其应用[J]. 中国食物与营养, (3): 24-25.

郑小林. 2010. 外源草酸对水果的保鲜效应及其机制研究进展[J]. 果树学报, 27(4): 605-610.

朱军莉, 励建荣, 苗林林, 等. 2010. 基于高温非酶途径的秘鲁鱿鱼内源性甲醛的控制[J]. 水产学报, 34(3): 375-381.

朱军莉, 孙丽霞, 董靓靓, 等. 2013. 茶多酚复合柠檬酸和氯化钙对秘鲁鱿鱼丝贮藏品质的影响[J]. 茶叶科学, 33(4): 377-385.

朱军莉, 励建荣. 2010. 鱿鱼及其制品加工贮存过程中甲醛的消长规律研究[J]. 食品科学, 31(5): 14-17.

朱军莉, 苗林林, 李学鹏, 等. 2012. TG-DSC 分析氯化钙抑制鱿鱼氧化三甲胺的热分解作用[J]. 中国食品学报, 12(12): 148-154.

朱军莉. 2009. 秘鲁鱿鱼内源性甲醛生成机理及其控制技术[D]. 杭州: 浙江工商大学.

Andrade-Cetto A, Wiedenfeld H. 2001. Hypoglycemic effect of *Cecropia obtusifolia* on streptozotocin diabetic rats[J]. Journal of Ethnopharmacology, 78(2-3): 145-149.

Andreja R H, Majda H, Željko K, et al. 2000. Comparison of antioxidative and synergistic effects of rosemary extract with α-tocopherol, ascorbyl palmitate and acid in sunflower oil[J]. Food Chemistry, 71(2): 229-233.

Bolt H M, Morfeld P. 2013. New results on formaldehyde: the 2nd International Formaldehyde Science Conference (Madrid, 19-20 April 2012)[J]. Archives of Toxicology, 87(1): 217-222.

Brezova V P M, Stasko A. 2003. Antioxidant properties of tea investigated by EPR spectroscopy[J]. Biophysical Chemistry, 106(1): 39-56.

Buchanan R L, Golden M H. 1994. Interaction of citric acid concentration and pH on the kinetics of listeria monocytogenes inactivation[J]. Journal of Food Protection, 57(7): 567-570.

Cardoso C R P, Cólus I M D S, Bernardi C C, et al. 2006. Mutagenic activity promoted by amentoflavone and methanolic extract of *Byrsonima crassa* Niedenzu[J]. Toxicology, 225(1): 55-63.

Fechtald M, Rieid B, Calve L. 1993. Modeling of tannins as adhesives[J]. Holzforschung, 47: 419-424.

Ferris J P, Gerwe R D, Gapsi G R. 1985. Detoxication mechanism. II. The iron-catalyzed dealkylation of trimethylamine in squids[J]. Food Chemistry, 23(6): 579-583.

Ferris J P, Gerwe R D, Gapski G R. 1967. Detoxication mechanisms iron-catalyzed dealkylation of trimethylamine oxide[J]. Journal of the American Chemical Society, 89(20): 5270-5275.

George K B L, Herbert M S, Marcelo H L. 1999. Polyphenols tannic acid inhibits hydroxyl radical formation from Fenton reaction by complexing ferrous ion[J]. Biochimica et Biophysica Acta, 147(1-2): 142-152.

Guo Q, Zhao B L, Shen S R, et al. 1999. ESR study on the structure antioxidant activity relationship of tea catechins and their epimers[J]. Biochimica et Biophysica Acta, 1427(1): 13-23.

Harris C S, Burt A J, Saleem A, et al. 2010. A single HPLC-PAD-APCI/MS method for the quantitative comparison of phenolic compounds found in leaf, stem, root and fruit extracts of *Vaccinium angustifolium*[J]. Phytochemical Analysis, 18(2): 161-169.

Herrick E W, Bock L H. 1958. Thermosetting, exterior-plywood type adhesives from barkextracts[J]. Fore st Products Journal, 8: 269-274.

Kayashima T, Katayama T. 2002. Oxalic acid is available as a natural antioxidant in some systems[J]. Biochirnica et Biophysica Acta, 1573: 1-3.

Khan N, Mukhtar H. 2007. Tea polyphenols for health promotion[J]. Life Science, 81(7): 519-533.

Li L, Steffens J. 2002. Overexpression of polyphenol oxidase in transgenic tomato plants results in enhanced bacterial disease resistance[J]. Planta(Berlin), 215(2): 239-247.

Lin J K, Hurng D C. 1985. Thermal conversion of trimethylamine-*N*-oxide to trimethylamine and dimethylamine in squids[J]. Food and Chemical Toxicology, 23(6): 579-583.

Lin J K, Hurng D C. 1989. Potentiation of ferrous sulphate and ascorbate on the microbial transformation of endogenous trimethylamine *N*-oxide to trimethylamine and dimethylamine in squid extracts[J]. Food and Chemical Toxicology, 27(9): 613-618.

Martin P, Vlasta B, Andrej S. 2003. Antioxidant properties of tea investigated by EPR spectroscopy[J]. Biophysical Chemistry, 106: 39-56.

Mizuguchi T, Kumazawa K, Yamashita S, et al. 2001. Effect of surimi processing on dimethylamine formation in fish meat during frozen storage[J]. Fisheries Science, 77(1): 271-277.

Moreira A S, Spitzer V, Schapoval E E S, et al. 2000. Antiinflammatory activity of extracts and fractions from the leaves of *Gochnatia polymorpha*[J]. Phytotherapy Research, 14(8): 638-640.

Roopa B S, Bhattacharya S. 2010. Texturized alginate gels: screening experiments to identify the important variables on gel formation and their properties[J]. LWT-Food Science and Technology, 43 (9): 1403-1408.

Saito N, Reilly M, Yazaki Y. 2001. Chemical structures of (+)-catechin·formaldehyde reaction products (*Stiasny precipitates*) under strong acid conditions. Part 1. Solid-state ^{13}C-NMR analysis[J]. Holzforschung, 55(2): 205-213.

Serrano M, Martinez-Romero D, Castillo S, et al. 2004. Role of calcium and treatments in alleviating physiogyical changes induced by mechanical damage in plum[J]. Postharvest Biology and Technology, 34(2): 155-167.

Shao P, Jiang S T, Ying Y J. 2007. Optimization of molecular distillation for recovery of tocopherol from rapeseed oil deodorizer distillate using response surface and artificial neural network models[J]. Food and Bioproducts Processing, 85 (2): 85-92.

Sibirny V, Demkiv O, Klepach H, et al. 2011. Alcohol oxidase- and formaldehyde dehydrogenase-based enzymatic methods for formaldehyde assay in fish food products[J]. Food Chemistry, 127(2): 774-779.

Sorkel A K. 2004. Fruit quality at harvest of 'Jonathan' apple treated with foliarly-applied cacium chloride[J]. Journal of Plant Nutrition, 27(11): 1991-2006.

Spinelli J, Koury B J. 1979. Nonenzymic formation of dimethylamine in dried fishery products[J]. Journal of Agricultural and Food Chemistry, 1979, 27(5): 1104-1108.

Spinelli J, Koury B. 1981. Some new observations on the pathways of formation of dimethylamine in fish muscle and liver[J]. Journal of Agriculture and Food Chemistry, 29(2): 327-331.

Takagaki A, Fukai K, Nanjo F, et al. 2000. Reactivity of green tea catechins with formaldehyde[J]. Journal of Wood Science, 46: 334-338.

Takagaki A, Fukai K. 2000. Application of green tea catechins as formaldehyde scavengers[J]. Mokuzai Gakkaishi, 46 (3): 231-237.

Tong Z Q, Han C S, Qiang M, et al. 2015. Age-related formaldehyde interferes with DNA methyltransferase function, causing memory loss in Alzheimer's disease[J]. Neurobiology of Aging, 36(1): 100-110.

Tyihák E, Albert L, Szende B, et al. 1998. Formaldehyde cycle and the natural formaldehyde generators and capturers[J]. Acta Biologica Hungarica, 49(2-4): 225-238.

Vioque J, Sanchez-Vioque R, Clemente A, et al. 2000. Partially hydrolyzed rapeseed protein isolates with improved functional properties[J]. Journal of the American Oil Chemists' Society, 77 (4): 447-450.

Yosuke M, Yusuke F, Sachiko O, et al. 2010. Chemical constituents of the leaves of rabbiteye blueberry (*Vaccinium ashei*) and characterisation of polymeric proanthocyanidins containing phenylpropanoid units and A-type linkages[J]. Food Chemistry, 121(4): 1073-1079.

Zhu J L, Jia J, Li X P, et al. 2013. ESR studies on the thermal decomposition of trimethylamine oxide to formaldehyde and dimethylamine in jumbo squid (*Dosidicus gigas*) extract[J]. Food Chemistry, 141(4): 3881-3888.

Zhu J L, Li J R, Jia J. 2012. Effects of thermal process and various chemical substances on formaldehyde and dimethylamine formation in squid *Dosidicus gigas*[J]. Journal of the Science of Food and Agriculture, 92(12): 2436-2442.

第 5 章　甲醛控制技术在鱿鱼及其制品中的应用

甲醛是一种毒性很强的物质，小剂量甲醛能引起人疼痛、呕吐、昏睡和昏迷，大剂量甲醛能引起死亡。甲醛已经被世界卫生组织确定为致癌和致畸物质，也是潜在的强致突变物（李颖畅等，2012）。研究发现鱿鱼等海产品中甲醛和二甲胺含量较高（Lin et al.，1983）。海产品中高含量甲醛的来源：一是利用甲醛的防腐和杀菌作用而人为非法添加及加工器具溶入的甲醛，统称外源性甲醛；二是水产品自身含有的氧化三甲胺分解而产生的甲醛，称为内源性甲醛。由于打击非法添加力度的加大和加工器具的规范化，目前内源性甲醛是水产品甲醛的主要来源。研究认为水产品内源性甲醛主要通过两种途径产生：一是酶途径，主要是酶及微生物参与；二是非酶途径，主要是高温过程的热分解。鱿鱼丝加工过程中氧化三甲胺热分解是鱿鱼丝中甲醛的主要来源。

海产品内源性甲醛控制技术主要体现在三方面：一是改进生产工艺条件，如在鱿鱼丝加工过程中通过改变解冻方式、蒸煮和焙烤技术，可以大大降低鱿鱼丝的甲醛含量；二是添加甲醛捕获剂，甲醛捕获剂有多酚类、明胶等；三是在贮藏过程中添加抗冻剂或者酶抑制剂，能有效抑制在低温贮藏或冷冻过程中鱿鱼体内氧化三甲胺分解生成甲醛。Parkin 和 Hultin（1982）研究发现，低温贮藏过程水产品中的氧化三甲胺在酶的作用下仍会分解生成甲醛，在添加酶抑制剂后，氧化三甲胺分解受到显著抑制，生成的甲醛含量随之降低。Herrera 等（1999）在鱿鱼原料中添加抗冻剂后发现，抗冻剂的添加对甲醛的生成起到抑制作用。

5.1　改善加工工艺对鱿鱼制品中甲醛的控制

有关部门在对秘鲁鱿鱼丝进行检测时发现甲醛含量较高（排除人为添加因素）。目前的研究主要集中在原料贮藏阶段，而对秘鲁鱿鱼加工过程中甲醛含量及其工艺控制的研究很少。本书研究侧重于从加工工艺上控制鱿鱼中的甲醛含量，并对工艺条件进行优化，提出改进建议。

采用的鱿鱼丝加工工艺：原料→自然解冻（8～10 h）→剖片→脱皮→清洗→蒸煮（加水搅拌，90℃、6～8 min）→冷却→调味（＜10℃、6 h）→一次烘干（40℃、18 h 至含水分 40%）→贮藏（1～5 d）→解冻（2～3 h）→复水→焙烤（90℃、5 min）→压延、拉丝→调味→渗透（18℃以下，8～12 h）→二次烘干（55℃、

3 min）→放置 1 h→三次烘干（47～48℃、3 min 至含水分≤27%）→成品。通过对秘鲁鱿鱼丝加工工艺中甲醛含量变化的测定，确定了鱿鱼丝加工中的关键控制点，对解冻及工序进行了条件的优化。

5.1.1 传统工艺中甲醛含量的变化

采取工厂原来的秘鲁鱿鱼丝加工工艺，测定整个加工工序甲醛含量的动态变化。其中蒸煮条件为 90℃、8 min，焙烤条件为 90℃、5 min。秘鲁鱿鱼中甲醛本底含量较高，湿基含量为 2.66 mg/kg。按照工厂原加工工艺生产的鱿鱼丝甲醛含量较高，其中湿基含量为 14.4 mg/kg，干基含量为 18.5 mg/kg（图 5-1），均超过国家标准。在整个加工过程中，甲醛含量有明显的升降变化，其中甲醛含量上升较快的阶段是蒸煮和焙烤工序。

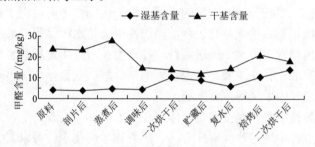

图 5-1 原加工工艺中甲醛含量的变化（励建荣和朱军莉，2006）

5.1.2 鱿鱼丝加工工艺的改进

1. 解冻最佳条件的确定

将秘鲁鱿鱼原料沿垂直肌肉纹路方向切成 3 块，第 1 块直接测定甲醛含量，第 2 块在 10℃流水中解冻 40 min 后测定甲醛含量，第 3 块在车间常规（自然）解冻 12 h 后测定甲醛含量。从图 5-2 可知，两种解冻方式下，常规解冻的甲醛含量略有增加，而流水解冻无显著变化（图 5-2），这可能是甲醛部分溶于水的缘故。流水解冻方式的解冻速度较快，但成本增加了。

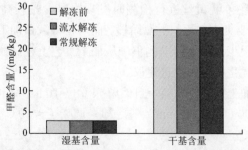

图 5-2 不同解冻方式原料甲醛含量的变化（励建荣和朱军莉，2006）

2. 蒸煮条件的优化

为了研究蒸煮工序，即在不同温度和时间条件下甲醛的变化规律，选择了60～95℃的温度，同时结合鱿鱼片的熟度，最终确定优化 85℃、90℃和 95℃ 3 个温度于不同的时间条件下生成甲醛的条件。同一原料在同一温度下随着时间的延长甲醛含量逐渐升高。温度高、时间短，不利于甲醛的产生。因此，对条件做重复试验。蒸煮条件为 85℃、4.5 min 时，甲醛生成量最少，90℃、4 min 和 95℃、4 min 次之，从甲醛含量控制和鱿鱼丝品质综合考虑选择 90℃、4 min 为优化的蒸煮温度与时间（图 5-3）。

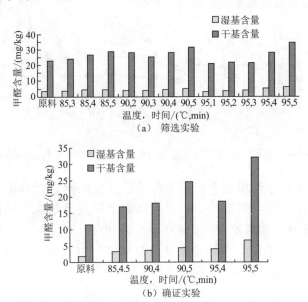

图 5-3　蒸煮温度和时间对甲醛生成量的影响（励建荣和朱军莉，2006）

3. 焙烤条件的优化

取一片复水后的半成品沿垂直肌肉纹路方向对半切开，一半直接检测甲醛含量，另一半分别选择 90℃、110℃、115℃、120℃、125℃和 130℃ 6 个不同温度进行焙烤，焙烤时间均为 5 min，测定不同温度下焙烤前后的甲醛含量变化。升温范围在 90～115℃，随着温度的升高，焙烤前后的甲醛增幅相应降低，在 120℃后甲醛含量出现递减，且递减幅度增加。推测可能是焙烤时鱿鱼片中有甲醛生成，同时在高温条件下甲醛随着水分的蒸发而部分挥发。当温度逐渐升高，甲醛的挥发量超过生成量，其含量呈现下降的趋势。然而焙烤温度应控制在 125～130℃，因为在 130℃时已发生部分美拉德反应，如果温度进一步升高，则美拉德反应会加剧，最终导致产品颜色褐变。此外温度过高也会引起原料表面焦化，不利于导热和水分的挥发，对后续的拉丝工序有很大的影响。因此，焙烤温度经优化选择为125℃、5 mim。

4. 工艺改进后生产过程甲醛含量的变化

工艺条件优化后，对生产工艺做了改进，即采用流水解冻，蒸煮条件为90℃、4 min，焙烤条件为125℃、5 min，其他工艺不变。对改进工艺后生产的鱿鱼丝进行了甲醛含量动态变化的检测。改进后的工艺制品甲醛含量变化幅度较小，特别是蒸煮和焙烤两道工序中甲醛含量均有所下降，其中第一次烘干后的鱿鱼丝中甲醛含量最低。成品中甲醛含量较低，即湿基含量 8.7 mg/kg，干基含量 15.1 mg/kg。甲醛含量的上升主要是发生在贮藏后（图5-4）。

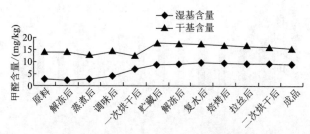

图 5-4　工艺改进后甲醛含量的变化（励建荣和朱军莉，2006）

通过对秘鲁鱿鱼丝加工工艺中甲醛含量变化的测定，确定了甲醛升高最快的蒸煮和焙烤工序为关键控制点。对解冻、蒸煮及焙烤工序进行了条件的优化试验，最终确定为流水解冻，蒸煮条件为90℃、4 min，焙烤条件为125℃、5 min。改进后的工艺能有效地控制鱿鱼丝甲醛含量，使其成品的湿基甲醛含量为 8.7 mg/kg，达到了国家标准。

5.2　多酚类物质对鱿鱼丝加工中甲醛的控制

5.2.1　茶多酚对鱿鱼丝加工中甲醛的控制

由于鱿鱼特有的风味，鱿鱼及其制品在中国、日本及其他亚洲国家一直备受欢迎。随着渔业发展进入新阶段，水产养殖产品的质量安全问题却日益突出，已经成为我国水产养殖业健康发展的瓶颈。在水发食品中，最突出的就是水产品中的甲醛问题。鱿鱼丝等主要的鱿鱼制品，加工过程受某些因素的影响，其中的甲醛超标。第 4 章讨论了茶多酚和蓝莓叶多酚作为甲醛抑制剂对体外 TMAO-Fe(Ⅱ) 模拟体系和鱿鱼上清液中甲醛的控制，为有效控制鱿鱼制品甲醛含量奠定了基础。

茶多酚是茶叶中一类主要的化学成分。它含量高（占总干物质的 18%～36%），分布广（存在于植株各器官，主要集中于嫩叶和芽），对茶叶品质的影响最显著，是茶叶生物化学研究最广泛、最深入的一类物质。茶多酚是一大类存在于茶叶中成分复杂的多酚类及其衍生物的总称，因其大部分溶于水且属于缩合单宁，所以又称为水溶性单宁。茶多酚主要成分包括儿茶素、黄酮醇、花青素、酚酸及缩酚酸等。多酚类化合物具有抗氧化、清除活性氧和自由基、络合金属离子、延缓衰老和抗肿瘤作用。本书从鱿鱼丝加工中鱿鱼片浸泡和蒸煮方式、茶多酚浸泡鱿鱼片时间、茶多酚溶液浓度及复水方式等研究茶多酚对鱿鱼丝加工过程中内源性甲醛形成的抑制作用。

　　经茶多酚浸泡和蒸煮处理的鱿鱼丝半成品甲醛含量显著低于对照样品（$P<$0.05），如图 5-5 所示，说明茶多酚能有效捕获鱿鱼体内的甲醛。这是由于在浸泡和蒸煮阶段茶多酚进入鱿鱼体内，并在整个加工阶段利用蒸煮、烘干时的高温条件与鱿鱼体内的甲醛发生了反应。其中，方式 C 即 0.1%茶多酚溶液 4℃浸泡 24 h 后用浸泡液蒸煮的鱿鱼丝半成品的甲醛含量最低，为 5.98 mg/kg，茶多酚捕获鱿鱼体内甲醛的效果最好；比较 A 和 C 可以发现两种处理方式差异显著（$P<0.05$），即用茶多酚浸泡过的半成品（处理 C）甲醛含量更低，说明浸泡阶段茶多酚通过渗透进入鱿鱼体内，充分与甲醛接触，有利于反应的进行，从而使甲醛含量降低更明显；比较 B 和 C 可以发现两种处理方式差异显著（$P<0.05$），表明在蒸煮阶段还有部分茶多酚进入鱿鱼体内，在蒸煮及后续加工阶段起到捕获甲醛的作用。故在实际应用时应采用茶多酚溶液浸泡鱿鱼片，并用浸泡液蒸煮鱿鱼。

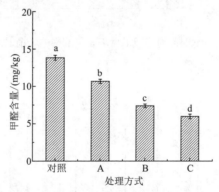

图 5-5　不同浸泡和蒸煮方式对半成品甲醛含量的影响（俞其林，2008）

A 表示不浸泡，水蒸煮；B 表示茶多酚溶液浸泡 24h，水蒸煮；C 表示茶多酚溶液浸泡 24h，浸泡液蒸煮；
不同字母表示差异显著，下同

　　浸泡时间对鱿鱼丝半成品甲醛含量影响显著（$P<0.05$）。无论是用水浸泡鱿鱼片还是茶多酚溶液浸泡鱿鱼片，浸泡时间越长，鱿鱼半成品的甲醛含量就越低；茶多酚溶液浸泡的样品甲醛含量明显低于水浸泡样品（$P<0.05$），如图 5-6 所示。浸泡 12 h 后甲醛含量基本没有变化，可能该条件下甲醛的溶解达到平衡。水浸泡时，随着时间延长，甲醛量的减少与鱿鱼体内甲醛溶于水有关，但是效果有限，而茶多酚溶液浸泡时则发挥了双重作用，不但溶出了部分游离甲醛，而且进一步

提供了茶多酚来捕获鱿鱼体内的甲醛。浸泡时间的延长有助于降低甲醛含量，但是浸泡时间过长，对鱿鱼半成品中蛋白质含量也有一定的影响（图 5-7）。随着浸泡时间的增加，鱿鱼半成品蛋白质的含量有一定程度的减少，这主要是由于部分水溶性蛋白质在浸泡过程中溶于浸泡液中。当浸泡时间小于 8 h，蛋白质含量减少不明显，当浸泡时间达到 12 h 以上，此时甲醛含量减少不明显，而蛋白质流失进一步增加，比对照样品少 3.5% 以上。故从样品蛋白质含量考虑，浸泡时不宜采取太长的时间，以免造成更多营养成分的流失。综合浸泡对甲醛含量及蛋白质含量的影响，浸泡鱿鱼片的时间应在 12 h 较为适宜。

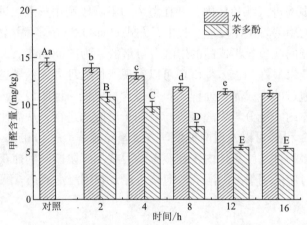

图 5-6　不同浸泡时间对半成品甲醛含量的影响（俞其林，2008）

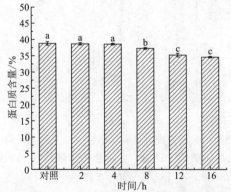

图 5-7　不同浸泡时间对半成品蛋白质含量的影响（俞其林，2008）

　　茶多酚浸泡液浓度对半成品甲醛含量也有着显著影响，浸泡液茶多酚浓度（质量分数）越大，其对应鱿鱼制品的甲醛含量就越低（图 5-8）。这是由于在一定范围内茶多酚浓度越大，进入鱿鱼体内的量越多，捕获甲醛的茶多酚量也越多，反应物浓度的增加使反应继续朝产生聚合体的方向进行，故鱿鱼半成品的甲醛含量就越低。

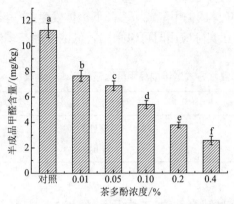

图 5-8　茶多酚浸泡液浓度对半成品甲醛含量的影响（俞其林，2008）

　　采用茶多酚溶液处理鱿鱼片对半成品的色泽有一定影响（表 5-1），处理组 0.01%组、0.05%组、0.10%组的 L^* 值与对照组均无显著性差异，0.20%组、0.40% 组与对照组的 L^* 值差异显著（$P<0.05$），L^* 值降低，说明鱿鱼片的白度在下降；0.01%组、0.05%组的 a^* 值与对照组无显著差异（$P>0.05$），而 0.10%组、0.20% 组、0.40%组与对照组有显著性差异（$P<0.05$），并随着浓度的增加，a^* 值显著 变大（$P<0.05$），说明鱿鱼片的红色在增加；0.01%组、0.05%组的 b^* 值与对照 组无显著差异（$P>0.05$），0.10%组、0.20%组、0.40%组与对照组差异显著性 变大（$P<0.05$），说明鱿鱼片的黄色在增加，而 0.10%组、0.20%组、0.40%组 3 组间差异不显著。高浓度组的鱿鱼片半成品的颜色实际呈轻微的红褐色。甲醛变 化结果表明在实际生产过程中应尽量采取较高浓度的茶多酚浸泡液处理鱿鱼样 品，但是浸泡后的鱿鱼体内仍然有一定量的茶多酚没有参与反应，这部分茶多酚 经氧化生成醌，使鱿鱼片颜色发生变化，影响了制品的感官，故在应用时还要考 虑产品色泽问题，实际可以选择 0.05%~0.15%的浓度范围。

表 5-1　不同浓度茶多酚浸泡液对半成品颜色的影响（俞其林，2008）

茶多酚浓度	L^*值	a^*值	b^*值	c^*值
对照	70.02±1.58	−0.38±0.11	7.14±1.24	7.15±1.24
0.01%	66.92±1.45	−0.35±0.18	7.29±0.44	7.30±0.47
0.05%	66.46±0.93	−0.30±0.15	7.39±0.41	7.41±0.51
0.10%	66.79±1.28	1.00±0.39	14.54±1.25	16.38±1.04
0.20%	65.85±1.33	3.84±0.51	16.39±1.04	16.54±0.51
0.40%	62.80±2.76	6.52±0.26	17.56±0.88	18.73±0.92

　　在复水阶段用含有茶多酚的溶液，复水的鱿鱼丝甲醛含量明显低于对照样品（$P<$ 0.05），见表 5-2。可见在复水阶段，溶液中的茶多酚也有部分进入鱿鱼体内，并在

后续加工过程中与鱿鱼体内的甲醛或茶多酚低聚体发生进一步的反应,使样品中的甲醛进一步减少。故在实际应用时可以采用较低浓度的茶多酚溶液复水半成品。

表 5-2　复水方式对半成品甲醛含量的影响（俞其林, 2008）

复水方式	甲醛含量/（mg/kg）	差异性
对照（原工艺复水）	29.11±0.61	a
用 0.05%茶多酚溶液复水	21.08±0.54	b

注：不同字母表示差异显著。

5.2.2　蓝莓叶多酚对鱿鱼丝加工中甲醛的控制

蓝莓叶片为椭圆形至长圆形,可以药食两用。蓝莓叶含有粗蛋白、粗纤维、脂肪酸、甾醇、萜类、矿质元素、氨基酸、有机酸、维生素、糖类和大量多酚类化合物。多酚是一类广泛存在于植物体内的次生代谢物质的混合物,是分子中具有多个羟基酚类植物成分的总称,表现出强大的抑酶性和抑菌性,多酚包括花色苷类、黄酮类、黄酮醇类、酚酸等（张清安和范学辉, 2011）。李颖畅等（2015）从鱿鱼丝加工中鱿鱼片浸泡和蒸煮方式、蓝莓叶多酚浸泡鱿鱼片时间、蓝莓叶多酚溶液浓度及复水方式等研究蓝莓叶多酚对鱿鱼丝加工过程中内源性甲醛形成的抑制作用。

分别采用多酚溶液浸泡、水蒸煮,多酚溶液浸泡、多酚溶液蒸煮,水浸泡、水蒸煮,水浸泡、多酚溶液蒸煮等方式,对鱿鱼丝进行处理。蓝莓叶多酚浸泡过的鱿鱼丝半成品（C 和 D）中甲醛和二甲胺含量显著低于水浸泡过的半成品（E 和 F）（$P<0.05$）。未浸泡直接蒸煮（A 和 B）的鱿鱼丝半成品中甲醛和二甲胺含量显著高于其他浸泡和蒸煮方式（$P<0.05$）（图 5-9）。采用蓝莓叶多酚浸泡和蒸

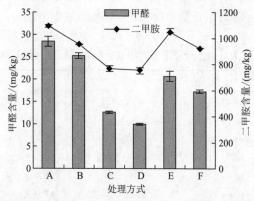

图 5-9　不同浸泡和蒸煮方式对鱿鱼丝半成品甲醛和二甲胺含量的影响（李颖畅等, 2015）
A 表示未浸泡、水蒸煮；B 表示未浸泡、多酚溶液蒸煮；C 表示多酚溶液浸泡、水蒸煮；D 表示多酚溶液浸泡、
多酚溶液蒸煮；E 表示水浸泡、水蒸煮；F 表示水浸泡、多酚溶液蒸煮

煮能显著降低鱿鱼丝半成品甲醛含量（$P<0.05$），通过浸泡和蒸煮使蓝莓叶多酚渗透进入鱿鱼片中，抑制氧化三甲胺高温分解，同时多酚与甲醛发生酚醛缩合反应，使鱿鱼丝半成品中甲醛含量大大降低。

随着浸泡时间的增加，对照组和蓝莓叶多酚组甲醛含量降低，而蓝莓叶多酚组鱿鱼丝半成品中甲醛含量显著低于对照组甲醛含量（$P<0.05$），蓝莓叶多酚组甲醛含量从 25.24 mg/kg 下降至 9.74 mg/kg（图 5-10）。这说明随浸泡时间的延长，进入鱿鱼丝原料中的蓝莓叶多酚增多，在鱿鱼丝加工中更多的多酚类物质与氧化三甲胺分解产生的甲醛发生缩合反应，同时蓝莓叶多酚抑制氧化三甲胺的分解，从而导致鱿鱼丝半成品中甲醛含量的减少。蓝莓叶多酚组鱿鱼丝半成品二甲胺含量也显著低于对照组二甲胺含量（$P<0.05$）。

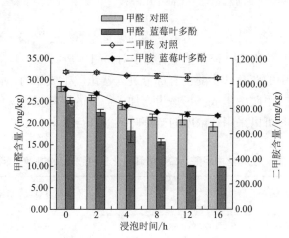

图 5-10   浸泡时间对鱿鱼丝半成品甲醛和二甲胺含量的影响（李颖畅等，2015）

随着蓝莓叶多酚浓度增加，鱿鱼丝半成品甲醛和二甲胺含量逐渐降低，甲醛含量从 20.69 mg/kg 降至 7.48 mg/kg；二甲胺含量从 1046.99 mg/kg 降至 717.99 mg/kg（图 5-11）。0.1%的蓝莓叶多酚和 0.2%蓝莓叶多酚处理鱿鱼丝半成品中甲醛含量差异不显著（$P>0.05$），因此 0.1%蓝莓叶多酚为最佳浸泡鱿鱼片浓度。朱军莉等（2010）研究表明茶多酚能有效减少鱿鱼上清液和鱿鱼片中甲醛含量，浓度越高效果越好。蓝莓叶多酚也能显著降低鱿鱼丝半成品中甲醛含量，同时多酚浓度越高，鱿鱼丝半成品中甲醛含量越低，这和朱军莉等的研究结果是一致的。励建荣等（2008）研究表明茶多酚具有捕获甲醛的作用，即多酚能与甲醛发生酚醛缩合反应。蓝莓叶多酚使鱿鱼丝半成品中甲醛含量降低的原因有两个，一是蓝莓叶多酚抑制氧化三甲胺的分解，使产生的甲醛减少；二是蓝莓叶多酚与甲醛发生酚醛缩合反应，使鱿鱼丝半成品中甲醛含量降低。

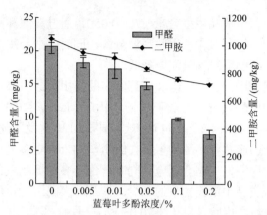

图 5-11　蓝莓叶多酚浓度对鱿鱼丝半成品中甲醛和二甲胺含量的影响（李颖畅等，2015）

　　在复水阶段含有蓝莓叶多酚溶液复水的鱿鱼丝氧化三甲胺含量显著高于对照组（$P<0.05$），甲醛和二甲胺含量显著低于对照组（$P<0.05$）（表 5-3），可见在复水阶段，溶液中的蓝莓叶多酚也有部分进入鱿鱼丝半成品内，抑制氧化三甲胺分解以及甲醛和二甲胺的生成。考虑生产加工产生的甲醛损害人的身体健康，因此，在实际应用时可以采用低浓度的蓝莓叶多酚进行复水。

表 5-3　不同复水方式对鱿鱼丝中甲醛、二甲胺和氧化三甲胺含量的影响（李颖畅等，2015）

复水方式	原工艺复水加工而成的鱿鱼丝（对照）	蓝莓叶多酚浸泡复水后加工而成的鱿鱼丝
氧化三甲胺含量/（mg/kg）	7024.53±68.45	9421.12±64.71
甲醛含量/（mg/kg）	19.86±1.26	7.24±0.02
二甲胺含量/（mg/kg）	754.49±3.52	539.56±1.08

5.2.3　葡萄籽提取物对鱿鱼鱼丸甲醛的控制

　　鱿鱼具有肉质鲜嫩、营养价值高、无骨刺、易加工等特点（杨宪时等，2013），日益受到鱼糜生产者的青睐，具有作为鱼丸制品原料的广阔前景。同时研究发现鱿鱼等水产品中有较高含量的甲醛和二甲胺，甲醛能和肽类、氨基酸残基等各种小分子量物质反应，导致蛋白质分子间及分子内交联，使蛋白溶解度下降，产品质地变硬、纤维化等，从而降低产品价值（Yeh et al.，2013）。Benjakul 等（2003）研究结果显示，甲醛诱导产生了疏水氨基酸侧链的甲基基团间大量的共价键，促进了蛋白质的聚集。Chanarat 和 Benjakul（2013）研究发现，贮藏过程中狗母鱼鱼糜中甲醛含量增多和蛋白质发生交联，导致鱼糜凝胶形成性变差，鱼糜凝胶的破断力增大，影响其品质。鱿鱼的这些缺点在一定程度上影响了产业的发展。如何改进原料特性，如何有效控制其制品加工过程中甲醛含量的产生，成为鱿鱼产品开发的主要问题。鱿鱼鱼糜存在凝胶强度低、持水性弱等缺点，因此，如何有效改善鱿鱼鱼糜凝胶特性是目前提高鱿鱼鱼糜质量的一个关键点。

植物多酚广泛存在于水果、蔬菜中，主要有原花青素、单宁、酚酸、黄酮等。葡萄籽提取物（GSE）是从葡萄籽提取和纯化的多酚类物质，其主要的活性成分是原花青素，原花青素分子中含有大量的酚羟基，使 GSE 具有显著的清除自由基和抗氧化功能（林亲录和施兆鹏，2002；彭惠惠和李吕木，2011）。李超等（2016）研究表明，GSE 可有效改善发酵鸭肉香肠贮藏时期的品质。然而 GSE 用于改善鱿鱼鱼糜的凝胶品质鲜见报道。因此，选用 GSE 为外援添加物，探讨其对秘鲁鱿鱼鱼丸品质的影响及内源性甲醛生成的调控作用，为其应用到鱼丸生产加工过程提供理论依据。

由图 5-12（a）可知，GSE 添加量为 0～0.050%时，随着 GSE 浓度的增加，甲醛、二甲胺含量显著降低（$P<0.05$）。由图 5-13（b）可知，GSE 添加量为 0～0.200%时，随添加量的增加，氧化三甲胺含量显著增加（$P<0.05$）；GSE 添加量为 0～0.100%时，三甲胺含量则显著减小（$P<0.05$），GSE 再增加，三甲胺含量无显著性变化。这表明 GSE 能够抑制秘鲁鱿鱼鱼丸中氧化三甲胺的热分解，降低甲醛、二甲胺和三甲胺含量，其中甲醛含量远远低于二甲胺含量。GSE 中主要是多酚类物质，其可能与甲醛发生酚醛缩合反应，从而使秘鲁鱿鱼凝胶制品中甲醛含量减少；也可能是 GSE 中的酚类物质清除了自由基，进而使氧化三甲胺热分解受到抑制。综合分析，GSE 为 0.050%时，显著降低甲醛、二甲胺和三甲胺含量（$P<0.05$），显著升高氧化三甲胺含量（$P<0.05$）。

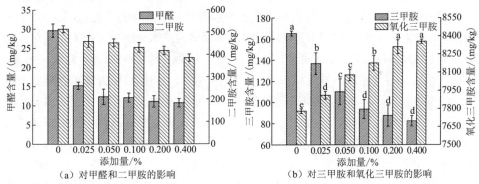

图 5-12　葡萄籽提取物浓度对秘鲁鱿鱼鱼丸氧化三甲胺分解的影响（许一琳等，2019）

凝胶强度等于破断力与凹陷距离的乘积，破断力可反映鱼丸的硬度情况，凹陷距离可间接反映鱼丸的弹性情况，所以凝胶强度也是反映鱼丸品质的重要指标，通过改善破断力和凹陷距离可以改善鱼丸的凝胶强度（余永名等，2016）。不同浓度的 GSE 对鱿鱼鱼丸破断力、凹陷距离和凝胶强度的影响如图 5-13 所示。破断力、凹陷距离和凝胶强度随着 GSE 添加量的增加而呈现上升趋势，当添加量为 0～0.050%时显著增加（$P<0.05$），而后上升趋势增加缓慢；当 GSE 添加量在 0.050%～0.400%范围时，凝胶强度无显著变化（$P>0.05$）；当 GSE 添加量等于 0.400%时，鱼丸破断力和凝胶强度均达到最大值。这说明一定浓度的 GSE 可以改善鱼丸的凝胶特性。从对破断力、凹陷距离和凝胶强度作用效果以及节省成本来看，选择0.050%的 GSE 添加量比较合适。

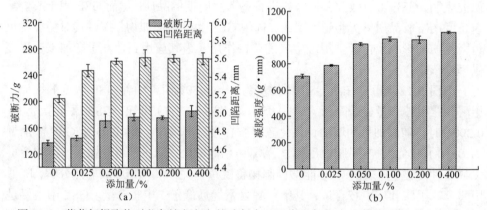

图 5-13　葡萄籽提取物对秘鲁鱿鱼鱼丸的破断力、凹陷距离（a）和凝胶强度（b）的影响
（许一琳等，2019）

由图 5-14 可知，鱿鱼鱼丸存在 4 种状态的水，T_{21}、T_{22}、T_{23}、T_{24} 这 4 个 T_2 特征峰所对应的弛豫时间分别为 0.5～1.3 ms、4～11 ms、24～100 ms、200～1000 ms。T_2 值表示样品的持水能力，其大小代表该种水分与物质结合的紧密程度，T_{24} 值越大说明水分越易流动，各特征峰所对应的横坐标即为该水分的弛豫时间平均值。根据出峰时间和各特征峰所占总面积的比例，研究认为 4 个特征峰分别对应的是 T_{21} 和 T_{22} 为结合水，T_{23} 为不易流动水，T_{24} 则是自由水。GSE 对秘鲁鱿鱼弛豫组分峰面积比例的影响如图 5-15 可知，随着 GSE 添加量的增大，这几种状态的水分含量并不是一成不变的，P_{21}、P_{22} 稍微增大，但差异不显著（$P>0.05$）；GSE 添加量为 0%～0.200%时，P_{23} 显著增加（$P<0.05$）；GSE 添加量为 0%～0.200%时，P_{24} 略有减少；GSE 添加量 0.200%～0.400%时，P_{24} 显著减少（$P<0.05$），从 2.44%下降到 1.32%。GSE 的加入对秘鲁鱿鱼鱼丸各状态下水分子的分布有影响，且可能使鱼丸中部分自由水转换成了结合水和不易流动水，减少了鱼丸中水的流动性，从而使鱼丸持水性增强，凝胶强度增大。

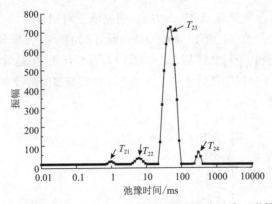

图 5-14　秘鲁鱿鱼鱼丸 T_2 横向弛豫时间的分布变化（许一琳等，2019）

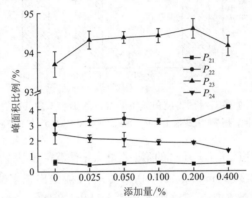

图 5-15　葡萄籽提取物对秘鲁鱿鱼鱼丸弛豫组分峰面积比例的影响（许一琳等，2019）

5.2.4　茶多酚对鱿鱼制品甲醛含量控制的产业化

在不影响鱿鱼制品品质的前提下对鱿鱼制品加工工艺进行初步改进来控制甲醛含量。采用茶多酚溶液浸泡、蒸煮、复水鱿鱼作为甲醛的关键控制点，着重以鱿鱼丝、烟熏鱿鱼圈、蒸煮鱿鱼条为代表性鱿鱼制品进行产业化。

改进后鱿鱼丝加工工艺：原料→流水解冻→去头、去内脏、清洗→剖片（＜0.8 cm）→0.15%茶多酚（60%纯度）溶液浸泡（肉水比1∶2，＜10℃，12 h）→蒸煮（用0.10%茶多酚溶液或浸泡液蒸煮，90℃，4 min）→冷却→调味（＜10℃，6 h）→一次烘干（至含水分40%）→复水（0.05%茶多酚溶液复水）→焙烤（125℃，5 min）→压延、拉丝→调味→渗透（18℃以下，8～12 h）→二次烘干（55℃，3 min）→放置1 h→三次烘干（47～48℃，3 min，至水分≤27%）→成品。

1. 茶多酚对鱿鱼丝品质的影响

1）茶多酚对鱿鱼丝甲醛含量的影响

用改进工艺生产的秘鲁鱿鱼丝甲醛含量显著减少（$P<0.05$），用茶多酚溶液

处理后样品中甲醛含量只有 5.32 mg/kg，明显低于对照样品的 25.5 mg/kg（$P<$0.05），用茶叶水代替茶多酚溶液处理的鱿鱼丝样品的甲醛含量分别为 13.50 mg/kg 和 14.86 mg/kg，也低于对照样品（$P<$0.05）（图 5-16），但是效果没有茶多酚溶液显著，这可能是由于浸提的茶叶水中茶多酚含量没有茶多酚溶液中高。

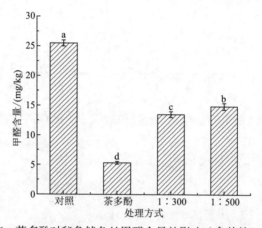

图 5-16　茶多酚对秘鲁鱿鱼丝甲醛含量的影响（俞其林，2008）

不同字母表示差异显著，下同；用茶叶浸提液（茶叶：水=1∶300 和 1∶500）代替茶多酚溶液浸泡鱿鱼进行试验

如图 5-17 所示，用改进工艺生产的第一批北太平洋鱿鱼丝甲醛含量只有 5.81 mg/kg，明显低于对照样品的 30.9 mg/kg（$P<$0.05）。表 5-4 给出茶多酚浸泡液中茶多酚含量，茶多酚溶液浸泡鱿鱼后，溶液中茶多酚含量仍然较高，为了降低成本，在浸泡第一批鱿鱼后补加一定量的茶多酚进行第二批鱿鱼的浸泡，如此重复生产三批鱿鱼丝。图 5-17 给出第二批、第三批样品的甲醛含量分别为 7.22 mg/kg 和 6.30 mg/kg，都明显低于对照样品（$P<$0.05），且处理的三批制品甲醛含量的差异不显著，所以在实际生产应用时可以采用此法节约成本。通过计算，每千克鱿鱼丝增加成本不到 1 元。

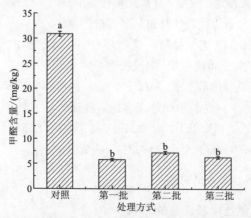

图 5-17　茶多酚对北太平洋鱿鱼丝甲醛含量的影响（俞其林，2008）

表 5-4　各样品茶多酚含量（俞其林，2008）

测定对象	茶多酚含量/（mg/mL）
原始溶液（浸泡用）	0.90±0.05
浸泡一次后	0.65±0.03
第一次补加浸泡二次后	0.70±0.05
第二次补加浸泡三次后	0.45±0.04
原始溶液（蒸煮用）	0.60±0.05
蒸煮一批后	0.52±0.06
鱿鱼丝	ND
烟熏鱿鱼圈	ND
蒸煮鱿鱼条	ND

注：ND 表示未检出。

对最终的鱿鱼丝等产品的茶多酚含量进行测定，3 种制品都没有检测出茶多酚，进一步说明茶多酚捕获甲醛主要发生在鱿鱼制品生产过程，或者鱿鱼制品中残留的茶多酚氧化成了醌类物质（表 5-4）。

2）茶多酚对鱿鱼丝色泽的影响

试验组秘鲁鱿鱼丝与对照组的 L^* 值变化无显著性差异，说明白度变化不大；试验组秘鲁鱿鱼丝 a^* 值显著变大（$P<0.05$），说明鱿鱼丝的红色在增加；试验组秘鲁鱿鱼丝 b^* 值显著变小（$P<0.05$），说明鱿鱼丝的黄色在减少（表 5-5）。经处理的秘鲁鱿鱼丝的颜色实际呈轻微的褐色（图 5-18），这主要是反应残余的茶多酚氧化成醌造成的，但仍符合鱿鱼丝的感官要求。

表 5-5　茶多酚对鱿鱼丝色泽的影响（俞其林，2008）

样品	L^*值	a^*值	b^*值	c^*值
秘鲁鱿鱼丝（对照）	85.54±0.21	2.99±0.14	12.05±1.08	12.42±1.39
秘鲁鱿鱼丝（试验）	82.96±1.73	4.09±0.12	7.78±0.66	8.79±0.57
北太平洋鱿鱼丝（对照）	73.92±1.51	7.38±0.29	10.53±0.91	12.86±0.95
北太平洋鱿鱼丝（试验）	73.09±1.73	8.05±0.33	10.86±0.17	13.52±0.37

注：c^* 表示彩度。

图 5-18　茶多酚对秘鲁鱿鱼丝色泽的影响（见彩插；俞其林，2008）

试验组北太平洋鱿鱼丝与对照组的 L^* 值差异不显著（$P>0.05$），说明白度变化不大；试验组北太平洋鱿鱼丝与对照组的 a^* 和 b^* 值无显著差异（$P>0.05$），见表 5-5。经处理的北太平洋鱿鱼丝的颜色与对照组无显著差异，色泽基本一致（图 5-19）。这主要是因为带皮鱿鱼丝本身呈一定的红褐色，掩盖了茶多酚的影响。

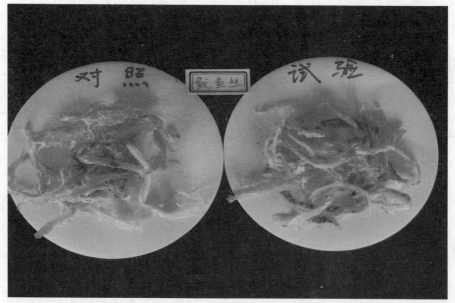

图 5-19　茶多酚对北太平洋鱿鱼丝色泽的影响（见彩插；俞其林，2008）

2. 茶多酚对烟熏鱿鱼圈品质的影响

1）茶多酚对烟熏鱿鱼圈甲醛含量的影响

经过茶多酚处理的烟熏鱿鱼圈甲醛含量只有 6.74 mg/kg，明显低于对照样品的甲醛含量（$P<0.05$），茶多酚用于控制烟熏鱿鱼圈甲醛含量效果明显，见表 5-6。

表 5-6　茶多酚对烟熏鱿鱼圈甲醛含量的影响（俞其林，2008）

中试样品	原工艺生产样品甲醛含量/（mg/kg）	改进后样品甲醛含量/（mg/kg）
烟熏鱿鱼圈	22.3±0.44	6.74±0.23

2）茶多酚对烟熏鱿鱼圈色泽的影响

由表 5-7 可知，试验组烟熏鱿鱼圈与对照组的 L^* 值无显著差异（$P>0.05$），说明白度变化不大；试验组烟熏鱿鱼圈 a^* 值显著变小（$P<0.05$），说明鱿鱼圈的红色在减少；试验组烟熏鱿鱼圈 b^* 值显著变小（$P<0.05$），说明鱿鱼圈的黄色在减少；可见试验组烟熏鱿鱼圈的颜色与对照组有一定差异（图 5-20），但这主要是因为烟熏鱿鱼圈在烟熏时采用比较原始的火堆进行加工，较难控制烟熏程度，不同批次样品的颜色有差别，另外烟熏鱿鱼圈的颜色受烘干程度的影响也较大。总之，茶多酚处理对烟熏鱿鱼圈的颜色影响小。

表 5-7　茶多酚对烟熏鱿鱼圈色泽的影响（俞其林，2008）

样品	L^* 值	a^* 值	b^* 值	c^* 值
烟熏鱿鱼圈（对照）	78.61±1.63	7.19±0.45	25.14±0.71	26.15±0.84
烟熏鱿鱼圈（试验）	73.52±1.16	6.14±0.43	18.17±1.11	19.18±1.20

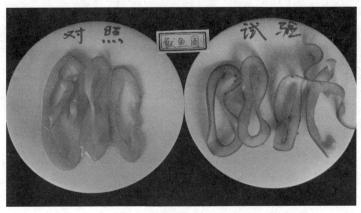

图 5-20　茶多酚对烟熏鱿鱼圈色泽的影响（见彩插）

5.3　明胶和明胶水解物在鱿鱼丝半成品加工中的应用

氨基衍生物型甲醛捕获剂具有较高的甲醛去除率，利用蛋白类甲醛捕获剂上的氨基与甲醛发生反应以达到捕获甲醛的目的。壳聚糖是甲壳素的脱乙酰化产物，是天然直链多糖，其分子链结构中含有大量的酰胺基和氨基，可作为环保型甲醛捕获剂（张廷红和万海清，2007）。中国专利公开了一种主要是将氨水、羧甲基壳聚糖、氨基酸等物质经过一定比例的复配处理，发明的高效甲醛消除剂，对甲醛消除有很好的效果（郑承伟，2013）。

明胶是用碱或酸处理胶原蛋白而得到的一种变性产物，由氨基酸组成，但胶原蛋白三股螺旋结构部分被分解为单条多肽链的 α-组分、由两条 α 链组成的 β-组分、由三条 α 链组成的 γ-组分、介于其间和小于 α-组分或大于 γ-组分的分子链碎片，α-、β-和 γ-结构的肽链分子质量分别为 95 kDa、190 kDa 和 285 kDa（Sakvarelidze et al.，2005；蒋挺大，2006）。明胶营养价值高，所含氨基酸种类丰富，含 18 种氨基酸，包括 7 种人体必需氨基酸（不含色氨酸）（罗振玲，2014）。一般情况下明胶呈无色或淡黄色透明、半透明状，不溶于乙醇、冷水，可溶于乙酸、甘油、热水等（刘颖，2011）；具有许多特殊的物理化学性质，如亲水性强、凝胶化性能强、乳化性能好、溶胶与凝胶间可发生可逆性转化、成膜性好（黎幼群，2012）、侧链基团反应活性高、具有生物可降解性及良好的生物相容性，被广泛地应用于食品、化妆品、医药、纺织、印刷等许多领域。

蛋白水解是一个蛋白大分子中肽链裂解成小分子肽段，从而制备出具有生物活性或人类所需的短肽；而明胶水解物是以动物骨、皮或大分子明胶为原料，经过一定程度水解得到的低分子水溶性多肽，也称胶原多肽。不同的水解方法与水解程度将明胶水解成不同的肽段，目前主要的水解方法有碱水解法、酸水解法和酶水解法。

目前市场上的甲醛捕获剂，从产品安全角度上讲，大部分自身或者产物有一定的毒性，在生产和使用过程中易对环境造成污染或二次污染，影响产品性能，大多不适合在食品中应用；从生产角度讲，现有的甲醛捕获剂制造工艺复杂，且生产成本高。而明胶是多种氨基酸的缩聚物，赋予了高分子链大量的羧基基团和氨基基团，将其水解成短链的小分子多肽或氨基酸，可释放出更多的氨基。任龙芳和王学川（2010）比较了明胶、骨胶和氨基酸的除甲醛效果，其中明胶的甲醛去除率最高，达到50%。中国专利公开了一种以明胶为原料，先将其水解，再进行氨基衍生化改性，最后将氨基衍生化明胶与端氨基超支化聚合物和壳聚糖进行复配得到的甲醛捕获剂（陕西科技大学，2009）。吴东晓等（2013）发现食用明胶酶解液在高温和碱性条件下具有较好的甲醛捕获特性。但是利用明胶水解物作为食品中甲醛捕获剂的目前未有报道,因此研究明胶及其水解物对甲醛的捕获特性,并将其应用到秘鲁鱿鱼丝中具有一定的实用意义。

本书拟从开发新型甲醛捕获剂的角度出发,研究明胶及其水解物对鱿鱼丝中甲醛的捕获效果,筛选出新型甲醛捕获剂,并将其初步应用于鱿鱼丝加工工艺中,从而控制鱿鱼丝中的甲醛含量。

5.3.1　明胶在鱿鱼丝半成品加工中的应用

图 5-21 是 pH 为 8.0、浓度为 0.8%的明胶溶液在温度 4℃、不同时间下浸泡鱿鱼片对鱿鱼丝半成品甲醛含量影响的结果,经明胶处理的鱿鱼丝半成品甲醛含量明显低于对照样品($P<0.05$)。随着时间的延长,鱿鱼丝半成品中甲醛含量呈先下降再升高的趋势。浸泡时间为 12 h 时,甲醛含量最低(12.78 mg/kg),说明明胶能有效捕获鱿鱼体内的甲醛。而再随着时间延长,甲醛含量又增加,是因为明胶是大分子物质,容易发生交联作用;鱿鱼是高蛋白物质,在浸泡过程中部分水溶性蛋白会析出,低温条件下明胶容易与其发生交联作用形成凝胶,溶液整体呈果冻状,阻止了明胶与甲醛的反应。因此需要进一步研究明胶与鱿鱼中甲醛反应的最佳浓度。

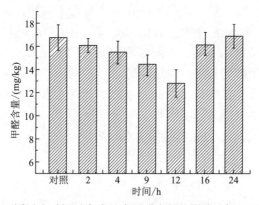

图 5-21　不同浸泡时间对半成品中甲醛含量的影响(杨立平,2015)

浓度对明胶捕获鱿鱼丝半成品中甲醛的影响如图 5-22 所示。0.8%的明胶溶液在 4℃下浸泡鱿鱼片会发生凝固现象,故研究了明胶溶液浓度对半成品中甲醛含量的影响。明胶浓度对明胶捕获鱿鱼丝半成品中甲醛呈显著性影响($P<0.05$),随着浸泡液浓度的增大,鱿鱼丝半成品的甲醛含量呈先降低后升高的趋势,在明胶浓度为 0.2%时,甲醛含量最低(8.93 mg/kg)。因此明胶浸泡鱿鱼片的浓度确定为 0.2%。

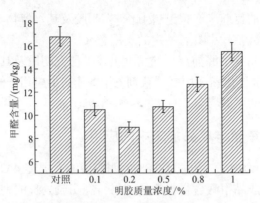

图 5-22　明胶浓度对半成品甲醛含量的影响（杨立平，2015）

5.3.2　明胶水解物在鱿鱼丝半成品加工中的应用

明胶在胰酶添加量 0.8%、水解温度 35℃、pH 7.5、水解时间 5 h、底物浓度 25%的条件下酶解得到明胶水解物。将明胶水解物按照明胶含量配制成浓度为 0.8%的水解物，在温度为 4℃条件下浸泡鱿鱼片，考察时间对其半成品中甲醛含量的影响（图 5-23）。明胶水解物在不同时间下浸泡鱿鱼片半成品对其甲醛含量有显著影响，经处理的鱿鱼丝半成品甲醛含量明显低于对照样品（$P<0.05$）。随着时间的延长，鱿鱼丝半成品中甲醛含量与明胶浸泡鱿鱼片的趋势一样，均为先下降再升高，浸泡时间为 12 h 时，甲醛含量最低（7.12 mg/kg），说明明胶水解物比明胶捕获鱿鱼体内甲醛的效果好；随着时间的再延长，甲醛含量又增加的原因可能是浸泡液中的水溶性蛋白析出量增加，而水解物的浓度较大，其中含有未完全水解的明胶，两者在低温条件下容易发生交联作用形成凝胶，阻止了明胶水解物与甲醛的反应。因此确定 12 h 为最佳浸泡时间。

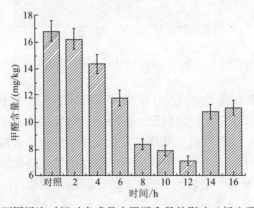

图 5-23　不同浸泡时间对半成品中甲醛含量的影响（杨立平，2015）

明胶水解物浓度对半成品中甲醛含量有着显著影响（$P<0.05$），图 5-24 表明

随着浸泡液浓度的增大，鱿鱼半成品的甲醛含量呈减少趋势，当水解物浓度达到 1.0%时，再增加浓度，甲醛含量减少趋势趋于平衡，10.0%时的甲醛含量为 6.53 mg/kg。因此明胶水解物浸泡鱿鱼片的浓度确定为 1.0%。

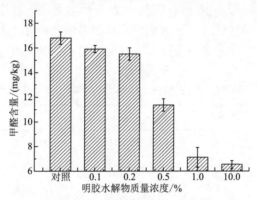

图 5-24　明胶水解物浓度对半成品甲醛含量的影响（杨立平，2015）

5.3.3　甲醛捕获剂对鱿鱼丝成品品质的影响

将秘鲁鱿鱼片分别经过明胶、明胶水解物、茶多酚三种甲醛捕获剂的浸泡和复水等一系列的步骤加工成鱿鱼丝。测定其中甲醛含量发现三种甲醛捕获剂均能显著捕获鱿鱼丝中的甲醛（$P<0.05$），明胶处理过的鱿鱼丝甲醛含量显著高于其他两种捕获剂处理过的样品（$P<0.05$），明胶水解物和茶多酚处理过的鱿鱼丝甲醛含量没有显著差异（图 5-25）。而明胶价格低廉，适合代替茶多酚来抑制鱿鱼丝中的甲醛。

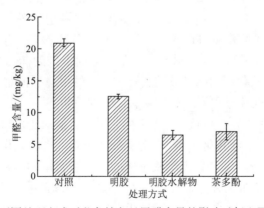

图 5-25　不同处理方式对秘鲁鱿鱼丝甲醛含量的影响（杨立平，2015）

鱿鱼丝在加工过程中会发生美拉德反应，影响产品的色泽（Tsai et al., 1991b）。Omura 等（2004）研究发现在鱿鱼丝中核糖有很强的褐变能力。Haard 和 Arcilla

（1985）发现牛磺酸、甲硫氨酸和赖氨酸是北大西洋枪乌贼中美拉德反应的前体物质。李丰（2010）研究发现鱿鱼丝贮藏过程中甲醛含量的增加与美拉德反应有关。三种捕获剂均显著降低鱿鱼丝的 L^* 值和 b^* 值（$P<0.05$），说明鱿鱼丝的白色和黄色较对照组均有所下降；茶多酚处理过的鱿鱼丝 a^* 值显著高于其他处理组（$P<0.05$），说明其色泽比其他的颜色红；c^* 值表明明胶和茶多酚处理过的彩度值显著低于其他两组（$P<0.05$），三种捕获剂对鱿鱼丝色泽影响最小的为明胶水解物（表 5-8）。

表 5-8　不同处理方式对鱿鱼丝色泽的影响（杨立平，2015）

样品	L^*值	a^*值	b^*值	c^*值
对照	68.22±0.54[a]	0.35±0.11[a]	21.11±1.21[a]	22.08±1.33[a]
明胶(0.2%)	59.30±0.11[b]	0.93±0.32[a]	17.03±0.51[b]	18.81±1.91[b]
明胶水解物(1%)	61.87±0.26[b]	0.74±0.15[a]	18.46±0.55[b]	21.04±1.18[a]
茶多酚	60.69±0.39[b]	4.68±0.93[b]	16.73±0.73[b]	18.70±0.82[b]

注：同一列中不同字母表示差异显著。

5.4　明胶和明胶水解物对鱿鱼丝贮藏过程中甲醛的控制

由图 5-26（a）可知，鱿鱼丝在贮藏期初始时对照组甲醛含量为 20.97 mg/kg，而添加了 0.2%明胶、1.0%明胶水解物、0.15%茶多酚处理组的甲醛含量分别为 14.22 mg/kg、6.47 mg/kg 和 6.95 mg/kg。在贮藏期间甲醛捕获剂处理的三组鱿鱼丝甲醛含量均显著低于对照组（$P<0.05$），表明甲醛捕获剂在加工过程中能有效降低鱿鱼丝中的甲醛含量。随着贮藏时间的延长，各组甲醛含量均呈上升趋势，其中明胶水解物和茶多酚处理的趋势相同，上升得最平缓；明胶处理的居于中间位置；对照组鱿鱼丝甲醛含量上升最快，在 35 d 时上升到 78.30 mg/kg。这说明甲醛捕获剂在鱿鱼丝贮藏期间能有效捕获鱿鱼丝中的甲醛和抑制甲醛的产生，明胶水解物和茶多酚对鱿鱼丝中甲醛的捕获有较好的效果。

由图 5-26（b）可知，鱿鱼丝贮藏期内二甲胺含量的变化趋势基本上与甲醛相同，但其含量的增加快于甲醛的增加，这是因为鱿鱼丝内的氧化三甲胺分解产物甲醛可与肌肉蛋白结合。三个处理组鱿鱼丝的二甲胺含量均明显低于对照组（$P<0.05$），这表明捕获剂在鱿鱼丝加工工艺中不仅能有效降低甲醛含量，还能减少二甲胺的生成。随着贮藏时间的延长，各组二甲胺含量均呈逐渐上升趋势，对照组二甲胺含量增长最快，由最初的 123.65 mg/kg 急速上升到 401.46 mg/kg；明胶、明胶水解物、茶多酚处理的三组鱿鱼丝二甲胺含量分别上升至 184.41 mg/kg、116.96 mg/kg 和 151.48 mg/kg。

鱿鱼丝贮藏期内除了甲醛、二甲胺含量的显著增加，三甲胺含量也会显著增加（$P<0.05$），这是因为鱿鱼丝贮藏期间内部微生物会产生三甲胺还原酶，从而产生三甲胺（Pitombo and Lima，2003）。氧化三甲胺除了分解产生甲醛、二甲胺外，还会分解产生三甲胺（Ducel et al.，2008）。由图 5-26（c）可知，三个处理组鱿鱼丝的三甲胺含量增长趋势均显著低于对照组（$P<0.05$），表明捕获剂在鱿鱼丝贮藏期间不仅能有效降低甲醛、二甲胺含量，还能减少三甲胺的生成。随着贮藏时间的延长，对照组三甲胺含量增长最快，由最初的 202.65 mg/kg 急速上升到 3106.33 mg/kg；而明胶、明胶水解物、茶多酚处理的三组鱿鱼丝三甲胺含量分别由 395.23 mg/kg、435.34 mg/kg、488.58 mg/kg 上升至 1789.41 mg/kg、2501.96 mg/kg、1918.48 mg/kg。三组捕获剂处理的鱿鱼丝在贮藏期间三甲胺含量由高到低分别是明胶水解物组、茶多酚组和明胶组。

氧化三甲胺是水产品内源性甲醛、二甲胺、三甲胺形成的主要前体物质，且鱿鱼丝中含有大量的氧化三甲胺，经过高温处理可降解为甲醛、二甲胺和三甲胺等产物。图 5-26（d）表明，三组捕获剂在贮藏过程中能够在一定程度上抑制氧化三甲

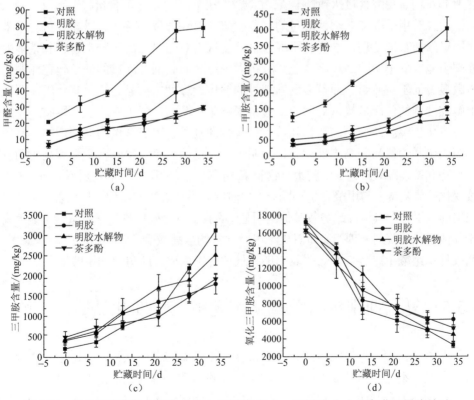

图 5-26　鱿鱼丝贮藏期内甲醛（a）、二甲胺（b）、三甲胺（c）和氧化三甲胺（d）含量的变化（杨立平，2015）

胺的分解，对照组鱿鱼丝氧化三甲胺含量从 17122.98 mg/kg 减少至 3372.33 mg/kg，变化趋势刚好与甲醛、二甲胺、三甲胺变化趋势相反；明胶、明胶水解物、茶多酚处理三组的氧化三甲胺降解较为缓慢，其分解量显著低于对照组（$P<0.05$），分别降解至 6262.57 mg/kg、4523.33 mg/kg 和 5235.56 mg/kg。贮藏过程中鱿鱼丝中大量的氧化三甲胺不断分解，而甲醛、二甲胺、三甲胺逐渐积累，这表明室温条件下鱿鱼丝中仍会发生氧化三甲胺转化为甲醛、二甲胺和三甲胺的反应。

从秘鲁鱿鱼丝加工工艺出发，在研究明胶与甲醛反应特性的基础上考察不同浸泡时间和明胶浓度对秘鲁鱿鱼丝半成品中甲醛的捕获效果。结果表明，鱿鱼浸泡时间为 12 h 时，甲醛含量显著低于其他处理时间；由于处理温度为 4℃，高浓度的明胶溶液浸泡鱿鱼片时容易形成凝胶，阻碍了其与甲醛的反应；当浓度为 0.2%时，甲醛含量最小。在研究了明胶酶解效果及其酶解物对甲醛捕获特性的基础上，考察了不同浸泡时间和明胶水解物浓度对秘鲁鱿鱼丝半成品中甲醛的捕获作用。随着浸泡时间的延长，甲醛含量显著降低，当浸泡时间为 12 h，甲醛含量达到最小值，随后甲醛含量又相应增加；随着明胶水解物浓度的增加，甲醛含量也相应地减少，当浓度为 1.0%时，甲醛含量达到较小值，再随着浓度的增加，甲醛含量趋于平稳。

通过对用甲醛捕获剂处理过的秘鲁鱿鱼丝甲醛含量、色泽、风味分析，结果表明甲醛捕获剂处理过的样品甲醛含量显著低于对照组；而明胶水解物和茶多酚处理组显著低于明胶处理组。色泽分析发现甲醛捕获剂处理过的鱿鱼丝色泽明亮指数显著低于对照组，而茶多酚处理过的鱿鱼丝彩度指数显著高于其他组，明胶水解物处理的色泽最接近对照组。考察了鱿鱼丝贮藏过程中甲醛、二甲胺、三甲胺、氧化三甲胺的变化趋势，随着贮藏天数的延长，甲醛含量均显著增加，其中对照组甲醛含量显著高于处理组，而明胶处理过的鱿鱼丝甲醛含量显著高于明胶水解物和茶多酚处理组，明胶水解物和茶多酚处理过的甲醛含量差别不显著；二甲胺变化趋势基本上与甲醛含量相同；三甲胺随着贮藏天数的增加，均显著增加，对照组的三甲胺含量增加趋势较其他组明显，明胶水解物处理过的三甲胺含量显著高于其他甲醛捕获剂处理组；而氧化三甲胺含量均显著减少，对照组减少趋势最大，明胶处理组减少趋势最慢。明胶水解物最适合作为秘鲁鱿鱼丝的甲醛捕获剂。

5.5　复合抑制剂对贮藏鱿鱼丝甲醛特性和品质的影响

鱿鱼丝作为一种休闲食品，因其富含人体必需的多种氨基酸、微量元素及对人体有益的不饱和脂肪酸（EPA、DHA）、牛磺酸等，深受大众欢迎。鱿鱼丝含有的大量高不饱和脂肪酸不仅可以有效减少血管壁内所累积的胆固醇、预防血管硬化，还能补充脑力、预防阿尔茨海默病等。然而，鱿鱼丝在高温加工过程中产生的内源性甲醛，对消费者的健康存在威胁且直接影响到我国鱿鱼丝的贸易。在前人的基础上朱军莉（2009）又进一步研究了鱿鱼甲醛抑制剂的复合效果。为此，本节将效果较好的复合抑制剂进行中试研究进而产业化。分别加工出 4 组鱿鱼丝，其中第 1 组是无任何添加剂的对照组，第 2 组添加 0.15%茶多酚，第 3 组添加 0.05%茶多酚+5 mmol/L 柠檬酸，第 4 组添加 0.05%茶多酚+5 mmol/L Ca^{2+}，将加工后的鱿鱼丝分别按 100 g 每袋包装，并在常温条件下贮藏。监测贮藏期内甲醛复合抑制剂对鱿鱼丝甲醛、营养指标、理化指标的影响。

5.5.1　复合抑制剂对鱿鱼丝基本营养成分和还原力的影响

表 5-9 所示的是复合抑制剂在贮藏期内对鱿鱼丝基本成分的影响。随着贮藏期的延长，4 组鱿鱼丝样品（对照、0.15%茶多酚、0.05%茶多酚+5 mmol/L 柠檬酸和 0.05%茶多酚+5 mmol/L Ca^{2+}）水分含量都有不同程度下降，其中在 180 d 的水分含量分别为 18.98%、22.19%、19.54%和 19.34%。众所周知，鱿鱼丝水分的减少会增加其咀嚼的难度，因此抑制剂的添加能有效保持贮藏期内鱿鱼丝水分，一定程度上缓解了鱿鱼制品贮藏过程中因水分减少而引起的硬度大、口感差的问题。

表 5-9　复合抑制剂对鱿鱼丝基本成分及还原力的影响（董靓靓，2012）

组别	时间/d	水分/%	粗蛋白/%	粗脂肪/%	灰分/%	pH	还原力
对照	0	23.65±0.79[a]	35.73±0.68[a]	1.84±0.06[bc]	9.19±0.24[a]	6.58±0.01[a]	0.266±0.004[h]
	60	19.74±1.21[c]	33.70±0.13[c]	1.76±0.11[c]	9.04±0.17[ab]	6.50±0.01[b]	0.269±0.003[h]
	120	19.26±0.53[c]	33.79±0.21[bc]	1.52±0.34[d]	8.93±0.41[ab]	6.43±0.02[c]	0.261±0.003[i]
	180	18.98±0.74[d]	28.98±0.79[e]	1.41±0.21[e]	8.47±0.22[c]	6.25±0.01[e]	0.259±0.001[i]
0.15%茶多酚	0	24.44±0.36[a]	35.94±0.87[a]	2.02±0.03[a]	9.20±0.18[a]	6.57±0.02[a]	0.353±0.005[a]
	60	22.08±0.94[b]	35.76±0.25[a]	1.93±0.25[ab]	9.08±0.23[a]	6.54±0.02[b]	0.304±0.002[e]
	120	23.45±1.23[ab]	33.72±0.53[c]	1.83±0.22[ab]	9.02±0.19[ab]	6.39±0.00[d]	0.280±0.002[f]
	180	22.19±1.05[b]	29.03±0.81[e]	1.74±0.25[c]	8.38±0.13[c]	6.26±0.02[e]	0.278±0.040[f]
0.05%茶多酚+5 mmol/L 柠檬酸	0	22.44±0.26[b]	35.15±1.02[a]	1.93±0.05[b]	9.17±0.22[a]	6.36±0.03[de]	0.341±0.001[b]
	60	21.43±0.16[c]	34.23±0.27[b]	1.87±0.11[c]	8.99±0.23[ab]	6.31±0.01[e]	0.302±0.012[e]
	120	21.06±0.35[c]	32.81±0.42[d]	1.79±0.27[c]	8.95±0.38[ab]	6.24±0.02[e]	0.267±0.005[h]
	180	19.54±0.46[c]	29.40±0.26[e]	1.72±0.18[c]	8.42±0.18[c]	6.13±0.03[f]	0.265±0.004[hi]
0.05%茶多酚+5 mmol/L Ca^{2+}	0	22.14±0.75[b]	35.48±0.93[a]	1.92±0.04[b]	9.16±0.25[a]	6.45±0.00[c]	0.330±0.002[c]
	60	20.91±1.01[c]	34.02±0.34[b]	1.85±0.32[abc]	9.02±0.16[ab]	6.40±0.01[d]	0.301±0.003[e]
	120	19.88±0.84[c]	33.09±0.51[c]	1.78±0.20[bc]	8.97±0.23[b]	6.33±0.02[e]	0.262±0.002[i]
	180	19.34±0.25[cd]	30.22±0.62[e]	1.71±0.13[c]	8.44±0.24[c]	6.25±0.00[e]	0.261±0.002[i]

注：同一列不相同字母表示差异显著（$P<0.05$）。

鱿鱼丝是一种高蛋白、低脂肪的营养休闲食品，如表 5-9 所示，其粗蛋白含量在 35%左右，而粗脂肪含量仅 1.9%左右。随着贮藏期的延长，各组鱿鱼丝粗蛋白含量发生显著性下降（$P<0.05$），对照组鱿鱼丝粗蛋白含量从 35.73%降至 28.98%，而 0.15%茶多酚、0.05%茶多酚+5 mmol/L 柠檬酸和 0.05%茶多酚+5 mmol/L Ca^{2+}粗蛋白含量也分别降至 29.03%、29.40%和 30.22%。贮藏期内鱿鱼丝粗蛋白含量的减少可能与微生物分解粗蛋白生成挥发性胺类物质有关，而茶多酚能抑制微生物活动，且柠檬酸与 Ca^{2+}能够与茶多酚起到协同作用，因此，3 个处理组能有效抑制贮藏期内鱿鱼丝粗蛋白的分解。此外，贮藏期内鱿鱼丝的粗脂肪也表现出与粗蛋白类似的变化趋势。对照组鱿鱼丝的粗脂肪含量从 1.84%降到 1.41%，减少量明显高于其他 3 个处理组鱿鱼丝。这是因为常温贮藏的鱿鱼丝会因受到阳光、氧气等外界环境影响发生脂肪氧化，而处理组中的茶多酚是一种优良的抗氧化剂，且与柠檬酸共同使用时效果更优。

贮藏期 0 d 时，除 0.05%茶多酚+5 mmol/L 柠檬酸组 pH 为 6.36 外，其余 3 个处理组的 pH 初始都在 6.50 左右，可能与 0.05%茶多酚+5 mmol/L 柠檬酸组中添加了 5 mmol/L 的柠檬酸溶液有关，柠檬酸使鱿鱼丝 pH 略低于其他组。随着贮藏期的延长，鱿鱼丝中 pH 均呈现逐渐减小的趋势，可能与微生物产生代谢产物有关，该结果与鱼丸在贮藏过程中 pH 的变化趋势一样。此外，鱿鱼丝中添加茶多酚，3 个处理组的还原力分别为 0.353、0.341 和 0.330，明显高于对照组的 0.266（$P<0.05$），随着贮藏期的延长，处理组鱿鱼丝中的茶多酚逐渐氧化分解，还原力表现逐步下降的趋势。

5.5.2 复合抑制剂对贮藏鱿鱼丝中甲醛等相关物质含量的影响

如图 5-27 所示，鱿鱼丝在贮藏期初始时，对照组甲醛含量在 9.65 mg/kg，而添加了 0.15%茶多酚、0.05%茶多酚+5 mmol/L 柠檬酸和 0.05%茶多酚+5 mmol/L Ca^{2+}处理组甲醛含量分别为 3.27 mg/kg、3.33 mg/kg 和 3.05 mg/kg。可见，3 个处理组鱿鱼丝的甲醛含量均明显低于对照组（$P<0.05$），表明甲醛抑制剂在加工过程中能有效降低鱿鱼丝中的甲醛含量。随着贮藏时间延长，各组甲醛含量呈逐渐上升趋势，其中在 90 d 内增长最快，对照组鱿鱼丝甲醛含量由最初的 9.65 mg/kg 急速上升到 161.47 mg/kg；在之后的 3 个月内，甲醛无显著变化（$P>0.05$）。相比对照组，其他 3 个处理组 90 d 甲醛含量分别是 111.96 mg/kg、119.89 mg/kg 和 128.64 mg/kg；特别是 0.15%茶多酚组效果较好，这是因为茶多酚除了能抑制氧化三甲胺分解外还具有一定的甲醛捕获结合能力。相比 0.05%茶多酚+5 mmol/L Ca^{2+}组，0.15%茶多酚组甲醛含量在贮藏结束时最低，0.05%茶多酚+5mmol/L 柠檬酸组总之，这说明柠檬酸与茶多酚的复合对甲醛的抑制效果优于 Ca^{2+}与茶多酚复合。

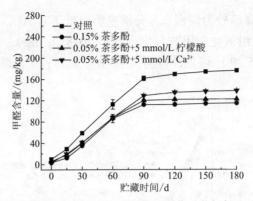

图 5-27　鱿鱼丝贮藏期内甲醛含量的变化（董靓靓，2012）

由 5-28 可知，贮藏期 0 d 时，对照、0.15%茶多酚、0.05%茶多酚+5 mmol/L
柠檬酸和 0.05%茶多酚+5 mmol/L Ca²⁺ 4 组鱿鱼丝二甲胺含量分别为 27.88 mg/kg、
15.41 mg/kg、15.56 mg/kg 和 15.50 mg/kg，3 个处理组鱿鱼丝的二甲胺含量均明显
低于对照组（$P<0.05$），这表明抑制剂在鱿鱼丝加工工艺中不仅能有效降低甲醛含
量，还能减少二甲胺的生成。随着贮藏时间延长，各组二甲胺含量呈逐渐上升趋势，
其中在 90 d 内增长最快，对照组鱿鱼丝二甲胺含量由最初的 27.88 mg/kg 急速上升
到 256.40 mg/kg，二甲胺变化趋势与甲醛变化趋势基本一致。在贮藏期 180 d 时，4
组鱿鱼丝二甲胺含量分别上升至 271.36 mg/kg、184.16 mg/kg、190.84 mg/kg 和
196.77mg/kg。

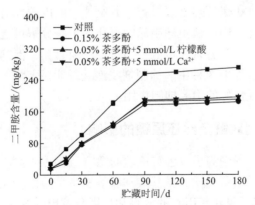

图 5-28　鱿鱼丝贮藏期内二甲胺含量的变化(董靓靓，2012)

氧化三甲胺是水产品内源性甲醛形成的主要物质，且鱿鱼丝中含有丰富的氧
化三甲胺，经过高温蒸煮、干燥和焙烤等加工工艺可降解为甲醛、二甲胺和三甲
胺等产物。贮藏过程中对照组鱿鱼丝氧化三甲胺含量从 6964.23 mg/kg 减少至
3363.28 mg/kg，变化趋势刚好与甲醛、二甲胺变化趋势相反。相比对照组，其

余 3 组氧化三甲胺降解较为缓慢，其分解量明显低于对照组（ $P<0.05$ ）；贮藏期 180 d 时，3 个处理组氧化三甲胺分别降解至 4018.76 mg/kg、3956.83 mg/kg 和 3901.13 mg/kg（图 5-29）。可见，3 组抑制剂在贮藏过程中能够在一定程度上抑制氧化三甲胺的分解。

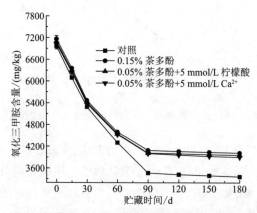

图 5-29　鱿鱼丝贮藏期内氧化三甲胺含量的变化（董靓靓，2012）

　　贮藏过程中鱿鱼丝中大量的氧化三甲胺不断分解，而甲醛和二甲胺逐渐积累，其含量变化表现相似的趋势，表明室温条件下鱿鱼丝中仍会发生氧化三甲胺转化为甲醛和二甲胺的反应，特别是贮藏期前 90 d 尤为明显。辛学倩等（2010）也报道了相似的变化，并发现贮藏温度越高，氧化三甲胺转化越快。鱿鱼丝加工工艺中涉及蒸煮、烘干、焙烤等热处理过程，其胴体中的内源性酶基本失活，而常温贮藏又排除了热条件，因此鱿鱼丝制品中氧化三甲胺分解可能并非是通过酶催化和热分解途径发生，有学者认为可能与美拉德反应有关，但其机理有待于进一步研究。鱿鱼丝生产过程中 3 种甲醛抑制剂浸泡处理能显著降低产品中甲醛含量，并且在贮藏初期表现良好的甲醛抑制作用。

5.5.3　复合抑制剂对鱿鱼丝还原糖的影响

　　在鱿鱼丝加工过程中为了改善鱿鱼丝的感官，还原糖添加量高达 8% 左右，乳糖具有还原性，且易与蛋白质、氨基酸和胺等发生美拉德反应。李丰等（2010）研究发现，乳糖用量对氧化三甲胺的分解和二甲胺及甲醛等产物的生成影响显著。因此，本节对 4 组鱿鱼丝在贮藏过程中的乳糖、半乳糖和葡萄糖进行了监测。由图 5-30 可知，贮藏期 0 d 时，各组鱿鱼丝乳糖含量在 92 mg/g 左右，而半乳糖和葡萄糖含量基本检测不到。随着贮藏期的延长，乳糖不断分解生成半乳糖和葡萄糖，且在贮藏期 90 d 内分解速度较快，其中 90d 时对照组的乳糖、半乳糖和葡萄糖含量分别是 84.41 mg/g、0.47 mg/g 和 0.49 mg/g，乳糖分解趋势与氧化三甲胺分解趋势基本一致。相比于对照组，其余 3 个处理组的乳糖分解速度较平缓，半乳糖和葡萄糖的生成速率也相应缓慢一些，0.15%茶多酚、0.05%茶多酚+5 mmol/L 柠檬酸和0.05%茶多酚+5 mmol/L Ca^{2+}在贮藏期 180 d 时乳糖分解率分别为6.06%、6.17%和7.20%。

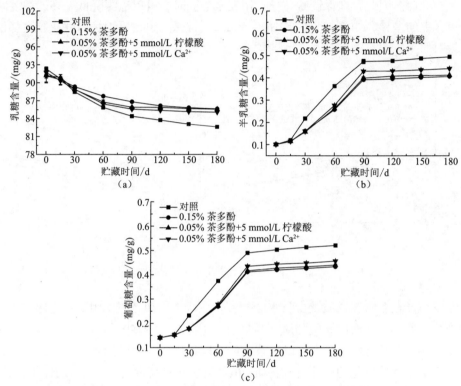

图 5-30 鱿鱼丝贮藏期内乳糖（a）、半乳糖（b）和葡萄糖（c）含量的变化（董靓靓，2012）

美拉德反应是食品加工过程中最为普遍的反应之一，是氨基化合物（氨基酸、蛋白质）与羰基化合物（还原糖）之间发生的非酶催化的褐变反应。鱿鱼丝含有大量的蛋白质且添加了大量乳糖，为美拉德反应提供了必需的氨基化合物和羰基化合物，因此鱿鱼丝在热处理或贮藏过程中极易发生美拉德反应。李丰等（2010）研究建立氧化三甲胺与乳糖的反应体系时，发现乳糖用量的增加会使鱿鱼丝中甲醛、二甲胺和半乳糖生成量增多。这与本节试验结果相似，说明乳糖与贮藏期鱿鱼丝氧化三甲胺降解生成甲醛和二甲胺有密切的关系。

5.5.4 复合抑制剂对鱿鱼丝贮藏品质的影响

在加工贮藏过程中，鱿鱼丝会因受到光、温度、湿气、氧气等环境条件的影响，颜色发生改变，逐渐由白色变成黄褐色。因此，褐变是评价鱿鱼丝品质的重要指标之一。L^*代表白度，c^*代表彩度。随着贮藏期的延长，对照组鱿鱼丝的 L^* 值从 78.69 降至 75.03，而 c^* 值从 18.57 升至 27.52。该结果与王明华等（1999）报道的一致。但添加茶多酚的 3 个处理组的 L^* 值和 c^* 值均明显低于对照组（$P<0.05$），且茶多酚浓度越高，L^* 值越小。这是因为茶多酚本身是棕褐色，经过加热处理后颜色会加深。因此，在保证鱿鱼丝食用安全的同时，可以适当降低茶多酚浓度减少色泽上的差异，如 0.05%茶多酚+5 mmol/L 柠檬酸组，不论是白度或彩度都最接近对照组（图 5-31）。

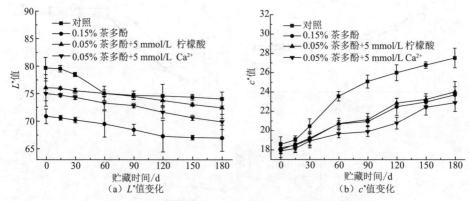

图 5-31　鱿鱼丝贮藏期内色差变化（董靓靓，2012）

　　鱿鱼丝富含营养物质及少量水分，容易在微生物和光照作用下发生脂质氧化并产生一些影响品质的胺类物质。而报道显示添加的茶多酚具有较强的抗氧化和抑菌作用，且柠檬酸、Ca^{2+} 可以与茶多酚协同作用。硫代巴比妥酸（TBA）是评价水产品中脂质氧化的简便有效物质，虽然鱿鱼丝是高蛋白、低脂肪的休闲食品，但在基本成分监测过程中发现粗脂肪随着贮藏期的延长不断减少，因此对鱿鱼丝贮藏期中的 TBA 进行了评价。由图 5-32 可知，鱿鱼丝在贮藏期内 TBA 含量不断

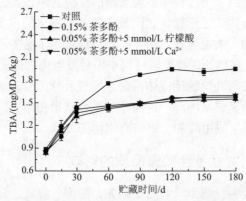

图 5-32　鱿鱼丝贮藏期内 TBA 含量的变化（董靓靓，2012）

上升，贮藏过程中对照组 TBA 由最初的 0.88 mgMDA/kg 升至 1.95 mgMDA/kg（MDA 表示丙二醛当量），与表 5-11 所示的粗脂肪不断减少相对应，脂肪的降解可能与微生物的作用有关。其余 3 个处理组鱿鱼丝的 TBA 明显低于对照组（$P<0.05$），这是因为茶多酚作为一种多酚类天然植物提取物具有抗氧化和抑菌作用，能防止脂质的氧化。因此，甲醛抑制剂对鱿鱼丝 TBA 指标具有一定的抑制作用。

TVB-N 与水产品的腐败程度之间有着明确的对应关系，是评定水产品新鲜度的又一个重要指标。各组的 TVB-N 含量随贮藏时间的延长呈逐渐增加的趋势，其中对照组鱿鱼丝 TVB-N 含量从最初的 42.30 mgN/100g 上升至 90.37 mgN/100g。相比对照组，其余 3 个处理组（0.15%茶多酚、0.05%茶多酚+5 mmol/L 柠檬酸和 0.05%茶多酚+5 mmol/L Ca^{2+}）鱿鱼丝 TVB-N 含量显著低于对照组（$P<0.05$），分别为 79.21 mgN/100g、75.69 mgN/100g 和 66.86 mgN/100g（图 5-33）。这是因为抑制剂中的茶多酚能抑制微生物作用产生挥发性胺类物质，而柠檬酸与 Ca^{2+}能够与茶多酚起到协同作用，使得茶多酚抑菌作用加强。

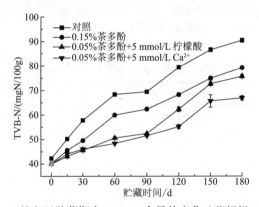

图 5-33　鱿鱼丝贮藏期内 TVB-N 含量的变化（董靓靓，2012）

5.6　真空包装结合甲醛抑制剂对贮藏鱿鱼丝甲醛特性和品质控制

鱿鱼丝作为即食类食品通常室温放置，在加工、流通、贮藏和销售过程中品质容易发生变化。吴少杰等（2011）发现普通包装鱿鱼丝在贮藏期内水分不断下降，细菌总数不断增加。此外，贮藏过程中鱿鱼丝容易因温度、湿度和光照等环境条件的变化发生褐变，色泽变差（王明华等，1999）。而真空包装有利于保持鱿鱼丝口感、品质，并能抑制微生物生长繁殖。由于现代生活生产的需要及真空包装特有的优势，真空包装的应用技术研究越来越成熟，将真空包装应用于水产品保鲜的研究也与日俱增。因此，本节探究真空包装结合甲醛抑制剂对鱿鱼丝贮藏过程中品质的影响。本节通过测定营养指标、氧化三甲胺分解产物、色差和挥发性盐基氮总量指标，评价了真空包装结合茶多酚和柠檬酸甲醛抑制剂对 25℃贮藏过程中秘鲁鱿鱼丝品质的影响。

5.6.1　鱿鱼丝营养成分的变化

鱿鱼丝在贮藏过程中水分含量过高容易引起霉变，而水分含量过低则会影响口感，因此控制水分含量对鱿鱼丝的品质至关重要。如表 5-10 所示，在贮藏期 0 d 鱿鱼丝水分含量都在 25%左右，而随着贮藏时间的延长，各组水分含量都呈显著下降（$P<0.05$），其中在贮藏期 180 d 时，普通包装组水分含量降低到 18.97%～19.41%，真空包装组降低到 20.99%～21.40%。与普通包装相比，贮藏过程中真空包装能明显减少水分流失（$P<0.05$）。普通包装和真空包装各组间水分变化均无显著性差异，表明茶多酚和柠檬酸不影响鱿鱼丝中水分的流失。因此，鱿鱼丝在贮藏过程中真空包装能有效保持鱿鱼丝水分，较好地缓解鱿鱼制品贮藏过程中因水分减少而引起的硬度大、口感差的问题。

表 5-10　鱿鱼丝在 25℃贮藏过程中水分、粗蛋白和 pH 的变化（董靓靓，2012）

组别	时间/d	普通包装			真空包装		
		水分/%	粗蛋白/%	pH	水分/%	粗蛋白/%	pH
对照	0	25.45±0.20^a	37.59±0.29^a	6.62±0.05^a	25.50±0.27^a	37.64±0.26^a	6.61±0.04^a
	60	22.39±0.03^b	34.03±0.46^b	6.55±0.01^a	24.05±0.14^a	35.67±0.03^b	6.56±0.02^a
	120	19.20±0.14^{cd}	32.07±0.63^c	6.12±0.00^b	21.83±0.15^{bc}	33.60±0.14^c	6.33±0.01^b
	180	18.97±0.07^d	30.11±0.33^d	6.05±0.01^b	20.99±0.13^c	32.54±0.72^c	6.28±0.01^b
0.15%茶多酚	0	25.35±0.03^a	30.68±0.46^d	6.59±0.01^a	25.38±0.04^a	30.83±0.24^a	6.59±0.01^a
	60	22.21±0.01^b	26.17±0.02^f	6.56±0.00^a	24.16±0.06^a	29.44±0.10^b	6.58±0.01^a
	120	20.09±0.01^c	26.08±0.02^f	6.10±0.03^b	22.03±0.05^{bc}	29.41±0.01^{bc}	6.32±0.01^b
	180	19.41±0.10^{cd}	24.63±0.48^g	6.02±0.02^b	21.40±0.11^{bc}	28.88±0.09^{bcd}	6.29±0.01^b
0.05%茶多酚+5 mmol/L柠檬酸	0	25.33±0.03^a	32.40±0.08^c	6.55±0.01^a	25.35±0.01^a	32.39±0.09^a	6.55±0.01^a
	60	22.19±0.01^b	28.38±0.10^e	6.48±0.01^a	24.13±0.16^a	31.73±0.70^{ab}	6.51±0.01^a
	120	20.03±0.03^c	28.01±0.07^e	6.07±0.01^b	21.97±0.03^{bc}	31.05±0.01^b	6.30±0.01^b
	180	19.33±0.11^{cd}	26.34±0.93^f	6.00±0.04^b	21.31±0.07^{bc}	30.00±0.76^c	6.26±0.01^b

注：同一列不同字母表示差异显著（$P<0.05$）。

普通包装时，贮藏期 0 d 鱿鱼丝对照组的粗蛋白含量为 37.59%，而 0.15%茶多酚组和 0.05%茶多酚+5 mmol/L 柠檬酸组的粗蛋白含量分别为 30.68%和32.40%，粗蛋白含量的减少可能与处理组复水时间较长以及茶多酚对蛋白质的络合作用有关。在贮藏期 180 d 时，普通包装和真空包装鱿鱼丝各组粗蛋白变化都显著性下降（ $P<0.05$ ），其中普通包装分别下降 19.90%、19.72%和 18.70%，真空包装分别下降 13.55%、6.33%和 7.38%。因此，与普通包装相比，真空包装各组均显著地抑制贮藏过程中鱿鱼丝蛋白质的分解，这可能因为真空包装袋内处于低氧状态能有效降低微生物生存条件。

在贮藏初期鱿鱼丝各组的 pH 都在 6.6 左右，说明鱿鱼丝加工工艺中茶多酚和柠檬酸浸泡处理对其 pH 无显著影响。随着贮藏时间的延长，鱿鱼丝中 pH 均呈现逐渐减小的趋势。与普通包装相比，真空包装能延缓鱿鱼丝 pH 的降低，且普通包装和真空包装各组间 pH 变化无显著差异。结果表明，真空包装能更好抑制鱿鱼丝 pH 的降低。

5.6.2　鱿鱼丝甲醛等相关指标的变化

贮藏期 0 d 时，对照组鱿鱼丝甲醛含量为 18.18 mg/kg，而添加了 0.15%茶多酚和0.05%茶多酚+5 mmol/L 柠檬酸处理组甲醛含量分别为 5.07 mg/kg 和 6.91 mg/kg。由此可见两个处理组鱿鱼丝的甲醛含量均明显低于对照组（ $P<0.05$ ），表明两种甲醛抑制剂能显著降低鱿鱼丝产品中的甲醛含量。随着贮藏期延长，各组鱿鱼丝甲醛含量呈逐渐上升趋势，尤其在贮藏期前 60 d 内上升最为明显；普通包装三组鱿鱼丝在贮藏期 60 d 时甲醛含量分别增加至 146.52 mg/kg、125.56 mg/kg、117.41 mg/kg，而真空包装三组分别增加至 132.54 mg/kg、105.88 mg/kg、105.20 mg/kg（图 5-34）。此外，在贮藏过程中两种处理组鱿鱼丝的甲醛含量明显低于对照组（ $P<0.05$ ），表明贮藏过程中甲醛抑制剂在降低甲醛含量方面仍有一定作用；而真空包装组甲醛含量明显低于普通包装组，表明真空包装对甲醛抑制作用也有协同作用。

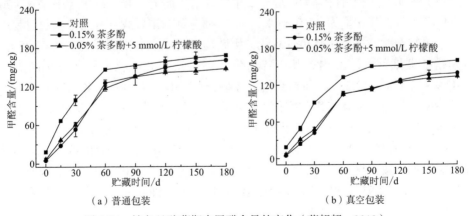

（a）普通包装　　　　　　　　　　　（b）真空包装

图 5-34　鱿鱼丝贮藏期内甲醛含量的变化（董靓靓，2012）

　　大量研究表明，海产品冷冻贮藏过程中氧化三甲胺在酶催化作用下生成等比例的甲醛和二甲胺，二甲胺伴随着甲醛的形成而产生。贮藏期 0 d 时普通包装三组鱿鱼丝二甲胺含量分别为 38.40 mg/kg、16.55 mg/kg 和 21.45 mg/kg。与甲醛变化规律相似，二甲胺含量在贮藏期 60 d 内增加显著（$P<0.05$），后期增速减缓，其中在贮藏期 60 d 时普通包装各组鱿鱼丝二甲胺含量分别增加至 231.88 mg/kg、201.6 mg/kg 和 187.86 mg/kg，真空包装各组含量为 218.25 mg/kg、179.04 mg/kg 和 170.47mg/kg。相比对照组，0.15%茶多酚和 0.05%茶多酚+5 mmol/L 柠檬酸处理组能显著抑制贮藏期中鱿鱼丝二甲胺的积累（$P<0.05$）；且相比 0.15%茶多酚组，0.05%茶多酚+5 mmol/L 柠檬酸组在贮藏期 30～90 d 内可以显著抑制二甲胺的产生；而相比普通包装，真空包装也具有延缓二甲胺生成的作用（$P<0.05$）（图 5-35）。

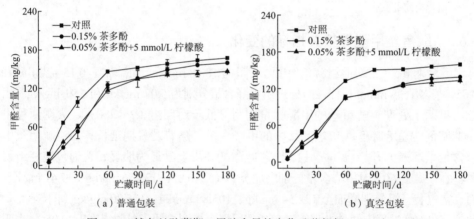

（a）普通包装　　　　　　　　　　　　　　　（b）真空包装

图 5-35　鱿鱼丝贮藏期二甲胺含量的变化（董靓靓，2012）

　　氧化三甲胺是水产品内源性甲醛形成的主要前体物质，在鱿鱼中氧化三甲胺经过高温等非酶途径可降解为甲醛、二甲胺和三甲胺等产物。鱿鱼丝中含有丰富的氧化三甲胺，其含量为 7010 mg/kg，是一种呈鲜的重要成分。无论普通包装还是真空包装，贮藏过程中鱿鱼丝氧化三甲胺均表现出显著下降趋势（$P<0.05$），特别是贮藏期前 60 d 内；其中普通包装三组鱿鱼丝氧化三甲胺分别减少了 42.47%、43.11%、42.58%，而真空包装各组分别降解了 41.08%、40.75%、40.75%（图 5-36）。鱿鱼丝氧化三甲胺变化趋势刚好与甲醛、二甲胺变化趋势相反，这也进一步说明贮藏过程中氧化三甲胺分解是造成甲醛和二甲胺含量增加的主要原因。此外，贮藏期内 0.15%茶多酚和 0.05%茶多酚+5 mmol/L 柠檬酸两个处理组鱿鱼丝氧化三甲胺明显低于对照组，且真空包装各组氧化三甲胺减少量显著低于普通包装组（$P<0.05$）。可见，真空包装结合复合甲醛抑制剂可以有效抑制氧化三甲胺分解。

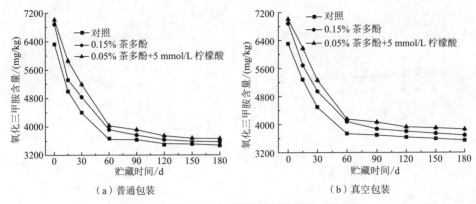

图 5-36　鱿鱼丝贮藏期内氧化三甲胺含量的变化（董靓靓，2012）

本节研究结果表明，添加甲醛抑制剂和真空包装方式均能显著缓解氧化三甲胺分解为甲醛和二甲胺。前期研究发现，茶多酚和柠檬酸分别通过捕获甲醛及抑制氧化三甲胺热分解反应来降低鱿鱼中甲醛的生成。鱿鱼丝生产过程中两种甲醛抑制剂浸泡处理能显著降低产品中甲醛含量，并且在贮藏初期表现良好的甲醛抑制作用。随着贮藏时间的延长，茶多酚和柠檬酸活性逐渐下降并与甲醛抑制反应平衡，其甲醛调控作用逐步降低。相对于普通包装，真空包装能显著延缓氧化三甲胺分解生成甲醛和二甲胺，其中 0.05%茶多酚+5 mmol/L 柠檬酸组结合真空包装组的抑制效果最为显著。

5.6.3　真空包装结合甲醛抑制剂对鱿鱼丝贮藏品质的影响

褐变是评价鱿鱼丝制品品质的重要指标之一。鱿鱼丝贮藏过程中各组的白度均呈现逐渐降低的趋势，彩度逐渐上升，说明常温贮藏过程中鱿鱼丝发生美拉德反应。研究表明，北太平洋鱿鱼中甘氨酸和精氨酸及大西洋鱿鱼和阿根廷鱿鱼中的牛磺酸和脯氨酸能显著促进加工和贮藏过程中的美拉德反应。由图 5-37 可知，

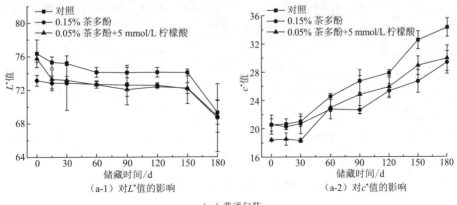

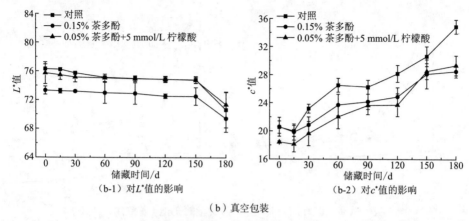

（b-1）对L^*值的影响　　　　　　　　（b-2）对c^*值的影响

（b）真空包装

图 5-37　鱿鱼丝贮藏期内色差变化（董靓靓，2012）

与对照组相比，0.15%茶多酚组和 0.05%茶多酚+5 mmol/L 柠檬酸组鱿鱼丝 L^*值显著下降，而 c^*值无显著差异，特别是 0.15%茶多酚处理组。与普通包装相比，真空包装能显著抑制 L^*值的降低和 c^*值的增加（$P<0.05$），说明真空包装在一定程度上起到抑制鱿鱼丝美拉德反应的作用。因此，真空包装在改善鱿鱼丝贮藏过程中色泽方面具有一定作用。

　　TVB-N 作为评定水产品新鲜度的重要指标之一，用来衡量复合抑制剂和包装方式对鱿鱼丝贮藏期的影响。在贮藏期 0 d 时，对照组、0.15% 茶多酚和 0.05%茶多酚+5 mmol/L 柠檬酸处理组 TVB-N 含量分别为 90.04 mgN/100g、58.43 mgN/100g 和 55.01 mgN/100g，处理组 TVB-N 含量明显低于对照组（$P<$ 0.05）（图 5-38）。随着贮藏期的延长，鱿鱼丝各组 TVB-N 含量呈逐渐增加趋势；其中在 180 d 时，普通包装鱿鱼丝各组 TVB-N 含量分别增加为 139.04 mgN/100g、100.54 mgN/100g、95.63 mgN/100g，而真空包装的分别为 131.77 mgN/100g、

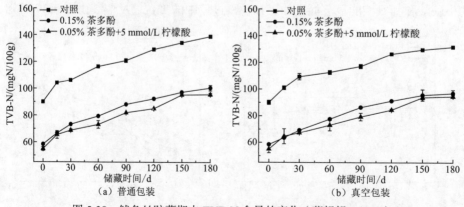

（a）普通包装　　　　　　　　　　　（b）真空包装

图 5-38　鱿鱼丝贮藏期内 TVB-N 含量的变化（董靓靓，2012）

96.97 mgN/100g、94.62 mgN/100g。与对照组相比，0.15%茶多酚和 0.05%茶多酚+5 mmol/L 柠檬酸两个处理组能显著地抑制 TVB-N 的增长（$P<0.05$），这是因为茶多酚能有效地抑制微生物产生胺类挥发性物质。对比两种包装方式，普通包装对照组鱿鱼丝 TVB-N 在贮藏期后期明显高于真空包装，这可能是因为真空包装能抑制需氧微生物的生长，从而抑制微生物分解含氮物质。所以，复合甲醛抑制剂结合真空包装能显著降低挥发性胺类物质的产生，从而可以在一定程度上延长鱿鱼丝贮藏期。

随着贮藏期的延长，各组鱿鱼丝水分、粗蛋白均逐渐减少，0.15%茶多酚和 0.05%茶多酚+5 mmol/L 柠檬酸处理组与对照组之间无明显差异，表明甲醛抑制剂的应用不影响鱿鱼丝营养价值。相比普通包装，鱿鱼丝贮藏过程中真空包装能显著降低其水分流失和减少蛋白质分解。鱿鱼丝在贮藏过程中会因美拉德反应发生褐变，且茶多酚的添加也会影响鱿鱼丝的色泽。而柠檬酸和真空包装在一定程度上可以减弱美拉德反应，抑制褐变现象。因此，0.05%茶多酚+5 mmol/L 柠檬酸真空包装鱿鱼丝贮藏过程中色泽变化较小。贮藏过程中鱿鱼存在氧化三甲胺非酶途径的降解机理，而真空包装结合 0.15%茶多酚和 0.05%茶多酚+5 mmol/L 柠檬酸处理组均能明显抑制甲醛、二甲胺的生成和氧化三甲胺的分解。鱿鱼丝在贮藏过程中 TVB-N 含量不断上升，而 0.15%茶多酚和 0.05%茶多酚+5 mmol/L 柠檬酸处理组能显著地抑制 TVB-N 的增长；相比于普通包装，真空包装对 TVB-N 的抑制效果无显著差别。

5.7　本章小结

（1）秘鲁鱿鱼丝加工工艺中，确定了甲醛升高最快的蒸煮和焙烤工序为关键控制点。对解冻等工序进行了条件的优化试验，最终确定为流水解冻，蒸煮条件为 90℃、4 min，焙烤条件为 125℃、5 min。改进后的工艺能有效地控制鱿鱼丝甲醛含量，使其成品的甲醛湿基含量为 8.7 mg/kg，达到了国家标准。

（2）茶多酚溶液浸泡并用浸泡液蒸煮的鱿鱼制品甲醛含量明显比对照样品少。采用茶多酚溶液浸泡鱿鱼片时，甲醛含量随浸泡时间的增加而减少，浸泡 12 h 以上时，甲醛含量基本保持不变，而蛋白质含量会进一步减少，故浸泡时间采用 12 h。茶多酚浸泡液的浓度对鱿鱼制品的甲醛含量影响显著，但是浓度过高，制品色泽较差，故实际应用时应考虑制品的感官品质，采用浓度 0.05%～0.15%茶多酚为宜。用茶多酚溶液复水的鱿鱼丝比未经处理样品的甲醛含量低，说明复水时茶多酚能进入鱿鱼片内，实际应用时可采用 0.05%茶多酚溶液复水半成品。

（3）采用蓝莓叶多酚溶液浓度 0.1%，浸泡时间 12 h，对鱿鱼进行浸泡，并用浸泡液进行蒸煮，而后采用较低浓度的蓝莓叶多酚进行复水。鱿鱼原料经蓝莓叶多酚浸泡加工成鱿鱼丝半成品，鱿鱼丝半成品甲醛含量显著低于未经处理样品的甲醛含量。

（4）随葡萄籽提取物浓度的增加，破断力、凹陷距离和凝胶强度显著升高（$P<0.05$），浓度高于 0.050%时，凹陷距离和凝胶强度上升缓慢；葡萄籽提取物能够提高秘鲁鱿鱼鱼丸的持水性，降低鱼丸中水分的流动性，抑制氧化三甲胺的热分解，降低鱼丸中三甲胺、二甲胺和甲醛含量。

（5）将茶多酚用于鱿鱼制品甲醛含量控制，用茶多酚处理的鱿鱼丝样品中甲醛含量明显低于对照样品，两种鱿鱼丝甲醛含量分别为 5.32 mg/kg 和 5.82 mg/kg。茶多酚的应用对秘鲁鱿鱼丝的色泽有一定影响，需要进一步完善；而对北太平洋鱿鱼丝的色泽影响不显著，对两种鱿鱼丝的口味都无显著影响。茶叶浸提液也可以在一定程度上控制鱿鱼制品甲醛含量，但是没有茶多酚溶液效果好。经过茶多酚处理的烟熏鱿鱼圈样品中甲醛含量明显低于对照样品，甲醛含量为 6.74 mg/kg。茶多酚的应用对烟熏鱿鱼圈色泽和口味均无显著影响。经过茶多酚处理的蒸煮鱿鱼条样品中甲醛含量明显低于对照样品，甲醛含量为 2.65 mg/kg。茶多酚的应用对蒸煮鱿鱼条的色泽和口味均无显著影响。

（6）鱿鱼丝贮藏过程中甲醛、二甲胺、三甲胺均随着贮藏时间的延长，含量显著增加；氧化三甲胺含量显著减少，其中对照组减少趋势最大；甲醛捕获剂对保持鱿鱼丝贮藏过程中品质和抑制氧化三甲胺分解为甲醛和二甲胺均有显著作用，其中明胶水解物效果最佳。

（7）随着贮藏期的延长，鱿鱼丝指标（水分、粗蛋白、粗脂肪、灰分、pH 和还原力）测定值均逐渐减少；与对照组相比，除茶多酚的添加会影响鱿鱼丝的色泽外，3 个组处理组（0.15%茶多酚、0.05%茶多酚+5 mmol/L 柠檬酸和 0.05%茶多酚+5 mmol/L Ca^{2+}）能防止贮藏期内鱿鱼丝水分流失、蛋白质减少和脂肪氧化，表明甲醛抑制剂的应用不影响鱿鱼丝营养价值。贮藏过程中鱿鱼氧化三甲胺不断分解生成甲醛和二甲胺，而 3 个组处理组（0.15%茶多酚、0.05%茶多酚+5 mmol/L 柠檬酸和 0.05%茶多酚+5 mmol/L Ca^{2+}）均能明显抑制甲醛、二甲胺含量的生成和氧化三甲胺的分解，尤其是 0.15%茶多酚组和 0.05%茶多酚+5 mmol/L 柠檬酸组的效果更为明显。鱿鱼丝加工工艺中添加的乳糖在贮藏过程中不断分解为半乳糖和葡萄糖，且乳糖分解趋势与氧化三甲胺分解一致，因此可推断贮藏期鱿鱼丝氧化三甲胺降解生成甲醛和二甲胺。鱿鱼丝在贮藏过程中 TBA 和 TVB-N 含量不断上升，而柠檬酸与 Ca^{2+}能够与茶多酚共同作用抑制微生物活动，因此 0.15%茶多酚、0.05%茶多酚+5 mmol/L 柠檬酸和 0.05%茶多酚+5 mmol/L Ca^{2+}处理组能显著地抑制 TBA 和 TVB-N 的增长。

（8）相比普通包装，真空包装能显著降低鱿鱼丝贮藏过程中水分流失、减少蛋白质分解、抑制美拉德反应及氧化三甲胺转化为二甲胺和甲醛。鱿鱼丝加工工艺中 0.05%茶多酚+5 mmol/L 柠檬酸处理能显著抑制鱿鱼丝中甲醛和二甲胺的生成，并有效降低鱿鱼丝中 TVB-N 的积累，且柠檬酸可以抑制褐变反应。因此，真空包装结合 0.05%茶多酚+5 mmol/L 柠檬酸复合甲醛抑制剂对保持鱿鱼丝贮藏过程中品质和抑制氧化三甲胺分解为甲醛和二甲胺效果最佳。

参 考 文 献

董靓靓. 2012. 茶多酚和柠檬酸对秘鲁鱿鱼高温甲醛的抑制作用及其在鱿鱼丝中的应用[D]. 杭州: 浙江工商大学.

蒋挺大. 2006. 胶原与胶原蛋白[M]. 北京: 化学工业出版社.

精祎科技有限公司. 2012-07-04. 甲醛捕捉剂[P]: 中国, CN201010597585. 1.

黎幼群. 2012. 纳米 CuS, ZnS 与明胶蛋白质的原位相互作用研究[D]. 南宁: 广西民族大学.

李超, 王乃馨, 陈尚龙, 等. 2016. 葡萄籽提取物对发酵鸭肉香肠储存稳定性的影响[J]. 食品工业, (2): 117-120.

李丰, 刘红英, 薛长湖, 等. 2010. 乳糖与氧化三甲胺的反应研究[J]. 食品工业科技, 7: 98-101.

李丰. 2010. 水产品中氧化三甲胺、三甲胺、二甲胺检测方法及鱿鱼丝中甲醛控制研究[D]. 保定: 河北农业大学.

李颖畅, 王亚丽. 2013. 蓝莓叶多酚研究进展及其在食品中的应用[J]. 食品与发酵科技, 49(6): 99-103.

李颖畅, 朱军莉, 励建荣. 2012. 水产品内源性甲醛的产生和控制研究进展[J]. 食品工业科技, 33(8): 406-408.

李颖畅, 张笑, 张芝秀, 等. 2015. 蓝莓叶多酚对鱿鱼丝加工过程中内源性甲醛产生的抑制作用[J]. 食品与发酵工业, 41(7): 70-74.

励建荣, 俞其林, 胡子豪, 等. 2008. 茶多酚与甲醛的反应特性研究[J]. 中国食品学报, 8(2): 52-57.

励建荣, 朱军莉. 2006. 秘鲁鱿鱼丝加工过程甲醛产生控制的研究[J]. 中国食品学报, 6(1): 200-203.

林亲录, 施兆鹏. 2002. 葡萄籽中的天然抗氧化剂及其保健功能[J]. 食品与发酵工业, 28(4): 75-78.

刘颖. 2011. 基于明胶的纳米材料制备及性能研究[D]. 南京: 南京理工大学.

罗振玲. 2014. 酪蛋白-水解明胶复合物的制备及性质研究[D]. 哈尔滨: 东北农业大学.

马敬军, 周德庆, 张双灵. 2004. 水产品中甲醛本底含量与产生机理的研究进展[J]. 海洋水产研究, 25(4): 85-89.

彭惠惠, 李吕木. 2011. 葡萄籽提取物作为肉制品保鲜剂的研究进展[J]. 食品与发酵工业, (1): 128-132.

任龙芳, 王学川. 2010. 蛋白类甲醛捕获剂除醛效果的对比研究[J]. 皮革科学与工程, 20(4): 15-17.

陕西科技大学. 2009-05-13. 一种甲醛捕捉剂及其制备方法[P]: 中国, CN200810232101. 6.

王明华, 丁卓平, 俞鲁礼. 1999. 鱿鱼丝制品的贮藏研究[J]. 水产科技情报, 26(5): 207-211.

吴东晓, 杨文鸽, 徐大伦, 等. 2013. 食用明胶的酶解及其酶解物的甲醛捕获特性研究[J]. 核农学报, 27 (5): 658-662.

吴少杰, 朱强, 吕玲玲, 等. 2011. 鱿鱼丝不同包装条件下细菌学研究[J]. 安徽农业科学, 39(7): 4034-4036.

辛学倩, 薛长湖, 薛勇, 等. 2010. 秘鲁鱿鱼丝加工中回潮工艺的作用机理研究[J]. 食品工业科技, 31(3): 84-86.

许一琳, 宋素珍, 李颖畅, 等. 2019. 葡萄籽提取物对鱿鱼鱼丸品质的影响[J]. 食品工业科技, 40(7): 40-44, 50.

杨立平. 2015. 明胶水解物对甲醛的捕获特性及其在秘鲁鱿鱼丝中的应用[D]. 锦州: 渤海大学.

杨宪时, 王丽丽, 李学英, 等. 2013. 秘鲁鱿鱼和日本海鱿鱼营养成分分析与评价[J]. 现代食品科技, (9): 2247-2251, 2293.

余永名, 马兴胜, 仪淑敏, 等. 2016. 豆类淀粉对鲢鱼鱼糜凝胶特性的影响[J]. 现代食品科技, 32(1): 129-135.

俞其林. 2008. 茶多酚作为甲醛捕获剂的反应特性及在鱿鱼制品中的应用研究[D]. 杭州: 浙江工商大学.

张清安, 范学辉. 2011. 多酚类物质抗氧化活性评价方法研究进展[J]. 食品与发酵工业, 37(11): 169-172.

张廷红, 万海清. 2007. 甲醛处理对壳聚糖固定化酪氨酸酶稳定性的影响[J]. 食品工业科技, (4): 64-66.

郑承伟. 2013-04-24. 高效甲醛清除剂[P]: 中国, CN201110318932. 7.

朱军莉, 励建荣. 2010a. 秘鲁鱿鱼 TMAOase 性质及其与甲醛生成相关性研究[J]. 中国食品学报, 10(2): 97-103.

朱军莉, 励建荣. 2010b. 鱿鱼及其制品加工贮存过程中甲醛的消长规律研究[J]. 食品科学, 31(5): 14-17.

朱军莉, 励建荣, 苗林林, 等. 2010. 基于高温非酶途径的秘鲁鱿鱼内源性甲醛的控制[J]. 水产学报, 34(3): 375-381.

Benjakul S, Visessanguan W, Thongkaew C, et al. 2003. Comparative study on physicochemical changes of muscle proteins from some tropical fish during frozen storage[J]. Food Research International, 36(8): 787-795.

Chanarat S, Benjakul S. 2013. Effect of formaldehyde on protein cross-linking and gel forming ability of surimi from lizardfish induced by microbial transglutaminase[J]. Food Hydrocolloids, 30(2): 704-711.

Ducel V, Pouliquen D, Richard J, et al. 2008. ^{1}H-NMR relaxation studies of protein-polysaccharide mixtures[J]. International Journal of Biological Macromolecules, 43(4): 359-366.

Finne G. 1982. Modified and controlled-atmosphere storage of muscle foods[J]. Food Technology, 36(2): 128-133.

Haard N F, Arcilla R. 1985. Precursors of maillard browning in atlantic short finned squid[J]. Canadian Institute of Food Science and Technology Journal, 18 (4): 326-331.

Herrera J J, Pastohza L, Sampedro G, et al. 1999. Effect of various cryostabilizers on the production and reactivity of formaldehyde in frozen-stored minced blue whiting muscle[J]. Journal of Agriculture and Food Chemistry, 47: 2386-2397.

Lin J K, Lee Y J, Chang H W. 1983. High concentrations of dimethylamine and methylamine in squid and octopus and their implications in tumour aetiology[J]. Food and Chemical Toxicology, 21(2): 143-149.

Mariko K. 2002-09-24. Formaldehyde scavenger, methods for treatment woody plate and woody plate[P]: Japan, 2002273145.

Nielsen M K, Jorgensen B M. 2004. Quantitative relationship between trimethylamine oxide aldolase activity and formaldehyde accumulation in white muscle from gadiform fish during frozen storage[J]. Journal of Agricultural and Food Chemistry, 52(12): 3814-3822.

Omura Y, Okazaki E, Yamashita Y. 2004. The influence of ribose on browning of dried and seasoned squid products[J]. Nippon Suisan Gakkaishi, 70 (2): 187-193.

Ordonez J A, Lopez-Galvez D E, Fernandez M, et al. 2000. Microbial and physicochemical modification of hake (*Merluccius merluccius*) steaks stored under carbon dioxide enriched atmospheres[J]. Journal of the Science of Food and Agriculture, 80(13): 1831-1840.

Parkin K L, Hultin H O. 1982. Some factors influencing the production of dimethylamine and formaldehyde in minced and intact red hake muscle[J]. Journal of Food Processing and Preservation, 6(2): 73-97.

Pitombo R N M, Lima G A M R. 2003. Nuclear magnetic resonance and water activity in measuring the water mobility in Pin-tado (*Pseudoplatystoma corruscans*) fish[J]. Journal of Food Engineering, 58(1): 59-66.

Ruizcapillas C, Moral A. 2001. Chilled bulk storage of gutted hake (*Merluccius merluccius* L.) in CO_2 and O_2 enriched controlled atmospheres[J]. Food Chemistry, 74(3): 317-325.

Sakvarelidze M A, Kharlov A E, Tulovskaya Z D. 2005. Properties of modified gelatins at an interface[J]. Journal of Engineering Physics and Thermophysics, 78 (5): 994-997.

Tsai C H, Kong M S, Pan B S. 1991b. Water activity and temperature effects on nonenzymic browning of amino acids in dried squid and simulated model system[J]. Journal of Food Science, 56(3): 665-670.

Tsai C H, Pan B S, Kong M S. 1991a. Browning behavior of taurine and proline in model and dried squid systems[J]. Journal of Food Biochemistry, 15 (1): 67-77.

Yeh T S, Lin T C, Chen C C, et al. 2013. Analysis of free and bound formaldehyde in squid and squid products by gas chromatography-mass spectrometry[J]. Journal of Food and Drug Analysis, 21(2): 190-197.

Yilmaz Y, Toledo R. 2005. Antioxidant activity of water-soluble Maillard reaction products[J]. Food Chemistry, 93(2): 273-278.

附录 I 缩略词表

缩写	英文名称	中文名称
FA	formaldehyde	甲醛
DMA	dimethylamine	二甲胺
TMA	trimethylamine	三甲胺
TMAO	trimethylamine oxide	氧化三甲胺
TMAOase	trimethylamine N-oxide demethylase	氧化三甲胺脱甲基酶
LA	linoleic acid	亚油酸
TP	tea polyphenols	茶多酚
AE	apple extract	苹果提取物
GSE	grape seed extract	葡萄籽提取物
BE	bilberry extract	越橘提取物
AOB	antioxidant of bamboo leaves	竹叶抗氧化物
C	catechin	儿茶素
EC	epicatechin	表儿茶素
EGC	epigallocatechin	表没食子儿茶素
ECG	epicatechin gallate	表儿茶素没食子酸酯
EGCG	epigallocatechin gallate	表没食子儿茶素没食子酸酯
MF	mulberry flavonoids	桑叶黄酮
Asc	ascorbate	抗坏血酸
TVB-N	total volatile basic nitrogen	挥发性盐基氮
ESR	electron spin resonance	电子自旋共振
CA	citric acid	柠檬酸
TCA	trichloroacetic acid	三氯乙酸
AN	amino nitrogen	氨基氮
DNPH	2,4-dinitrophenylhydrazine	2,4-二硝基苯肼

续表

缩写	英文名称	中文名称
EDTA	ethylene diamine tetraacetic acid	乙二胺四乙酸
MRPs	maillard reaction products	美拉德反应产物
DNS	3,5-dinitrosalicylic acid	3,5-二硝基水杨酸
Tris	tris(hydroxymethyl)aminomethane	三羟甲基氨基甲烷
Asp	aspartic acid	天冬氨酸
Thr	threonine	苏氨酸
Ser	serine	丝氨酸
Glu	glutamic acid	谷氨酸
Gly	glycine	甘氨酸
Ala	alanine	丙氨酸
Cys	cystine	半胱氨酸
Val	valine	缬氨酸
Met	methionine	甲硫氨酸
Ile	isoleucine	异亮氨酸
Leu	leucine	亮氨酸
Tyr	tyrosine	酪氨酸
Lys	lysine	赖氨酸
His	histidine	组氨酸
Arg	arginine	精氨酸
Phe	phenylalanine	苯丙氨酸
Pro	proline	脯氨酸
Tau	taurine	牛磺酸
Trp	tryptophan	色氨酸
Lev	levulose	果糖
Rib	ribose	核糖
Lac	lactose	乳糖
Sac	saccharose	蔗糖
Glc	glucose	葡萄糖
Gal	galactose	半乳糖

附录 II　论文发表情况

励建荣及团队成员所指导的相关学位论文和发表的与本著作有关的主要论文。

一、完成的相关博士论文

1. 朱军莉. 秘鲁鱿鱼内源性甲醛生成机理及其控制技术研究[D]. 杭州: 浙江工商大学, 2009.
2. 黄菊. 基于香菇风味形成途径的内源性甲醛生成关键酶研究[D]. 杭州: 浙江工商大学, 2013.

二、完成的相关硕士论文

1. 叶丽芳. 鱿鱼及制品中甲醛测定方法、本底含量和甲醛生成控制的初步研究[D]. 杭州: 浙江工商大学, 2007.
2. 俞其林. 茶多酚作为甲醛捕获剂的反应特性及在鱿鱼制品中的应用研究[D]. 杭州: 浙江工商大学, 2008.
3. 胡子豪. 香菇内生甲醛与其特征风味物质代谢之间的相关性研究[D]. 杭州: 浙江工商大学, 2008.
4. 贾佳. 秘鲁鱿鱼中氧化三甲胺热分解生成甲醛和二甲胺机理的初步研究[D]. 杭州: 浙江工商大学, 2009.
5. 尹洁. 香菇中 γ-谷氨酰转肽酶(GGT)的分离纯化及其酶学性质研究[D]. 杭州: 浙江工商大学, 2010.
6. 夏苗. 香菇内源性甲醛含量的消长规律及采后调控研究[D]. 杭州: 浙江工商大学, 2011.
7. 苗林林. 秘鲁鱿鱼复合甲醛抑制剂的研发及其应用[D]. 杭州: 浙江工商大学, 2011.
8. 李薇霞. 奶糖中内源性甲醛生成机理研究[D]. 杭州: 浙江工商大学, 2011.
9. 叶静君. 香菇保鲜及内源性甲醛含量控制方法研究[D]. 杭州: 浙江工商大学, 2011.
10. 董靓靓. 茶多酚和柠檬酸对秘鲁鱿鱼高温甲醛的抑制作用及其在鱿鱼丝中的应用[D]. 杭州: 浙江工商大学, 2012.
11. 宋君. 香菇生长贮藏加工过程中内源性甲醛代谢及调控的初步研究[D]. 杭州: 浙江工商大学, 2012.
12. 吴宁. 香菇中半胱氨酸亚砜裂解酶的分离纯化及其酶学性质研究[D]. 杭州: 浙江工商大学, 2012.
13. 陈帅. 赖氨酸和半乳糖对鱿鱼氧化三甲胺热分解的影响及体外模拟体系动力学研究[D]. 杭州: 浙江工商大学, 2013.
14. 吴帅帅. 美拉德反应对贮藏期鱿鱼丝品质的影响及电子束辐照技术的应用[D]. 杭州: 浙江工商大学, 2013.
15. 蒋圆圆. 秘鲁鱿鱼内源性甲醛非酶途径产生规律及控制研究[D]. 锦州: 渤海大学, 2014.

16. 李世伟. 秘鲁鱿鱼丝贮藏过程中色泽风味变化机制及控制技术研究[D]. 锦州: 渤海大学, 2014.

17. 杨立平. 明胶水解物对甲醛的捕获特性及其在秘鲁鱿鱼丝中的应用[D]. 锦州: 渤海大学, 2015.

18. 邹朝阳. 秘鲁鱿鱼丝贮藏过程中甲醛产生机理及控制研究[D]. 锦州: 渤海大学, 2015.

19. 张笑. 蓝莓叶多酚对鱿鱼内源性甲醛形成的调控作用[D]. 锦州: 渤海大学, 2015.

20. 王亚丽. 蓝莓叶多酚单体化合物对鱿鱼内源性甲醛形成的调控作用[D]. 锦州: 渤海大学, 2016.

21. 杨钟燕. 内源性甲醛对鱿鱼鱼糜凝胶特性的影响[D]. 锦州: 渤海大学, 2017.

三、发表的部分相关期刊论文

1. Li Jianrong[*], Zhu Junli, Ye Lifang. 2007. Determination of formaldehyde in squid by high-performance liquid chromatography[J]. Asia Pacific Journal of Clinical Nutrition, 16(S1): 127-130.

2. Zhu Junli, Li Jianrong[*], Jia Jia. 2012. Effects of thermal process and various chemical substances on formaldehyde and dimethylamine formation in squid *Dosidicus gigas*[J]. Journal of Science of Food and Agriculture, 92(12): 2436-2442.

3. Zhu Junli[*], Jia Jia, Li Xuepeng, Dong Liangliang, Li Jianrong. 2013. ESR studies on the thermal decomposition of trimethylamine oxide to formaldehyde and dimethylamine in jumbo squid (*Dosidicus gigas*) extract[J]. Food Chemistry, 141: 3881-3888.

4. Dong Liangliang, Zhu Junli[*], Li Xuepeng, Li Jianrong[*]. 2013. Effect of tea polyphenols on the physical and chemical characteristics of dried-seasoned squid (*Dosidicus gigas*) during storage[J]. Food Control, 31(2): 586-592.

5. Zhu JunLi, Wu Shuaishuai, Wang Yanhui, Li Jianrong. 2016. Quality changes and browning developments during storage of. dried-seasoned squid (*Dosidicus gigas* and *Ommastrephes bartrami*)[J]. Journal of Aquatic Food Product Technology, 25(7): 1107-1119.

6. Li Yingchang, Yang Zhongyan, Li Jianrong[*]. 2016. Reactivity of blueberry leaf polyphenols with formaldehyde[C]. Advances in Engineering Research, 63: 491-496.

7. 励建荣, 孙群. 2005. 水产品中甲醛产生机理及检测方法研究进展(连载一)[J]. 中国水产, (8): 64-65.

8. 励建荣, 孙群. 2005. 水产品中甲醛产生机理及检测方法研究进展(连载二)[J]. 中国水产, (9): 65-66.

9. 励建荣, 朱军莉. 2006. 秘鲁鱿鱼丝加工过程甲醛产生控制的研究[J]. 中国食品学报, 6(1): 200-203.

10. 朱军莉, 励建荣. 2007. 海产品甲醛的形成及其对鱼肉品质的影响[J]. 水利渔业, 27(6): 110-111.

11. 胡子豪, 励建荣[*]. 2008. 影响香菇甲醛代谢的物质研究[J]. 中国食品学报, 8(3): 50-51.

12. 励建荣[*], 俞其林, 胡子豪, 朱军莉, 贾佳. 2008. 茶多酚与甲醛的反应特性研究[J]. 中国食

＊表示通信作者。

品学报, 8(2): 52-57.

13. 励建荣, 胡子豪, 蒋跃明. 2008. 鲜香菇中甲醛含量检测的样品前处理方法改进[J]. 农业工程学报, 24(10): 252-254.

14. 励建荣*, 曹科武, 贾佳, 朱军莉, 于平, 李碧清, 谢晶, 黄和, 马永均. 2009. 利用电子自旋共振(ESR)技术对秘鲁鱿鱼中甲醛生成非酶途径中相关自由基的研究[J]. 中国食品学报, 9(1): 16-21.

15. 秦乾安, 周小敏, 励建荣*. 2009. 鱿鱼眼提取透明质酸去蛋白质酶解工艺研究[J]. 食品工业科技, 30(1): 214-218.

16. 贾佳, 朱军莉, 励建荣*. 2009. 气相色谱-氢火焰离子检测器检测海产品中的二甲胺[J]. 食品科学, 30(6): 167-170.

17. 朱军莉, 励建荣*. 2010. 秘鲁鱿鱼 TMAOase 性质及其与甲醛生成相关性研究[J]. 中国食品学报, 10(2): 97-103.

18. 朱军莉, 励建荣*. 2010. 鱿鱼及其制品加工贮存过程中甲醛的消长规律研究[J]. 食品科学, 31(5): 14-17.

19. 陆海霞, 张蕾, 李学鹏, 励建荣*. 2010. 超高压对秘鲁鱿鱼肌原纤维蛋白凝胶特性的影响[J]. 中国水产科学, 17(5): 1107-1114.

20. 朱军莉, 励建荣*, 苗林林, 李学鹏. 2010. 基于高温非酶途径的秘鲁鱿鱼内源性甲醛的控制[J]. 水产学报, 34(3): 375-381.

21. 董瑞琦, 时多, 焦炳华, 励建荣*, 缪明永. 2010. 冰冻保存鱿鱼体内氧化三甲胺脱甲基酶活性测定方法的建立[J]. 农产品加工·学刊, 6: 35-38.

22. 励建荣, 朱军莉. 2011. 食品中内源性甲醛的研究进展[J]. 中国食品学报, 11(9): 247-257.

23. 李薇霞, 朱军莉, 励建荣*, 陈笑梅. 2011. 奶糖中内源性甲醛关键形成物质的初步研究[J]. 食品工业科技, 32(6): 179-182.

24. 李薇霞, 朱军莉*, 励建荣*, 陈笑梅. 2012. HPLC 测定乳制品中的甲醛含量[J]. 中国食品学报, 12(5): 161-167.

25. 朱军莉, 苗林林, 李学鹏, 潘伟春, 励建荣*. 2012. TG-DSC 分析氯化钙抑制鱿鱼氧化三甲胺的热分解作用[J]. 中国食品学报, 12(12): 148-154.

26. 夏苗, 励建荣*, 张蕾, 朱军莉, 姜天甲. 2012. 气调包装对香菇保鲜期内源性甲醛含量的影响[J]. 中国食品学报, 12(4): 127-133.

27. 李颖畅, 朱军莉, 励建荣*. 2012. 水产品中内源性甲醛的产生和控制研究进展[J]. 食品工业科技, 33(8): 406-408.

28. 苗林林, 朱军莉, 励建荣*. 2012. 基于混料实验设计优化鱿鱼甲醛复合抑制剂[J]. 食品工业科技, 33(8): 348-351.

29. 董靓靓, 朱军莉*, 励建荣*. 2012. 水产品中甲醛 HPLC 测定的前处理方法探讨[J]. 食品工业科技, 33(12): 64-74.

30. 朱军莉, 孙丽霞, 董靓靓, 李学鹏, 励建荣*. 2013. 茶多酚复合柠檬酸和氯化钙对秘鲁鱿鱼丝贮藏品质的影响[J]. 茶叶科学, 33(4): 377-385.

31. 励建荣*, 宋君, 黄菊, 吴宁, 张蕾, 姜天甲. 2013. 香菇甲醛代谢关键酶活性与甲醛含量的变化[J]. 中国食品学报, 13(8): 213-218.

32. 黄菊, 吴宁, 宋君, 张蕾, 姜天甲, 励建荣*. 2013. γ-谷氨酰转肽酶和半胱氨酰亚砜裂解酶对香菇内源性甲醛形成的作用[J]. 中国食品学报, 13(3): 55-58.

33. 张慧芳, 李婷婷*, 励建荣*, 李学鹏, 董志俭. 2013. 鱿鱼内脏水解液美拉德反应条件优化及反应前后氨基酸组成的变化[J]. 食品工业科技, 34(24): 225-228.

34. 董志俭, 李冬梅, 牛思思, 刘佳玲, 钟克利, 励建荣*. 2014. 鱿鱼内脏蛋白酶解液制备鱿鱼味香精[J]. 中国食品学报, 14(12): 57-64.

35. 吴帅帅, 朱军莉*, 沈鹏, 李迪伟, 励建荣. 2014. 真空包装结合甲醛抑制剂对鱿鱼丝贮藏品质的影响[J]. 中国食品学报, 14(5): 148-156.

36. 董志俭, 李冬梅, 蔡路昀, 孙彤, 励建荣*. 2014. 鱿鱼内脏蛋白水解度对美拉德反应产物褐变程度的影响[J]. 食品科学, 35(19): 57-61.

37. 蒋圆圆, 李学鹏*, 邹朝阳, 励建荣*. 2014. 苹果多酚与甲醛的反应特性及在鱿鱼丝加工中的应用效果研究[J]. 食品工业科技, 35(6): 90-93.

38. 董志俭, 李世伟, 莫尼莎, 吕艳芳, 蔡路昀, 励建荣*. 2014. 秘鲁鱿鱼烤制过程中的水分及质构变化[J]. 食品工业科技, 35(11): 61-63.

39. 李颖畅, 励建荣*. 2014. 水产品内源性甲醛的研究进展[J]. 食品与发酵科技, 50(1): 14-18.

40. 李颖畅, 张笑, 张芝秀, 仪淑敏, 惠丽娟, 励建荣*. 2015. 蓝莓叶多酚对鱿鱼丝加工过程中内源性甲醛产生的抑制作用[J]. 食品与发酵工业, 41(7): 70-74.

41. 董志俭, 李欢, 李世伟, 莫尼莎, 蔡路昀, 励建荣*, 马永钧, 陈颖. 2015. 秘鲁鱿鱼烤制过程中的品质变化[J]. 食品工业科技, 36(1): 81-96.

42. 杨立平, 仪淑敏*, 李学鹏, 徐永霞, 李颖畅, 励建荣*. 2015. 秘鲁鱿鱼丝在加工过程中挥发性风味物质的变化规律[J]. 食品工业科技, 36(11): 265-272.

43. 王鬼, 杨立平, 仪淑敏, 李颖畅, 励建荣*, 李春. 2015. 9种氨基酸对甲醛捕获能力的研究[J]. 氨基酸和生物资源, 37(2): 10-13.

44. 邹朝阳, 李学鹏*, 蒋圆圆, 励建荣*, 朱军莉, 李薇霞. 2015. 秘鲁鱿鱼丝贮藏过程中甲醛及相关品质指标的变化[J]. 食品工业科技, 36(5): 315-320.

45. 仪淑敏, 杨立平, 李学鹏, 徐永霞, 李颖畅, 励建荣*. 2015. 明胶对甲醛捕获条件的研究[J]. 食品工业科技, 36(22): 227-235.

46. 董志俭, 李欢, 励建荣*, 孙彤, 蔡路昀, 仪淑敏, 李婷婷. 2015. 微胶囊化姜黄油对冷藏鲢鱼鱼丸的保鲜效果[J]. 食品工业科技, 36(18): 341-344.

47. 李颖畅, 王亚丽, 励建荣*. 2016. 蓝莓叶多酚和壳聚糖对冷藏秘鲁鱿鱼鱼丸品质的影响[J]. 中国食品学报, 16(5): 103-108.

48. 李颖畅, 朱学文, 白杨, 信维平, 杨玉, 张笑, 励建荣*. 2016. 蓝莓叶多酚对鱿鱼上清液中甲醛生成相关自由基的影响[J]. 食品工业科技, 37(11): 103-108.

49. 林伟伟, 励建荣, 潘伟春*, 傅玉颖, 李昂. 2017. 秘鲁鱿鱼肌原纤维蛋白凝胶的构效关系研究[J]. 中国食品学报, 17(1): 39-46.

50. 朱文慧, 宦海珍, 步营, 李学鹏, 仪淑敏, 励建荣*. 2017. 低温贮藏和解冻过程对鱿鱼品质的影响研究进展[J]. 食品科学, 38(17): 279-285.

51. 朱文慧, 宦海珍, 步营, 徐永霞, 励建荣*, 李学鹏*, 宋强, 马永钧. 2017. 不同解冻方式对秘鲁鱿鱼肌肉保水性和蛋白质氧化程度的影响[J]. 食品科学, 38(11): 6-11.

52. 李颖畅, 杨钟燕, 王亚丽, 惠丽娟, 汤轶伟, 励建荣*. 2017. 蓝莓叶多酚单体化合物对TMAO-Fe(Ⅱ)体系中TMAO热分解的影响[J]. 食品科学, 38(5): 45-53.

53. 李颖畅, 杨钟燕, 仪淑敏, 励建荣*, 牟伟丽, 邓尚贵. 2017. 蓝莓叶多酚和大蒜提取物对冷藏鱿鱼鱼丸品质的影响[J]. 食品工业科技, 38(10): 331-336.

54. 李学鹏, 邹朝阳, 仪淑敏, 励建荣*, 方旭波, 牟伟丽, 马永钧, 劳敏军, 沈琳. 2017. 气调包装对秘鲁鱿鱼丝储藏过程中甲醛及相关品质指标的影响[J]. 食品科学技术学报, 35(2): 36-44.

55. 王崴, 杨立平, 仪淑敏*, 李学鹏, 李颖畅, 励建荣*. 2017. 胰酶明胶水解物对甲醛捕获特性的研究[J]. 食品研究与开发, 38(8): 26-32.

56. 刘雪飞, 刘欣美, 赵东宇, 张德福, 白凤翎, 牟伟丽, 沈琳, 励建荣*. 2017. 响应面法优化鱿鱼复合生物保鲜剂配方[J]. 渤海大学学报, 38(4): 316-321.

57. 李颖畅, 王亚丽, 李学鹏, 朱学文, 韩美洲, 励建荣*. 2018. 蓝莓叶多酚单体化合物与甲醛反应特性研究[J]. 中国食品学报, 18(2): 71-78.

58. 陈宏, 何蒙, 张晗, 张羽, 刘旭, 沈琳, 马永钧, 劳敏军, 励建荣*. 2018. 聚丙烯酸钠-海藻酸钠-聚天冬氨酸凝胶球脱除鱿鱼内脏酶解液中的铅[J]. 中国食品学报, 18(3): 81-89.

59. 李颖畅, 宋素珍, 孙彤, 杨钟燕, 马春颖, 徐永霞, 励建荣*. 2018. 洋葱与生姜提取物对冷藏鱿鱼鱼丸的保鲜作用[J]. 中国食品学报, 18(9): 226-231.

60. 刘雪飞, 亢利鑫, 张德福, 励建荣*, 邓尚贵, 牟伟丽. 2018. 复合生物保鲜剂对冰温贮藏鱿鱼品质的影响[J]. 食品工业, 39(6): 62-66.

61. 宦海珍, 朱文慧*, 步营, 李学鹏, 励建荣*, 孙啸涛, 沈琳. 2018. 微波解冻对秘鲁鱿鱼肌肉品质与蛋白质氧化程度的影响[J]. 食品工业科技, 39(5): 30-40.

62. 密更, 闫宏伟, 李钰金, 励建荣*. 2019. 有机酸诱导和热诱导形成的秘鲁鱿鱼香肠的品质比较[J]. 食品科学, 40(1): 56-61.

63. 许一琳, 宋素珍, 李颖畅*, 杨贤庆, 魏涯, 励建荣*, 沈琳. 2019. 葡萄籽提取物对鱿鱼鱼丸品质的影响[J]. 食品工业科技, 40(7): 41-44, 50.

附录Ⅲ 获得的主要奖项

励建荣，马永钧，方旭波，牟伟丽，李钰金，李学鹏，仪淑敏，李婷婷，蔡路昀，沈琳. 鱿鱼贮藏加工与质量安全控制关键技术及应用，国家科技进步奖二等奖（证书号 2017-J-211-2-04-R01），国务院，2017.

附录Ⅳ　索　引

彩　　图

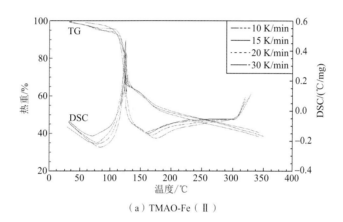

（a）TMAO-Fe（Ⅱ）

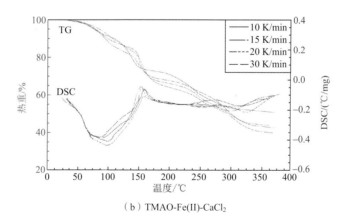

（b）TMAO-Fe(II)-CaCl₂

图 4-23　不同加热速率下 TMAO-Fe（Ⅱ）和 TMAO-Fe（Ⅱ）-CaCl₂ 热分解的 TG-DSC 曲线
（苗林林，2011）

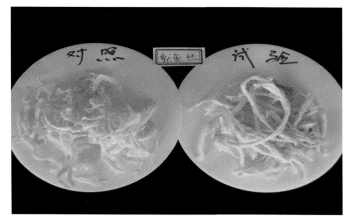

图 5-18　茶多酚对秘鲁鱿鱼丝色泽的影响（俞其林，2008）

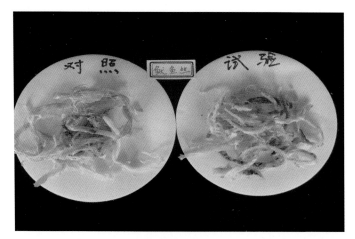

图 5-19　茶多酚对北太平洋鱿鱼丝色泽的影响（俞其林，2008）

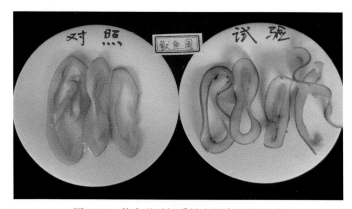

图 5-20　茶多酚对烟熏鱿鱼圈色泽的影响